普通高等教育计算机类课改系列教材

Android 应用程序开发技术

王彩玲 康 磊 白俊卿 主编

西安电子科技大学出版社

内 容 简 介

本书基于 Android Studio 集成开发环境，结合 Android 应用开发的具体案例，由浅入深、循序渐进地阐述了 Android 应用开发的基础知识和编程方法。本书以介绍 Android 的四大组件为主线，精心组织内容和案例，所有的案例都在 Android 手机(或模拟器)上成功运行。此外，每章都设计了典型案例对知识点进行贯穿讲解，并配有习题。

全书分 9 章，包括 Android 概述、Android Studio 使用入门、Activity 和 Application、UI 编程基础、UI 进阶、数据存储、Intent 与 BroadcastReceiver、ContentProvider 数据共享和 Service 等内容。

本书内容翔实，案例典型，每个案例都给出了完整的代码，便于读者学习。本书可作为高等学校计算机专业学生学习 Android 应用开发的入门教材，也可作为编程人员的学习参考书。

图书在版编目(CIP)数据

Android 应用程序开发技术 / 王彩玲，康磊，白俊卿主编. —西安：西安电子科技大学出版社，2023.5(2025.1 重印)
ISBN 978–7–5606–6837–6

Ⅰ. ①A⋯ Ⅱ. ①王⋯ ②康⋯ ③白⋯ Ⅲ. ①移动终端—应用程序—程序设计

Ⅳ. ①TN929.53

中国国家版本馆 CIP 数据核字(2023)第 066325 号

策　　划　高　樱
责任编辑　高　樱
出版发行　西安电子科技大学出版社(西安市太白南路 2 号)
电　　话　(029) 88202421　88201467　　　　邮　　编　710071
网　　址　www.xduph.com　　　　　　　电子邮箱　xdupfxb001@163.com
经　　销　新华书店
印刷单位　陕西天意印务有限责任公司
版　　次　2023 年 5 月第 1 版　2025 年 1 月第 3 次印刷
开　　本　787 毫米×1092 毫米　1/16　印张 18.5
字　　数　438 千字
定　　价　49.00 元
ISBN　978–7–5606–6837–6
XDUP 7139001–3
如有印装问题可调换

前　　言

近几年的全球移动操作系统市场调研和分析报告显示，虽然 Android 操作系统 2022 年市场占有率有所下滑，但依然保持着近 70%的全球份额。包含桌面操作系统在内的全球操作系统占比中，Android 以高于 40%的占比位列第一。Android 平台的高市场占有率进一步催化了基于 Android 操作系统的应用需求，很多高校开设了 Android 应用技术开发课程。

本书基于 Android Studio 集成开发环境，结合 Android 应用开发的具体开发案例，由浅入深、循序渐进地阐述了 Android 应用开发的基础知识和编程方法，旨在引导读者尽快掌握 Android 平台的开发。全书共 9 章，各章的主要内容及强调的知识点如下：

第 1 章介绍了 Android 的发展历史及特点，具体内容包括 Android 的诞生、Android 版本发展史、Android 系统架构、组件及平台特性。本章强调的知识点有：① Android 的系统架构；② Android 的平台特性。

第 2 章介绍了 Android Studio 开发环境搭建和应用项目目录结构，具体内容包括 Android Studio 环境配置、SDK Manager 和 AVD Manager 的使用、创建并运行第一个 Android 程序、Android 项目结构等。本章强调的知识点有：① Android Studio 项目的目录结构；② SDK 和 Gradle 的作用与配置；③ AndroidManifest.xml 清单文件的作用与格式；④ Android Studio 常用日志工具的使用。

第 3 章介绍了 Activity 和 Application 组件。本章强调的知识点有：① Activity 的启动模式；② Activity 的生命周期；③ Application 的生命周期；④ Application 的重载。

第 4 章介绍了 UI 编程基础。本章强调的知识点有：① 常用控件的使用；② UI 的 5 种布局方式；③ 事件的处理方式；④ 系统提供的对话框使用。

第 5 章介绍了 Fragment、菜单和高级组件。本章强调的知识点有：① Fragment

的生命周期；② Fragment 与 Activity 通信；③ 各类菜单的使用；④ ListView 和 RecyclerView 的区别与使用。

第 6 章介绍了数据存储。本章强调的知识点有：① 使用 I/O 流操作文件存储；② SharedPreferences 存储；③ SQLite 数据库使用。

第 7 章介绍了 Intent 与 BroadcastReceiver。本章强调的知识点有：① Intent 的主要用途；② Intent 的分类及使用；③ BroadcastReceiver 的工作原理及使用。

第 8 章介绍了 ContentProvider 数据共享。本章强调的知识点有：①ContentProvider 的常用操作；② ContentResolver 的常用操作；③ ContentResolver 和 ContentProvider 的配合使用。

第 9 章介绍了 Service。本章强调的知识点有：① Service 的作用；② Service 的生命周期；③ Service 的使用方法。

王彩玲负责本书第 1～3 章的编写，康磊负责第 4～6 章的编写，白俊卿负责第 7～9 章的编写。

由于作者水平有限，书中可能还有疏漏和不足之处，热切期望得到专家和读者的批评指正。

作　者

2023 年 2 月于西安

目　　录

第 1 章　Android 概述

1.1　Android 简 介

1.1.1　Android 的诞生

Android 一词最早出现于法国作家利尔亚于 1886 年发表的科幻小说《未来夏娃》中，他将外表像人的机器起名为 Android。2003 年，美国旧金山成立了一家名为 Android 的高科技企业，公司的 CEO 安迪·鲁宾(Andy Rubin)等人为开发一套针对数码相机的智能操作系统而开发了 Android 系统。2005 年，Google 公司收购了该公司，并聘用 Andy Rubin 为 Google 公司副总裁，继续负责 Android 项目的研发。2007 年 11 月 5 日，Google 公司正式发布 Android 操作系统。Android 操作系统是一款基于 Linux 内核，由中间件、应用程序框架和应用软件组成的开源移动操作系统，目前仍然由 Google 公司成立的开放手机联盟领导与开发。2008 年 9 月，Google 公司正式发布了 Android 1.0 系统，从此，Google 公司开启了新的手机系统辉煌时代。

2013 年 3 月，Android 从 Andy Rubin 转由 Sundar Pichai(曾领导 Chrome)接手负责，之后 Android 加强了 Google 公司的相关应用服务。此后，Android 系统不再是一款手机操作系统，而是越来越广泛应用于平板电脑、可穿戴设备、电视、数码相机、智能汽车管理系统等移动设备及物联网设备中。

1.1.2　Android 版本发展史

Android 系统在正式发行之前拥有两个以著名机器人命名的内部测试版本，分别是铁臂阿童木(Astro boy，Android 1.0)和发条机器人(Bender，Android 1.1)。由于涉及版权问题，Android 1.5 发布时，将甜点作为系统版本代号。表 1-1 给出了 Android 命名与系统版本代号之间的对应关系。

表 1-1　Android 命名与系统版本代号之间的对应关系

命　名	版 本 代 号
纸杯蛋糕(Cupcake)	Android 1.5
甜甜圈(Donut)	Android 1.6
松饼(Éclair)	Android 2.0/2.1
冻酸奶(Froyo)	Android 2.2

续表

命　名	版 本 代 号
姜饼(Gingerbread)	Android 2.3
蜂巢(Honeycomb)	Android 3.0
冰激凌三明治(Ice Cream Sandwich)	Android 4.0
果冻豆(Jelly Bean)	Android 4.1 和 Android 4.2
奇巧巧克力(KitKat)	Android 4.4
棒棒糖(Lollipop)	Android 5.0
棉花糖(Marshmallow)	Android 6.0
牛轧糖(Nougat)	Android 7.0
奥利奥(Oreo)	Android 8.0
派(Pie)	Android 9.0

Android 系统的发展历程如下：

◆ 2008 年 9 月 23 日，Google 发布了 Android 系统的第一个正式版本 Android 1.0，当时并未有特别名称。全球第一台 Android 设备 HTC Dream(G1)就搭载了 Android 1.0 系统。

◆ 2010 年 5 月 20 日，Google 发布了 Android 2.2 版本。

◆ 2011 年 2 月 2 日，Google 发布了 Android 3.0 版本。该系统是第一个 Android 平板系统，全球第一个使用该版本系统的设备是摩托罗拉公司于 2011 年 2 月 24 日发布的平板电脑。

◆ 2011 年 5 月 10 日，Google 发布了 Android 3.1 版本。

◆ 2011 年 7 月 15 日，Google 发布了 Android 3.2 版本。

◆ 2011 年 10 月 19 日，Google 发布了 Android 4.0 版本。Android 4.0 同时支持智能手机、平板电脑、电视等设备，采用屏幕虚拟按键，增加滑动的手势操作，可以在桌面上自由调整插件的大小。

◆ 2014 年 10 月 16 日，Google 发布了 Android 5.0 版本。Android 5.0 使用 Material Design 设计风格，可以直接从锁屏界面查看、回复消息，手机借给他人但不想暴露隐私时可设置来宾账户，支持多用户账户功能，优化了面部解锁功能 。

◆ 2015 年 10 月 5 日，Google 发布了 Android 6.0 版本。Android 6.0 在系统层面加入指纹识别，进一步强化应用权限管理，并自带 Doze 电量管理功能，还加入 Android Pay 进一步强化移动支付。

◆ 2016 年 8 月 22 日，Google 发布了 Android 7.0 版本。Android 7.0 系统初次公开亮相于 2016 年 5 月 18 日召开的 Google I/O 大会上。Android 7.0 新增了分屏多任务、全新设计的通知控制栏，可以进行无缝更新，加入了全新安全性能、3D Touch 功能。

◆ 2017 年 8 月 21 日，Google 发布了 Android 8.0 版本。Android 8.0 重点提升了电池续航能力、速度和安全性能，可使用户更好地控制各种应用程序，加大了对 APP 在后台操作的限制。

◆ 2018 年 8 月 6 日，Google 正式发布了 Android 9.0 版本。从 Android 9.0 开始，Google

统一推送升级。Android 9.0 深度集成了 Project Treble 模式，更加封闭。同时 Android 9.0 支持原生通话录音，提升了 WiFi 定位，加入了个性化自适应功能。

◆ 2019 年 9 月 3 日，Google 正式发布了 Android 10 版本。Android 10 是各 Android 版本中首次不用甜品来命名的版本。Android 10 包含多项功能升级，包括手势导航、通知栏管理、全局黑暗模式等，通知管理新增了"优先""无声""自适应通知" 3 种功能，新增了深色主题的背景。

◆ 2020 年 9 月 8 日，Google 正式发布了 Android 11 版本。Android 11 主要提升了聊天气泡、安全隐私、电源菜单功能，新增了链接 KPI，支持瀑布屏、折叠屏和双屏。

◆ 2021 年 3 月 17 日，Google 发布了 Android 12 开发预览版本，同年 6 月又发布了 Beta Releases 版本。

◆ 2021 年 10 月 5 日，Google 正式发布了 Android 12 版本。Android 12 优化了触发问题，双击背面手势可以截取屏幕图、召唤 Google Assistant、打开通知栏、控制媒体播放或打开最近的应用程序列表。

◆ 2022 年 8 月 16 日，Google 正式发布了 Android 13 版本。Android 13 将拥有更多改进，比如为单个 APP 指定语言，蓝牙支持 LE Audio 音频标准，增加了系统照片选择器。

1.2　Android 的特点

1.2.1　Android 系统架构

Android 系统采用了分层架构的思想，如图 1-1 所示。从上层到底层共包括 4 层，分别是应用程序层、应用程序框架层、系统运行库层和 Linux 内核层。

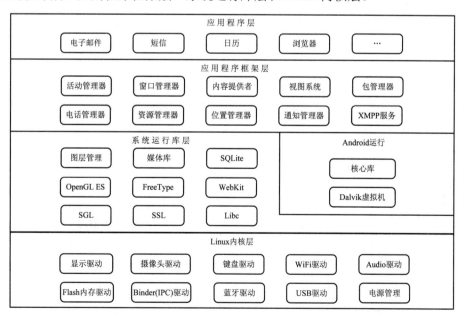

图 1-1　Android 操作系统的平台架构

1. 应用程序层

应用程序层提供一些核心应用程序包，如电子邮件、短信、日历、浏览器、地图和联系人管理等。同时，开发者可以利用 Java 语言设计和编写属于自己的应用程序，而开发者程序与系统核心应用程序"彼此平等、友好共处"。

2. 应用程序框架层

应用程序框架层是 Android 应用开发的基础。应用程序框架层包括活动管理器、窗口管理器、内容提供者、视图系统、包管理器、电话管理器、资源管理器、位置管理器、通知管理器和 XMPP(Extensible Messaging and Presence Protocol，可扩展消息处理和现场协议)服务 10 个部分。在 Android 平台上，开发人员可以访问核心应用程序所使用的全部 API 框架。任何一个应用程序都可以发布自身的功能模块，而其他应用程序可以使用这些已发布的功能模块。基于这样的重用机制，用户可方便地替换平台本身的各种应用程序组件。XMPP 是一种以 XML 为基础的开放式实时通信协议。XMPP 网络是基于服务器的(即客户端之间彼此不直接交谈)，但是也是分散式的。

3. 系统运行库层

系统库包括 9 个子系统，分别是图层管理、媒体库、SQLite、OpenGL ES、FreeType、WebKit、SGL、SSL 和 Libc。Android 运行时包括核心库和 Dalvik 虚拟机。核心库既兼容了大多数 Java 语言所需要调用的功能函数，又包括了 Android 的核心库，如 android.os、android.net、android.media 等。Dalvik 虚拟机是一种基于寄存器的 Java 虚拟机，主要完成对生命周期的管理、堆栈的管理、线程的管理、安全和异常的管理以及垃圾回收等重要功能。SQLite 是遵守 ACID 的关系数据库管理系统，它包含在一个相对小的 C 程序库中。OpenGL(Open Graphics Library，开放图形库)定义了一个跨编程语言、跨平台的应用程序接口(API)的规范，用于生成二维、三维图像。OpenGL ES 是 OpenGL 为了满足嵌入式设备需求而开发的一个特殊版本，是 OpenGL 的一个子集。

4. Linux 内核层

Android 核心系统服务，如安全性、内存管理、进程管理、网络协议栈和驱动模型依赖于 Linux 内核。Linux 内核层作为硬件与软件栈的抽象层，包括显示驱动、摄像头驱动、键盘驱动、WiFi 驱动、Audio 驱动、Flash 内存驱动、Binder(IPC)驱动、蓝牙驱动、USB 驱动、电源管理等。

1.2.2　Android 四大组件

1. 四大组件简介

Android 四大组件分别为 Activity、Service、ContentProvider 和 BroadcastReceiver。

(1) Activity：一种展示型组件，用于向用户直接展示一个界面，并且可以接收用户的输入信息从而进行交互，扮演的是一种前台界面的角色。对用户来说，Activity 就是一个 Android 应用的全部，因为其他三大组件对用户来说都是不可感知的。在实际的开发中可以通过 Activity 的 finish()方法来结束一个 Activity 组件的运行。

(2) Service：一种计算型组件，用于在后台执行一系列计算任务。活动组件只有一种运行模式，即 Activity 处于启动状态，但是 Service 组件却有两种状态，即启动状态和绑定状态。当服务处于启动状态时，Service 内部可以做一些后台计算，并且不需要和外界有直接的交互。尽管 Service 组件是用于执行后台计算的，但是它本身运行在主线程中，因此耗时的后台计算仍然需要在单独的线程中去完成。当 Service 处于绑定状态时服务内部同样进行后台计算，但是处于这种状态时外界可以很方便地和 Service 组件进行通信。

(3) ContentProvider：一种数据共享型组件，用于向其他组件和其他应用共享数据。Android 平台提供了 ContentProvider，使一个应用程序可以把指定的数据集提供给其他应用程序，其他应用程序通过 ContentResolver 从内容提取器中获取或存入数据。ContentProvider 支持多个应用程序的数据共享，是跨应用共享数据的唯一方法。ContentProvider 内部维持着一份数据集合，需要实现增加、删除、修改和查询 4 种操作。这个数据集合既可以通过数据库来实现，也可以通过控件来实现，比如 List 和 Map。

(4) BroadcastReceiver：一种消息型组件，用于在不同的组件或者不同的应用之间传递消息。BroadcastReceiver 的注册方式有两种，即静态注册和动态注册。静态注册是指在 AndroidManifest 中注册广播，这种广播在应用安装时会被系统解析。此种形式的广播不需要应用启动就可以收到相应的广播。动态注册需要通过 Context.registerReceiver() 来实现，并且在不需要的时候要通过 Context.unRegisterReceiver() 来解除广播。此种形式的广播必须应用启动才能注册并且接收广播。在实际开发中通过 Context 的一系列 send() 方法来发送广播，被发送的广播会被系统发送给感兴趣的广播接收者，发送和接收过程的匹配通过广播接收者来描述。

2. 四大组件的注册

四大组件都需要注册才能使用。AndroidManifest 文件中未进行声明的 Activity、Service 以及 ContentProvider 将不为系统所见，从而也就不可用。而 BroadcastReceiver 广播接收者的注册分静态注册(在 AndroidManifest 文件中进行配置)和通过代码动态创建并以调用 Context.registerReceiver() 的方式注册至系统。

3. 四大组件的激活

Activity、Service 和 BroadcastReceiver 作为 Intent 的异步消息被激活。ContentProvider 是在接收到 ContentResolver 发出的请求后被激活的。

4. 四大组件的关闭

Activity 可以通过调用它的 finish() 方法来关闭。通过 startService() 方法启动的 Service 要调用 Context.stopService() 方法来关闭，使用 bindService() 方法启动的 Service 要调用 Contex.unbindService() 方法来关闭。

1.2.3　Android 平台特性

从其架构的角度来看，Android 平台具有以下特性：
(1) 应用程序框架支持组件的重用与替换。
(2) Dalvik 虚拟机专门为移动设备进行了优化。Android 应用程序将由 Java 编写、编译的类文件通过 DX 工具转换成一种后缀名为.dex 的文件来执行。Dalvik 虚拟机是基于寄存器的，相对于 Java 虚拟机速度要快很多。

(3) 内部集成浏览器基于开源的 WebKit 引擎。有了内置的浏览器，意味着 WAP 应用的时代即将结束，真正的移动互联网时代已经来临。

(4) 优化的图形库。这些图形库包括 2D 和 3D 图形库。3D 图形库基于 OpenGL。强大的图形库给游戏开发者带来了福音。

(5) 通过 SQLite 实现结构化的数据存储。

(6) 多媒体支持包括常见的音频、视频和静态影像文件格式，如 MPEG4、H.264、MP3、AAC、AMR、JPG、PNG、GIF 等。

(7) 支持蓝牙(Bluetooth)、EDGE、移动通信网络、WiFi(依赖于硬件)。

(8) 支持照相机、GPS、指南针和加速度计(依赖于硬件)。

(9) 丰富的开发环境。这些开发环境包括设备模拟器、调试工具、内存及性能分析图表和集成的开发环境插件。

(10) Google 提供了 Android 开发包 SDK，其中包含了大量的类库和开发工具。

1.2.4　Android 平台优势

1. 开放性

开放的平台允许任何移动终端厂商加入 Android 联盟。显著的开放性可以使 Android 平台拥有更多的开发者，随着用户和应用的日益丰富，一个崭新的平台也将很快走向成熟。开放性对于 Android 的发展而言，有利于积累人气，这里的人气包括消费者和厂商，而对于消费者来讲，最大的受益正是丰富的软件资源。开放的平台也会带来更大竞争，如此一来，消费者将可以用更低的价位购得心仪的手机。

2. 丰富的硬件选择

由于 Android 的开放性，众多的厂商会推出功能特色各异的多种产品。功能上的差异和特色，不会影响到数据同步和软件兼容。

3. 无缝结合的 Google 应用

Google 服务如地图、邮件、搜索等已经成为连接用户和互联网的重要纽带，而 Android 平台手机将无缝结合这些 Google 服务。

4. 软件推广相对容易

Android 平台给第三方开发商提供了一个十分宽泛、自由的环境，不会受到各种条件的限制。安卓系统的用户可以在应用商店找到并且下载企业的应用程序，运营商也可以通过二维码为用户提供下载路径，从而让更多用户方便下载应用程序，也可以为用户带来更好的下载体验。

5. 软件开发技术

Android 平台开发团队应熟练掌握安卓应用开发技术，包括 C#、.NET、Wince/Windows Mobile、Java、C++ 在安卓操作系统下的应用程序开发，VC++ 和 C# 在多媒体和 GIS (Geographic Information System，地理信息系统)应用系统中的开发，Delphi、aspx、PHP 在电子商务应用中的开发，而这些技术能保证一个好的 APP 被成功开发。好的 APP 软件开发公司拥有丰富的应用开发经验，创意十足的 UI 设计灵感、精湛的 APP 开发技术和高品质的服务质量可以满足客户开发的需求，这也是开发一款满足企业需求的 APP 的硬性条件。

本 章 小 结

本章分别从 Android 的诞生、Android 版本的发展史、Android 系统架构、Android 四大组件及平台特性的角度，较为全面地介绍了 Android 系统。通过本章的学习，读者在了解 Android 系统发展历史的基础上，可以更好地理解应用项目开发设计。

习　　题

简述题

1. Android 的四大组件是什么？各有什么用途？
2. Android 四大组件的注册方法分别是什么？
3. 阐述 Android 体系架构及各层的功能。

第 2 章　Android Studio 使用入门

2.1　Android Studio 简介

目前，开发 Android 应用程序主要使用 Android Studio 和 Eclipse 两种开发环境。2013年以前，使用较为广泛的 Android 集成开发环境(Integrated Development Environment，IDE)是 Eclipse。Android Studio 是 Google 开发的一款面向 Android 开发者的 IDE，基于流行的Java 语言集成开发环境 IntelliJ IDEA 搭建而成，支持 Windows、Mac、Linux 等操作系统。该 IDE 在 2013 年 5 月的 Google I/O 开发者大会上首次露面，并于 2014 年 12 月 8 日发布了稳定版。Android Studio 1.0 推出后，Google 官方逐步放弃了对原来主要的 Eclipse ADT的支持，并为 Eclipse 用户提供了工程迁移的解决办法。

1. Android Studio 的特点

(1) Google 发布。Android Studio 由 Google 正式发布，是 Google 大力支持的一款基于IntelliJ IDEA 改造的 IDE。

(2) 速度更快。与 Eclipse 相比，Android Studio 在启动、响应以及内存使用上都进行了优化，其运行速度更快。

(3) 更加智能。Android Studio 提示补全的功能更加智能，对于开发者来说意义重大。

(4) 整合了 Gradle 构建工具。Android Studio 整合了新的构建工具 Gradle，更便于设计者开发。

(5) 内置终端。Android Studio 内置终端，便于习惯使用命令行操作的设计者开发。

(6) 更完善的插件系统。Android Studio 支持各种插件，如 Git、Markdown、Gradle 等。

(7) 完美整合版本控制系统。Android 安装时自带了 GitHub、Git、SVN 等流行的版本控制系统，更便于设计者进行版本控制。

2. 开发 Android 应用程序的平台

Android 平台软件开发属于交叉编译，需要在通用平台进行代码编写和测试，通过生成安装包运行使用。目前可使用以下平台进行 Android 应用程序开发。

(1) Microsoft Windows XP 或更高版本。

(2) 带有英特尔芯片的 Mac OS X10.5.8 或更高版本。

(3) 包括 GNU C 库 2.7 或更高版本的 Linux 系统。

3. 开发 Android 应用程序需要的软件

(1) Java JDK5 或更高版本。

(2) Android SDK。

(3) Java 运行时环境(JRE)。

(4) Android Studio。

(5) (可选的)Java 开发者使用的 Eclipse IDE。

(6) (可选的)Android 开发工具(ADT)Eclipse 插件。

2.2　Android Studio 环境配置

2.2.1　Windows 下配置 Java 环境

1. 安装 Java 开发工具包(JDK)

从 Oracle 的 Java 网站 JDKJava SE 下载最新版本的 Java。以 Windows 操作系统为例，安装 JDK16.0.2 的过程如图 2-1～图 2-5 所示。

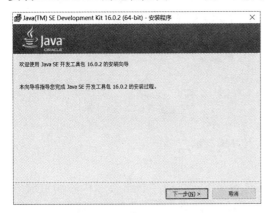

图 2-1　JDK 的安装向导

图 2-2　JDK 浏览安装文件夹

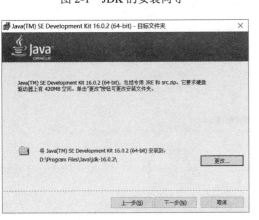

图 2-3　JDK 安装到指定文件夹

图 2-4　JDK 安装完成

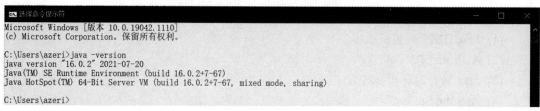

图 2-5　检验 JDK 安装成功的信息

在 JDK 安装目录下的 bin 目录中会提供一些开发 Java 程序时必备的工具程序。为了保证在 Android 的开发过程中顺利地调用这些工具，必须在操作系统中进行环境变量的配置。以 Windows 10 操作系统为例，具体配置方法为：在 Windows 的桌面上选择"此电脑"图标并右击，在弹出的菜单中选择"属性"选项，在打开的系统对话框中选择左侧的"高级系统设置"，打开"系统属性"对话框，在该对话框中单击"环境变量"按钮，进入系统的"环境变量设置"对话框，进行变量配置。

2. 变量配置

1) 创建 JAVA_HOME 变量

通常 JDK 文件夹所在路径设置比较长，难以书写，也难以记忆，因此使用自定义系统变量 JAVA_HOME 来代替。在"环境变量设置"对话框的系统变量区域单击"新建"按钮，创建 JAVA_HOME 变量，变量值为 JDK 在本机上的安装路径，如图 2-6 所示。

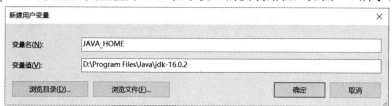

图 2-6　创建 JAVA_HOME 变量

2) 设置 Path 变量

为了让操作系统知道 JDK 的工具程序位于 bin 目录下，必须在 Path 变量中添加 JDK 的 bin 路径。在系统变量列表中选择 Path 变量，单击"编辑"按钮，在"编辑环境变量"对话框中添加"%JAVA_HOME%\bin"，使系统可以在任何路径下识别 Java 命令，如图 2-7 所示。

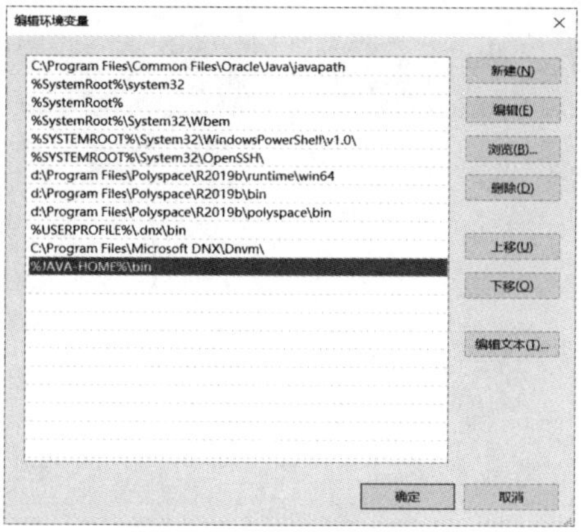

图 2-7　设置 Path 变量

3) 设置 CLASSPATH 变量

JAVA 执行环境本身就是一个平台，在 JAVA 平台上编译完成的程序会以.class 文件存在。因此，如果要执行已经生成的工具文件，则需要在执行环境中找到该文件。

在系统变量列表里查看 CLASSPATH 变量，如果不存在，则新建变量 CLASSPATH；若存在，则选中该变量，单击"编辑"按钮，在"新建系统变量"对话框的"变量值(V)"文本框中添加".;%JAVA_HOME%\lib;%JAVA_HOME%\lib\tools.jar\"，如图 2-8 所示。

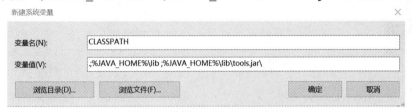

图 2-8　设置 CLASSPATH 变量

完成这 3 项配置后，需要测试这 3 个变量设置是否成功。其测试方法是在命令行状态提示符后键入命令"javac"，然后按"Enter"键，若出现如图 2-9 所示的信息，则说明配置成功。

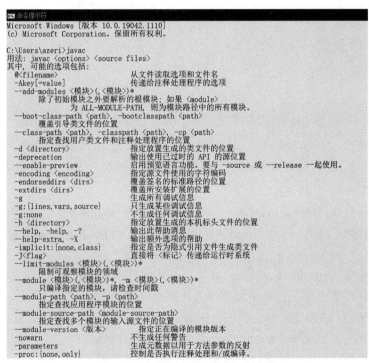

图 2-9　检验环境变量配置成功的信息

2.2.2　Windows 下配置 Android Studio 环境

1. Android Studio 的安装

Android Studio 的下载地址为 https://developer.android.google.cn/studio，安装过程如图 2-10～图 2-13 所示。

图 2-10　Android Studio 安装向导

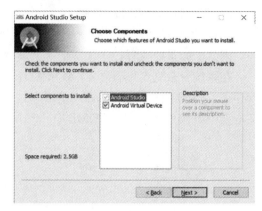

图 2-11　选择安装组件

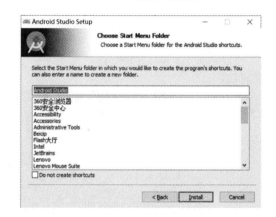

图 2-12　选择安装路径　　　　　　　　　　　图 2-13　设置开始菜单项

单击"Install"按钮进行安装，然后单击"Finish"按钮，完成 Android Studio 的安装。

2. 下载 SDK 和 Gradle

软件开发工具包(Software Development Kit，SDK)是 Android 开发必备的资源包，下载 Android Studio 新版本时，一般会自动下载最新版本的 Android SDK 和最新的 Gradle 的匹配版本。

注意：在配置 Android Studio 的过程中，系统需要不断地访问网络信息，下载相关的网络资源，因此在整个安装过程中需要保证计算机持续联网。

首次启动 Android Studio 时，系统会出现"Unable to access Android SDK add-on list"的提示信息，此时可以选择"Setup Proxy"按钮来设置网络代理，亦可选择"Cancel"按钮取消，在此选择"Cancel"按钮，如图 2-14、图 2-15 所示。

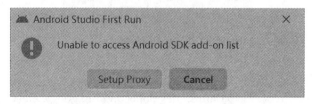

图 2-14　首次启动 Android Studio

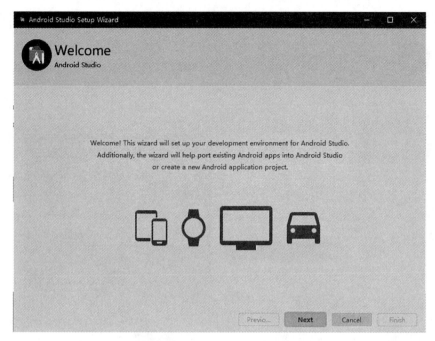

图 2-15　配置 Android Studio 向导

　　单击"Next"按钮，出现如图 2-16 所示的界面，在该界面中选择安装类型，有两种方式，一种为"Standard"(标准安装方式)，另一种是"Custom"(用户自定义安装方式)。这里安装类型选择"Standard"，如图 2-16 所示。

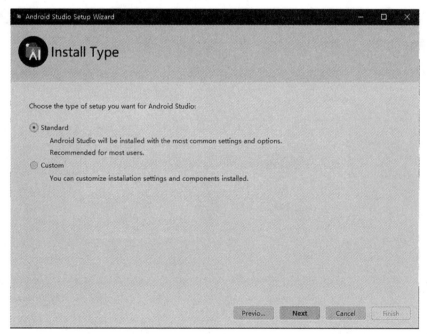

图 2-16　选择配置方式向导

　　单击"Next"按钮，出现图 2-17 所示的界面，选择 Android Studio 的界面风格。在安装时可依据个人喜好进行安装，如图 2-17 所示。

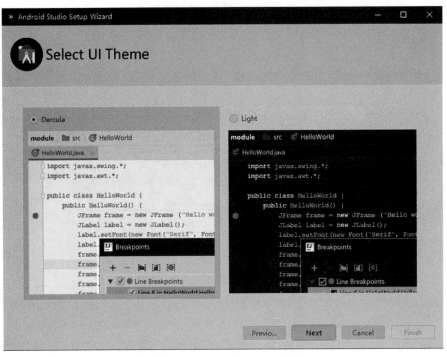

图 2-17　选择开发环境的主题风格

下载完成后，单击"Finish"按钮，进入 Android Studio 的确认配置对话框，如图 2-18 所示。

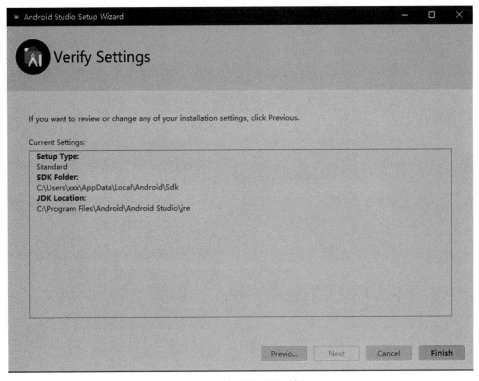

图 2-18　确认配置对话框

2.3　运行第一个 Android 程序

2.3.1　新建一个 Android 项目

在 Android Studio 欢迎界面中单击"New Project (新建项目)"按钮即可开启创建 Android 应用程序的过程，如图 2-19 所示。

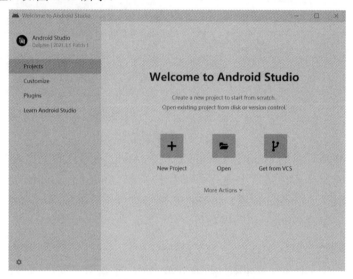

图 2-19　Android Studio 欢迎界面

在"New Project"对话框中选择默认的创建手机应用程序的"Empty Activity"模板，如图 2-20 所示，单击"Next"按钮，配置新项目的项目名、包名、存储位置、开发语言、允许运行的最低 SDK 版本等信息，如图 2-21 所示。

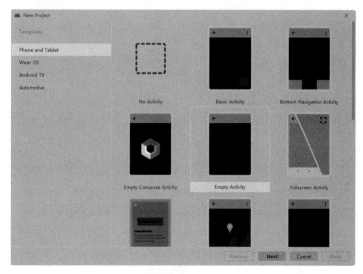

图 2-20　选择"Empty Activity"模板

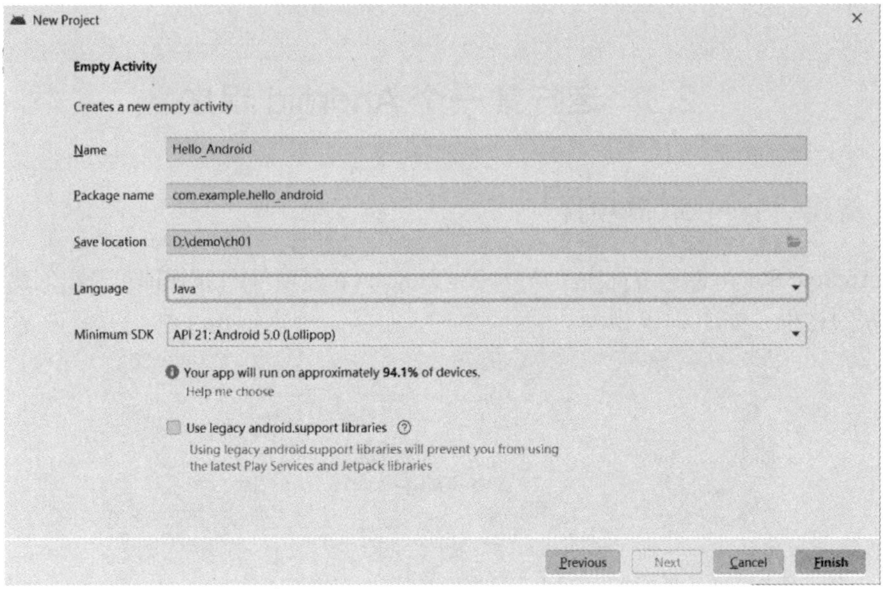

图 2-21　配置项目信息

安装并同步更新项目的 Gradle。Gradle 是构建 Android 项目的工具，首次进入 Android Studio，IDE 系统会自动在网络上查找并下载与当前 Android Studio 版本相匹配的最新 Gradle 版本，然后同步 Gradle 配置。相关状态和信息可查看 IDE 窗口底部的状态栏。如果没有联网，则需要下载 Gradle 和同步项目。

1. 下载 Gradle

打开网址 https://services.gradle.org/distributions/，下载指定的压缩包。可通过选择 IDL 中的"File"→"Project Structure"查看 Android Studio 对应的 Gradle 版本，如图 2-22 所示。

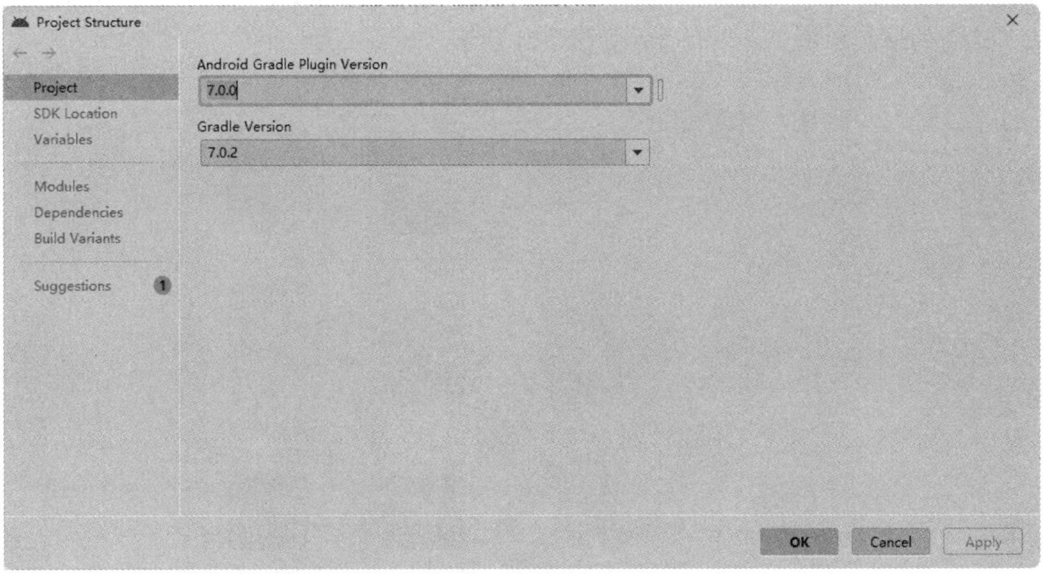

图 2-22　查看 Gradle 版本

本书使用的 Android Studio 版本为 Gradle 7.0.2，将下载的 Gradle 7.0.2-all.zip 保存到指定路径 C:\Users\azeri\.gradle\wrapper\dists\下。无须解压该压缩包，当运行 Android Studio 时，系统会自动解压，并在该文件夹下生成一个同名的文件夹。

2. 同步项目

重新启动 Android Studio，依次选择菜单"File"→"Sync Project with Gradle Files"即可完成项目与 Gradle 的更新。若 Android Studio 版本与 Gradle 版本不一致，则可能导致项目无法执行等。

要在 Android Studio 上运行 Android 项目，必须借助 Android 虚拟设备(Android Virtual Device，AVD)才能显示运行效果。AVD 又称为 Android 模拟器，它会占用计算机的硬盘空间。每个 AVD 模拟一套虚拟设备运行 Android 应用程序，运行效果与真机几乎相同。可以创建一个 AVD，也可同时创建多个 AVD。本书首先介绍 Android Studio 自带的模拟器创建过程。

在 Android Studio 的工具栏上设有"AVD Manager"按钮，如图 2-23 所示。

图 2-23　Android Studio 工具栏

单击"AVD Manager"按钮进入 AVD 管理对话框，如图 2-24 所示。如果已经创建了AVD，则会出现 AVD 列表。

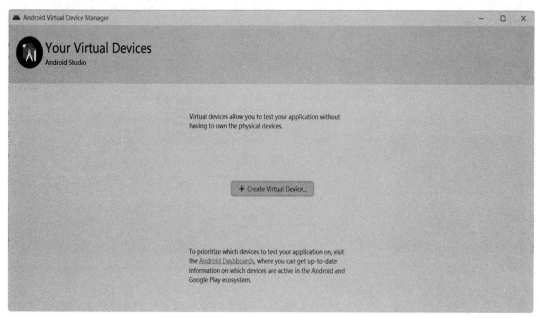

图 2-24　AVD 管理对话框

在图 2-24 中单击"+Create Virtual Device"按钮，创建 AVD，如图 2-25～图 2-29所示。

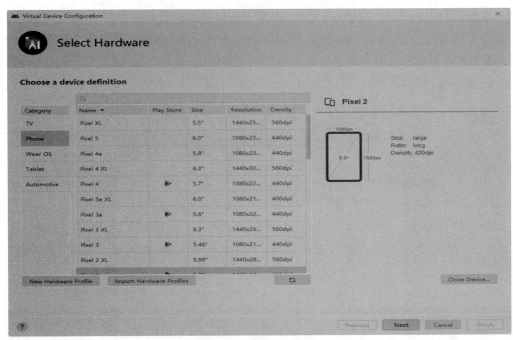

图 2-25　选择设备参数

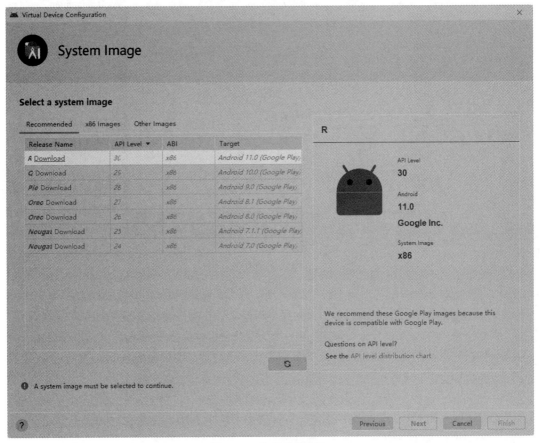

图 2-26　选择系统图片

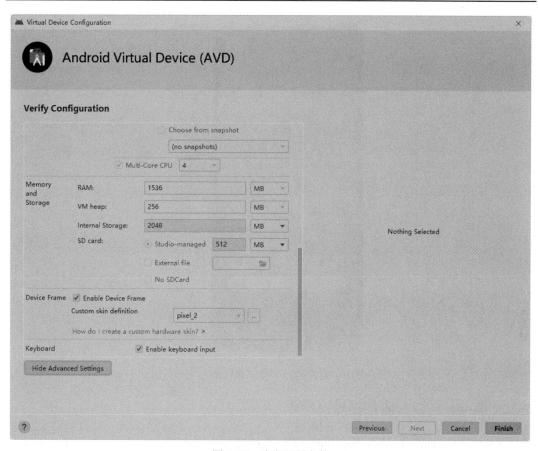

图 2-27 确定配置参数

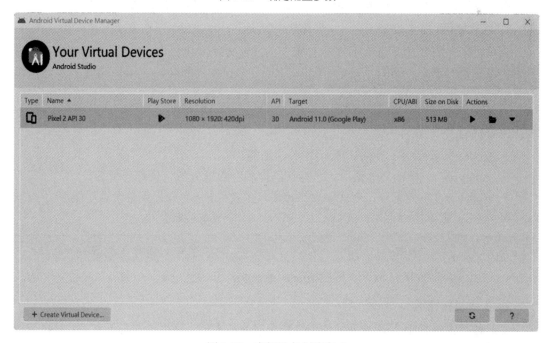

图 2-28 虚拟设备创建完成

图 2-29 显示虚拟设备

2.3.2 Android Studio IDE 界面

Android Studio IDE 就是 Android Studio 集成开发环境，可分为菜单栏区、工具栏按钮区、项目及资源管理区、编辑工作区、状态信息区和 Gradle 及设备文件管理区。

1. 菜单栏区

菜单栏区如图 2-30 所示，位于软件窗口的左上方，共包含 13 项。其中，除集成环境常常可以看到的 File、Edit、View、Build、Run、Tools、Windows、Help 菜单外，还有以下菜单：

- Navigate：导航菜单，具有处理 File、Class 类查找功能，可以快速定位某个类、文件、符号行等。
- Code：代码菜单，包括与代码相关的功能。
- Analyze：分析器功能菜单，包括代码检测、数据分析、依赖分析等。
- Refactor：重构菜单，与代码重构相关，主要包括 Move、重命名等功能。
- VCS：版本控制菜单，支持 Git、SVN、CVS 版本控制菜单。

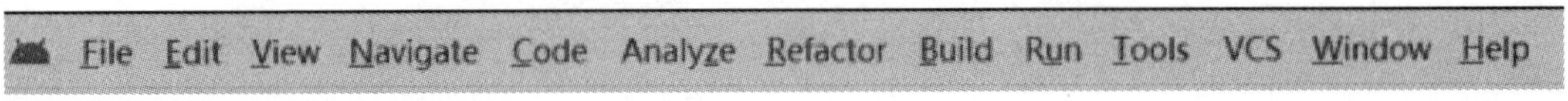

 File Edit View Navigate Code Analyze Refactor Build Run Tools VCS Window Help

图 2-30 菜单栏区

2. 工具栏按钮区

工具栏按钮区如图 2-31 所示，位于软件窗口的右上方，菜单栏的右下方。工具栏按钮是一些最常用的菜单的快捷按钮。

app
Pixel 2 API 30

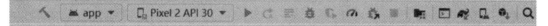

图 2-31　工具栏按钮区

3. 项目及资源管理区

项目及资源管理区主要是展示项目目录结构及文件资源的管理区域，如图 2-32 所示。

.gradle
.idea
app
gradle
.gitignore
build.gradle
gradle.properties
gradlew
gradlew.bat
local.properties
settings.gradle
Resource Manager
Structure
Favorites
Build Variants

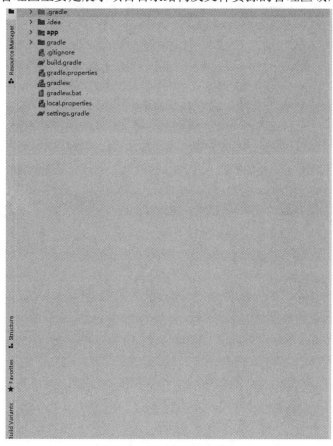

图 2-32　项目及资源管理区

4. 编辑工作区

编辑工作区主要是用来编写代码和设计布局的相关编辑工作区域。对于不同类型的文件，该区域的显示内容也不同，如图 2-33 所示。

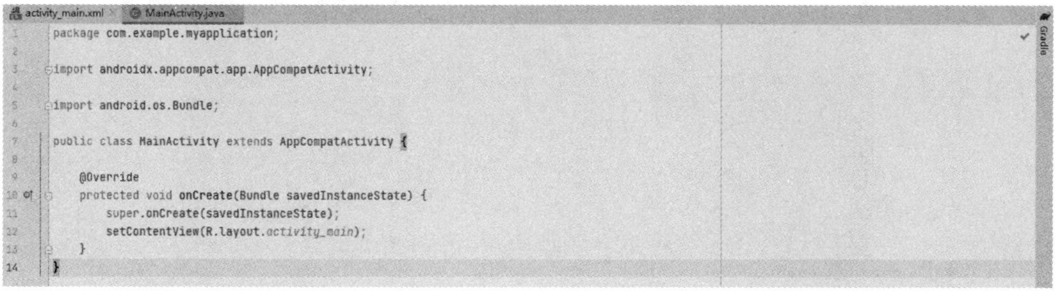

activity_main.xml
MainActivity.java
package com.example.myapplication;
import androidx.appcompat.app.AppCompatActivity;
import android.os.Bundle;
public class MainActivity extends AppCompatActivity {
@Override
protected void onCreate(Bundle savedInstanceState) {
super.onCreate(savedInstanceState);
setContentView(R.layout.activity_main);
}
}
Gradle

图 2-33　编辑工作区

5. 状态信息区

状态信息区位于软件窗口的底部，主要用于查看项目运行时的相关动态输出信息。这些信息可以帮助开发者了解项目在编辑运行和调试过程中的各种状态，如图 2-34 所示。

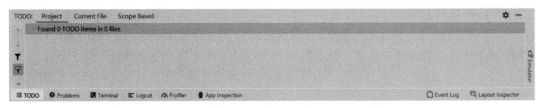

图 2-34　状态信息区

6. Gradle 及设备文件管理区

在软件窗口的右侧上、下两端有一些标签，在开发时会用到，如图 2-35 所示。其中 Gradle 是 Gradle 控制台，显示 Gradle 构建应用程序时的一些输出信息；Device File Explorer 是模拟设备文件管理器，当启动模拟器后，单击"Device File Explorer"标签，会打开设备文件管理器窗口。

图 2-35　Gradle 及设备文件管理区

2.3.3　运行程序

1. 运行程序

Android Studio IDE 运行程序可以使用以下 3 种方式：

(1) 单击菜单"Run"→"Run"命令；

(2) 使用工具栏按钮，单击 ；

(3) 使用快捷键"Shift + F10"。

以 Hello_Android 为例，运行成功后可查看程序在虚拟机上的运行状态，如图 2-36 所示。

图 2-36　Hello_Android 程序在虚拟机上的运行状态

2. Android 应用的签名

当 Android 项目在 Android Studio IDE 上开发完成并运行通过后，最终需要发布并在目的设备上运行。此时，需要对项目进行打包，并生成以.apk 为后缀的 Android 应用程序包(Android Application Package，APK)文件。只有.apk 文件才能在设备上运行。

Android 系统要求所有的应用都必须要有数字证书签名。数字证书签名有两个作用：一是确定发布者的身份信息，二是保证应用的完整性。在 Android Studio 中，每个应用项目在开发时使用 Android 系统的平台证书 Debug 密钥做应用签名，该签名也称为调试签名，因此可以直接运行程序。当开发者要发布应用时，就需要使用自己的数字证书给 APK 包签名，该签名称为发布签名。在使用第三方 APP 应用时，也需要发布签名证书。

发布签名是为了确保应用不会被其他应用替换。虽然每个 Android 项目都有各自的包名，可作为项目的唯一标识符，但是运行在设备上的应用不止一个，也不止一个开发团队，很难保证包名不会重复。如果手机上恰好有两个应用的包名重复，那么其中一个应用就会覆盖另一个。为了避免这种情况发生，Android 要求应用项目在发布前必须使用开发者私有信息进行签名，这样就可以对应用项目中的所有文件起到保护作用。

签名需要使用数字证书，亦称之为密钥库。它包含一个或多个密钥，并以二进制文件形式存储，扩展名为 .jks。

依次选择菜单"Build"→"Generate Signed Bundle/APK…"，进入如图 2-37 所示的对话框。该对话框中有两个选项，即 Android App Bundle 和 APK。其中，Android App Bundle 用于通过 GooglePlay 发布的应用，APK 则为创建可部署到设备上的签名 APK。在此选择"APK"选项，单击"Next"按钮进入模块所使用的数字证书页。

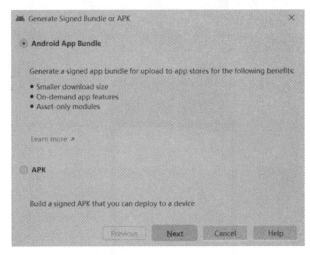

图 2-37 创建数字签名

如果已经创建了数字证书，则可以选择该数字证书；若无，则可以新建。假设目前没有任何数字证书，则单击"Create new…"按钮进入下一页对话框，在"File name"后的输入框中输入文件名，在"Key store path"后的输入框内单击文件夹图标，为即将创建的数字证书指定存储位置，之后单击"OK"按钮，进入设置。数字证书的设置如图 2-38～图 2-40 所示。

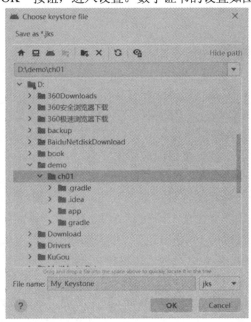

图 2-38 选择数字证书

 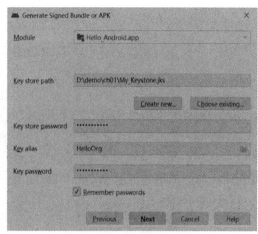

图 2-39　新建数字证书　　　　　　　图 2-40　生成数字证书

至此，数字签名证书就创建完成了，可以在项目文件夹下看到创建的签名文件。

3. 应用项目打包

Android Studio IDE 安装在 PC 端，使用该 IDE 编译好项目后，需要完成打包发布后项目才能在 Android 端运行。打包设置说明如下：

(1) 在生成.apk 时，需要指定输出路径、创建类型和签署版本。

(2) 创建类型。创建类型包括 Debug 和 Release 两个版本。

① Debug 版本又称为测试版，包含测试和日志信息，没有进行优化加密，适合在程序调试过程中使用。

② Release 版本又称为发布版，进行了优化加密，适合对外发布供用户使用。

(3) 签署版本。签署版本包括 V1 和 V2 两个版本。V1 版本(Jar Signature)仅验证未解压的文件内容，这样 APK 签署后可进行很多修改，可以移动甚至重新压缩文件。V2 版本(FULL APK Signature)可验证压缩文件的所有字节，在签名后无法再更改。

注意：如果只选中 V1，对生成签名文件并不造成影响，但是在 Android 7.0 及以上版本的设备上不会使用更安全的验证方式。如果只选用 V2，则在 Android 7.0 以下版本的设备上会出现签名不成功的情况。如果同时选中 V1 和 V2，则所有机型均没有问题。

2.3.4　项目组成

Android 应用项目主要由 AndroidManifest. xml、源程序文件夹和资源程序文件夹组成。

当新创建一个应用项目时，系统会自动生成 AndroidManifest.xml 文件，该文件包含了 Android 系统运行前必须掌握的相关信息，如应用程序名称、图标、应用程序的包名、组件注册信息和权限配置等，存放在项目的 app/src/main 目录下。

Android 以 Java 作为编程语言，因此源程序文件夹中包含多个以.java 作为扩展名的源代码文件，实现其业务逻辑。

在 Android 项目中，有两个用于存放资源文件的文件夹，分别为 res 和 assets。res 目录用来存放程序的资料文件、图片等资源文件。assets 目录用来存放原始格式的文件，如音频文件、视频文件等二进制格式文件。

2.4　Android 项目的目录结构

Android 应用项目是由 Java 代码和 XML 属性声明共同设计完成的。每个 Android 应用项目都是以一个项目目录的形式来组织的。

Android 方式下的目录结构相对简单清晰，去掉了一些初学者不关心的文件和目录，隐藏了一些系统自动生成的文件和目录，把一些资源文件、源文件非常紧凑地合并在一起，让用户可以方便地管理整个项目和模块。

在 Project 示图中，包含了与应用项目相关的一切信息。Project 方式下的目录结构采用 Windows 操作系统下资源管理器中的文件夹结构。以 Hello_Android 项目为例，其项目目录主要包括 4 个子目录、8 个文件和 1 个外部依赖库，如图 2-41 所示。

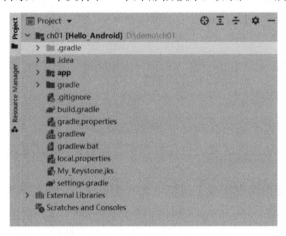

图 2-41　Hello_Android 项目目录

1. .gradle 和 .idea 目录

.gradle 和 .idea 目录下放置的是 Android Studio 自动生成的一些文件。在一般情况下，这些文件不需要做任何更改。

.gradle 中存放 gradle 工具的各个版本信息。当在自己的 PC 端打开其他开发者的项目时，若存在本地 Android Studio 的 gradle 版本与对方不同，那么，打开项目时会自动下载项目使用的 gradle 版本，可能需较长时间下载或出现配置不成功的情况。为避免出现此类情况，可在打开该项目之前，将该项目的 gradle 版本修改成自己计算机上的 gradle 版本(如果兼容的话)。

.idea 中存放的是 Android Studio 生成项目时所需要的配置文件。

2. app 目录

app 目录是项目中的代码、资源等内容的存放目录，开发者基本都是在这个目录下工作的。

3. gradle 目录

gradle 目录存放 gradle 工具生成的文件、项目资源及配置，用于完成项目的构建。其作用是当项目在其他 PC 端打开时，如果该 PC 端没有安装 gradle 工具，则可以使用项目中存放的资源。

4. .gitignore 文件

.gitignore 文件用来将指定的目录或文件排除在版本控制之外。

5. build.gradle 文件

build.gradle 文件是项目全局的 gradle 构建脚本，通常不需要修改。

6. gradle.properties 文件

gradle.properties 文件是全局的 gradle 配置文件，其中的配置属性将会影响项目中所有的 gradle 编译脚本。

7. gradlew 和 gradlew.bat 文件

gradlew 和 gradlew.bat 文件用来在命令行界面中执行 gradle 命令。其中，gradlew 在 Linux 或 Mac 系统中使用，gradlew.bat 在 Windows 系统中使用。

8. local.properties 文件

local.properties 文件用于指定本机中的 Android SDK 的路径。通常情况下，该文件是自动生成的，不需要修改。当本机中的 Android SDK 位置发生变化时，需要在该文件中把路径改为对应的路径。

9. My_Keystone.jks 文件

My_Keystone.jks 文件是项目的数字签名证书文件。如果没有创建过数字签名证书，则该文件不存在。

10. settings.gradle 文件

settings.gradle 文件用于指定项目中所有引入的模块。通常情况下，项目的模块引入都是自动完成的，很少需要手动修改文件。

值得注意的是，项目目录中包含了两个 build.gradle 文件。其中：一个是项目构建文件，位于项目的主目录下，负责配置整个项目所有模块通用的 gradle 项目；另一个是模块构建文件，位于 app 目录下，对所在模块配置 gradle 信息。

11. External Libraries 目录

External Libraries 目录是项目所依赖的库包存放目录，在项目编译时自动下载。

2.5　AndroidManifest.xml 清单文件

AndroidManifest.xml 是整个项目的清单文件，也被称为配置文件。当新创建一个应用项目时，系统会自动创建该文件，并将其存放在项目的 app/src/main 目录下。该文件用来描述应用项目的 package 中的全局数据。通过查阅该文件，可以了解到该项目中包含了哪些组件、哪些资源及何时运行该程序等信息。

AndroidManifest.xml 文件可向 Android 系统提供应用的必要信息，系统必须具有这些信息才可以运行。清单文件主要有以下作用：

(1) 给应用项目 Java 包命名，该包名将作为应用项目的唯一标识符。

(2) 描述应用项目中的每个组件的类名称和组件属性，帮助 Android 系统了解这些组件以及在何种条件下可以启用组件。

(3) 决定哪些进程用来运行应用组件。

(4) 声明应用项目自身应该具有的权限。

(5) 声明其他应用项目和该应用交互时应具有的权限。

(6) 声明 Instrumentation 类，这些类可在应用运行时提供分析和其他信息。这些声明只会在应用处于开发阶段时出现在清单里，在应用发布之后被移除。

(7) 决定应用运行所需 Android API 版本的最低要求。

(8) 声明应用项目需要调用的开发库定义。

2.6　Android Studio 日志工具的使用

Android Studio 中有一些非常实用的工具，包括 Logcat 和 DDMS 等。

2.6.1　Logcat

日志在任何项目的开发过程中都起着非常重要的作用。在 Android 项目中如果想查看日志，一般使用 Logcat。单击 Android Studio 最下方状态栏中的"Logcat"按钮，则会出现 Logcat 界面，如图 2-42 所示。

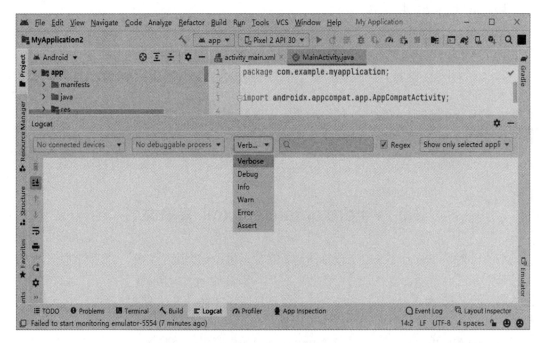

图 2-42　Logcat 界面

Logcat 的选项主要包括 Devices、Log Level 和 Filter(过滤器)。Devices 选项中，如果只连接了一个设备，则不需要再进行选择。Log Level 称为日志级别，该选项包括 Verbose、Debug、Info、Warn、Error、Assert 等级别，这些级别依次升高。过滤器选项中，Logcat 默认会自动生成一个过滤条件是 Packagename(项目包名)的过滤器。

Android 中的日志工具类是 Log，该类提供了如下 6 种方法供开发人员打印日志信息：

(1) Log.v()：用于打印最琐碎的、意义最小的日志信息，对应级别为 Verbose，是 Android 日志中级别最低的一种。

(2) Log.d()：用于打印一些调试信息，这些信息对开发人员调试程序和分析问题是有帮助的，对应级别为 Debug。

(3) Log.i()：用于打印一些比较重要的信息，这些信息可以帮助开发人员分析用户行为数据，对应级别为 Info。

(4) Log.w()：用于打印一些告警信息，提示程序在这些地方可能会有潜在的风险，最好修复一下，对应级别为 Warn。

(5) Log.e()：用于打印程序中的错误信息，当有错误信息打印出来时，一般代表应用程序出现了严重的问题，必须尽快修复，对应级别为 Error。

(6) Log.wtf()：该方法在打印日志的同时，会把此处代码此时的执行路径打印出来。

通过创建新的过滤器可以自定义日志过滤显示，如图 2-43 所示。创建一个新的过滤器需要填写如下信息：

· Filter Name：过滤器名称。
· Log Tag：日志的 tag 过滤。
· Log Message：日志的 Msg 内容过滤。
· Package Name：包名过滤。
· PID：PID 过滤。
· Log Level：日志级别过滤。

图 2-43 中，Regex 表示可以使用正则表达式进行匹配。

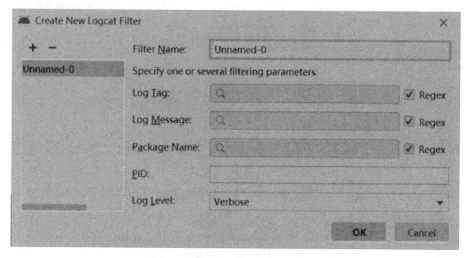

图 2-43　新建 Logcat Filter 参数设置

2.6.2　DDMS

DDMS 的全称是 Dalvik Debug Monitor Service，是 Android 开发环境中的 Dalvik 虚拟机调试监控服务。DDMS 提供测试设备截屏、查看特定进程正在运行的线程以及堆信息、Logcat、广播状态信息、模拟电话呼叫、模拟接收及发送 SMS、虚拟地理坐标等服务。

DDMS 的使用步骤如下：

（1）在 Android Studio 中查看 AS 的 SDK 路径，如图 2-44 所示。

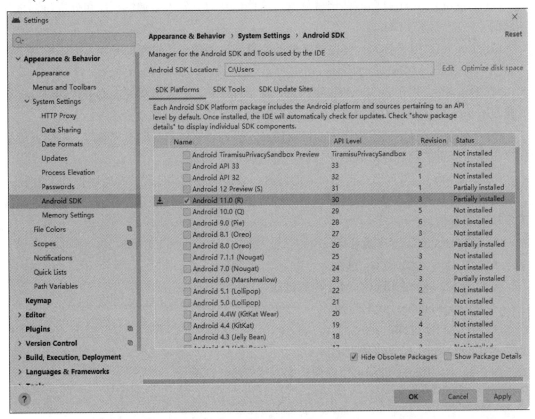

图 2-44　查看 AS 的 SDK 路径

（2）启动 DDMS。在"Date(D:)\SDK\tools"目录下，找到"monitor.bat"批量处理文件，如图 2-45 所示。双击"monitor.bat"批量处理文件，出现类似 cmd 的输入面板，然后会迅速自动关闭。再等几秒即出现 DDMS 面板，如图 2-46 所示。

图 2-45　找到 monitor.bat 批量处理文件

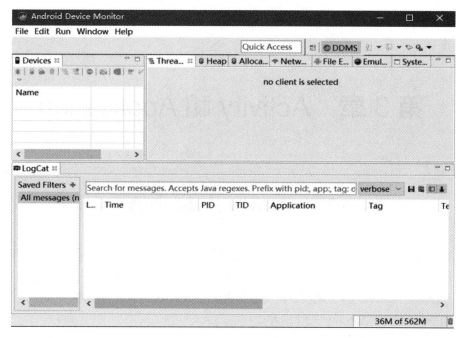

图 2-46　DDMS 面板

本 章 小 结

本章以"Hello_Android"为例，详细介绍了基于 Windows 平台的 Android Studio 安装及环境配置的具体流程，以帮助读者掌握一个项目的创建及运行步骤、Android Studio IDE 界面结构、Android 应用程序项目组成和项目结构目录。通过本章的学习，读者可进一步了解 Android Studio 开发环境，更快地掌握 Android Studio 的使用方法。

习 　 题

一、简述题

1. 试述建立 Android 系统开发环境的过程和步骤。
2. Android 应用项目主要的三个组成部分是什么？
3. 简述 AndroidManifest.xml 文件的作用。
4. Android Studio 中有哪些日志工具？简述其作用。

二、上机题

1. 安装 Android Studio 开发环境，并记录安装配置过程及所遇到的问题。
2. 创建并运行 Hello_Android 程序(展示不少于两台 AVD 的运行效果)。
3. 打包并发布 Hello_Android 程序(展示在真机上的运行效果)。

第 3 章　Activity 和 Application

3.1　Activity 的基本概念

　　Activity 是 Android 最基本也是最为常见的组件。Activity 是用户接口程序，原则上它会给用户提供一个交互式的接口功能，几乎所有的 Activity 都要和用户打交道，也有人把 Activity 比喻成 Android 的管理员。需要在屏幕上显示什么、用户在屏幕上做什么、处理用户的不同操作等都由 Activity 来管理和调度。

　　Activity 提供用户与 Android 系统交互的接口，用户通过 Activity 来完成自己的目的，例如打电话、拍照、发送 E-mail、查看地图等。每个 Activity 都提供一个用户界面窗口，一般情况下，该界面窗口会填满整个屏幕，但是也可以比屏幕小，或者浮在其他窗口之上。

　　一个 Android 应用程序通常由多个 Activity 组成，但是其中只有一个为主 Activity，其作用相当于 Java 应用程序中的 main 函数。当应用程序启动时，作为应用程序的入口首先呈现给用户。Android 应用程序中的多个 Activity 可以直接相互调用以完成不同的工作。当新的 Activity 被启动时，之前的 Activity 会停止，但是不会被销毁，而是被压入"后退栈 (BackStack)"的栈顶，新启动的 Activity 获得焦点，显示给用户。

　　"后退栈"遵循"后入先出"的原则。当新启动的 Activity 被使用完毕，用户单击"Back"按钮时，当前的 Activity 会被销毁，而原先的 Activity 会从"后退栈"的栈顶弹出并且被激活。

　　当 Activity 状态发生改变时，状态回调函数会通知 Android 系统。程序编写人员可以通过这些回调函数对 Activity 进行进一步的控制。当创建完毕 Activity 之后，需要调用 setContentView()方法来完成界面的显示，以此来为用户提供交互的入口。在 Android APP 中，屏幕显示的所有资源均依托于 Activity，Activity 是在开发中使用最频繁的一种组件。

　　Activity 显示的每项内容都由 View(视图)对象去构建，并定义在 res/layout 下的 XML 文件中。Android 自带了很多 View 对象，如按钮、文本框、滚动条、菜单、多选框等。每个视图或视图组对象在布局文件中都有自己的 XML 属性，其中的 ID 属性唯一标识这个视图对象。

　　启动一个 Activity 有 3 种方法：第一种方法是在 OnCreate()方法内调用 setContentView()方法，用来指定将要启动的 res/layout 目录下的布局文件；第二种方法是调用 startActivity()，用于启动一个新的 Activity；第三种方法是调用 startActivityforResult()，用于启动一个 Activity，并在该 Activity 结束时返回信息。

返回一个 Activity 也有 3 种方法：第一种是调用 finish()方法来关闭；第二种是选择调用 setResult()返回数据给上一级的 Activity；第三种是使用 startActivityforResult()启动 Activity，此时需要调用 finishActivity()方法关闭其父 Activity。

3.2　运行状态及生命周期

应用项目进程从创建到结束的全过程称为应用项目的生命周期。与其他系统不同的是，Android 应用项目的生命周期是由 Android 框架进行管理，而不是由应用项目直接控制的。

对于应用开发者来说，理解不同的应用组件对应用进程的生命周期的影响是很重要的。Activity 类是 Android 应用的关键组件，本节主要讨论 Activity 的运行状态及生命周期。

3.2.1　Activity 的运行状态

Android 系统中是通过 Activity 栈的方式管理 Activity 的，而 Activity 自身则是通过生命周期的方式管理自己的创建与销毁。

从本质上讲，Activity 在生命周期中存在以下 3 个状态：

(1) 运行态。运行态指 Activity 运行于屏幕的最上层并且获得了用户焦点。

(2) 暂停态。暂停态指当前 Activity 依然存在，但是没有获得用户焦点。在其之上有其他的 Activity 处于运行态，但是由于处于运行态的 Activity 没有遮挡住整个屏幕，当前 Activity 有一部分视图可以被用户看见。处于暂停态的 Activity 保留了自己所使用的内存和用户信息，但是在系统极度缺乏资源的情况下，有可能会被终止以释放资源。

(3) 停止态。停止态指当前 Activity 完全被处于运行态的 Activity 遮挡住，其用户界面完全不能被用户看见。处于停止态的 Activity 依然存活，也保留了自己所使用的内存和用户信息，但是一旦系统缺乏资源，停止态的 Activity 就会被终止以释放资源。

3.2.2　Activity 的生命周期

Activity 生命周期方法的调用过程如图 3-1 所示，由图可以很直观地了解到 Activity 的整个生命周期。

Activity 的生命周期表现在 3 个层面，如图 3-2 所示，由图可以更清楚地了解 Activity 的运行机制。

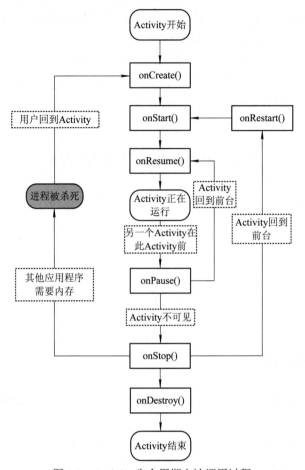

图 3-1　Activity 生命周期方法调用过程

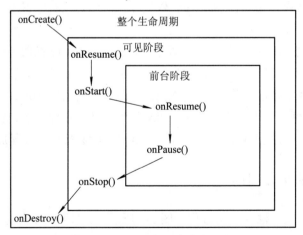

图 3-2　Activity 的整个生命周期

　　如果 Activity 离开可见阶段，长时间失去焦点，就很可能被系统销毁以释放资源。当然，即使该 Activity 被销毁掉，用户对该 Activity 所做的更改也会被保存在 Bundle 对象中，当用户需要重新显示该 Activity 时，Android 系统会根据之前保存的用户更改信息将该 Activity 重建。

Activity 在生命周期中从一种状态到另一种状态时会激发相应的回调方法，这几个回调方法如表 3-1 所示。

表 3-1　Activity 的回调方法

名　称	调　用　时　间
onCreate(Bundle savedInstanceState)	创建 Activity 时调用。参数 savedInstanceState 用于保存 Activity 的对象的状态。Activity 在一些状态可能会被系统撤销而重新创建时，使用参数 Bundle 来恢复状态
onStart( )	Activity 变为在屏幕上对用户可见时调用
onResume( )	Activity 开始与用户交互时调用(无论是启动还是重启一个活动，该方法总是被调用)
onPause( )	当 Android 系统要激活其他 Activity 时，该方法被调用，暂停或收回 CPU 和其他资源时调用
onStop( )	Activity 被停止并转为不可见阶段时调用
onRestart( )	重新启动已经停止的 Activity 时调用
onDestroy( )	Activity 被完全从系统内存中移除时调用。该方法被调用可能是因为有人直接调用 finish( )方法或者系统决定停止该活动以释放资源

上述 7 个生命周期方法在 4 个阶段按一定的顺序进行调用，这 4 个阶段具体如下：

(1) 启动 Activity：在这个阶段依次执行 3 个生命周期方法，分别是 onCreate()、onStart()和 onResume()。

(2) Activity 失去焦点：如果在 Activity 获得焦点的情况下进入其他的 Activity 或应用程序，则当前的 Activity 会失去焦点。在这一阶段，会依次执行 onPause()和 onStop()方法。

(3) Activity 重获焦点：如果 Activity 重新获得焦点，则会依次执行 3 个生命周期方法，分别是 onRestart()、onStart()和 onResume()。

(4) 关闭 Activity：当 Activity 被关闭时，系统会依次执行 3 个生命周期方法，分别是 onPause()、onStop()和 onDestroy()。

3.2.3　Activity 的属性

在 AndroidManifest.xml 中可设置 Activity 的属性，本节对部分属性进行解释，用户可根据需求进行属性设置。

1. android:noHistory

该属性表示当用户离开 Activity 并且其在屏幕上不再可见时，是否应从 Activity 堆栈中将其移除并完成(调用其 finish()方法)。该属性参数设置为"true"表示不会留在任务的 Activity 堆栈内，因此用户将无法返回 Activity，设置为"false"则表示不做处理。该属性参数默认值设置为"false"。

2. android:allowEmbedded

该属性表示该 Activity 可作为另一 Activity 的嵌入式子项启动，尤其适用于子项所在的容器(如 Display)为另一 Activity 所拥有的情况。例如，用于 Wear 自定义通知的 Activity 必须声明此项，以便 Wear 在其上下文流中显示 Activity，后者位于另一进程中。该属性的默认值设置为 false。

3. android:alwaysRetainTaskState

该属性表示系统是否始终保持 Activity 所在任务的状态。该属性参数设置为"true"表示保持，设置为"false"表示允许系统在特定情况下将任务重置到其初始状态。该属性的默认值设置为"false"。该属性只对任务的根 Activity 有意义；对于所有其他 Activity，均忽略该属性。正常情况下，当用户从主屏幕重新选择某个任务时，系统会在特定情况下清除该任务(从根 Activity 之上的堆栈中移除所有 Activity)。系统通常会在用户一段时间(如 30 分钟)内未访问任务时执行此操作。不过，如果该属性的值是"true"，则无论用户如何到达任务，将始终返回到最后状态的任务。例如，在网络浏览器这类存在大量用户不愿失去的状态(如多个打开的标签)的应用中，该属性会很有用。

4. android:clearTaskOnLaunch

该属性表示是否每当从主屏幕重新启动任务时都从中移除根 Activity 之外的所有 Activity。该属性参数设置为"true"表示始终将任务清除到只剩其根 Activity，设置为"false"表示不做清除。该属性的默认值设置为"false"。该属性只对启动新任务的 Activity(根 Activity)有意义，对于任务中的其他 Activity，均忽略该属性。当值为"true"时，每当用户再次启动任务时，无论用户最后在任务中正在执行哪个 Activity，也无论用户是使用返回还是主屏幕按钮离开，都会将用户转至任务的根 Activity。当值为"false"时，可在某些情况下清除任务中的 Activity(请参阅 android:alwaysRetainTaskState 属性)，但并非一律可以。

5. android:autoRemoveFromRecents

该属性表示从浏览记录中剔除，让用户不能从浏览记录中切换到本程序(不会 KILL 进程)。官方定义由具有该属性的 Activity 启动的任务是否一直保留在最近使用的应用列表(即概览屏幕)中，直至任务中的最后一个 Activity 完成为止。该属性参数设置若为"true"，则自动从概览屏幕中移除任务。该属性的默认值设置为"false"。

6. android:excludeFromRecents

该属性表示是否应将该 Activity 启动的任务排除在最近使用的应用列表(即概览屏幕)之外，即当该 Activity 是新任务的根 Activity 时，此属性确定任务是否应出现在最近使用的应用列表中。如果应将任务排除在列表之外，该属性参数设置为"true"；如果应将其包括在内，该属性参数设置为"false"。该属性的默认值设置为"false"。

7. android:exported

该属性表示是否允许别的程序调用本程序的 Activity。该属性参数设置为"false"时，则 Activity 只能由同一应用的组件或使用同一用户 ID 的不同应用启动。该属性的默认值取决于 Activity 是否包含 Intent 过滤器。没有任何过滤器意味着 Activity 只能通过指定其确切的类名称进行调用，即 Activity 专供应用内部使用(因为其他应用不知晓其类名称)。若至少存在一个过滤器意味着 Activity 专供外部使用，则该属性的默认值设置为"true"。该属性并非是限制 Activity 对其他应用开放度的唯一手段，还可以利用权限来限制哪些外部实体可以调用 Activity。

8. android:finishOnTaskLaunch

该属性表示每当用户再次启动其任务(在主屏幕上选择任务)时，是否应关闭(完成)现有 Activity 实例。该属性参数设置为"true"表示应关闭，"false"表示不应关闭。该属性的默认值设置为"false"。如果该属性和 allowTaskReparenting 的参数均设置为"true"，则优先使用该属性。系统不是更改 Activity 的父项，而是将其销毁。

9. android:screenOrientation

该属性表示 Activity 在屏幕上的显示方向。该属性的默认值为"unspecified"，由系统决定，不同手机可能不一致。该属性参数设置为"landscape"，表示强制横屏显示；设置为"portrait"，表示强制竖屏显示；设置为"behind"，表示与前一个 activity 方向相同；设置为"sensor"，表示根据物理传感器方向转动，当用户以 90°、180°、270° 旋转手机方向时，activity 都随之变化；设置为"sensorLandscape"，表示横屏旋转，一般横屏游戏会这样设置；设置为"sensorPortrait"，表示竖屏旋转；设置为"nosensor"，表示旋转设备时，界面不会随之旋转。初始化界面方向由系统控制，设置为"user"为用户当前设置的方向。

10. android:theme

该属性表示定义 Activity 总体主题样式资源，自动将 Activity 的上下文设置为使用该主题。该属性用于设置界面 UI 风格，亦可设置 Activity 的背景、标题栏、状态栏的风格。该属性参数设置选项较多，详情可参考官方文档。

11. android:windowSoftInputMode

该属性表示 Activity 的主窗口与包含屏幕软键盘的窗口的交互方式。该属性的设置影响两个方面：当 Activity 成为用户注意的焦点时软键盘的状态，即隐藏还是可见；对 Activity 主窗口所做的调整，即是否将其尺寸调小，为软键盘腾出空间，或者当窗口部分被软键盘遮挡时是否平移其内容，以使当前焦点可见。其属性值如表 3-2 所示。

表 3-2　windowSoftInputMode 属性值及其含义

属 性 值	含　　　义
stateUnspecified	软键盘的状态并没有指定，系统将选择一个合适的状态或依赖于主题的设置
stateUnchanged	当新 activity 出现时，软键盘将一直保持为上一个 activity 里的状态，无论是隐藏还是显示
stateHidden	用户选择 activity 时，软键盘总是被隐藏
stateAlwaysHidden	当该 activity 主窗口获取焦点时，软键盘也总是被隐藏
stateVisible	软键盘通常是可见的
stateAlwaysVisible	用户选择 activity 时，软键盘总是显示的状态
adjustUnspecified	默认设置，通常由系统自行决定是隐藏还是显示
adjustResize	该 activity 总是调整屏幕的大小以便留出软键盘的空间
adjustPan	当前窗口的内容将自动移动，以便当前焦点不被键盘遮挡，用户总是能看到输入内容的部分

3.2.4　实现 Android 登录的示例代码

【例 3-1】　创建登录 Activity，登录界面如图 3-3 所示。

图 3-3　登录界面

登录按钮实现跳转到下一个界面，并且判断输入的账号和密码是否符合规则(不能为空)，提示登录成功或失败。注册按钮实现跳转到注册界面。

按照如下步骤操作：

(1) 打开 Android Studio 创建一个项目，项目名称定义为 Activity Demo，包名为 xsyu.jsj.samp3_1 的空白工程。

(2) 创建 Activity。单击 File/New→Activity→Empty Activity，弹出"New Android Activity"对话框，命名为 MainActivity。

LoginActivity.java 代码如下：

```
1.   package xsyu.jsj.samp3_1;
2.   import androidx.appcompat.app.AppCompatActivity;
3.   import android.content.Context;
4.   import android.content.Intent;
5.   import android.os.Bundle;
6.   import android.view.View;
7.   import android.widget.Button;
```

```
8.    import android.widget.EditText;
9.    import android.widget.Toast;
10.
11.   public class LoginActivity extends AppCompatActivity {
12.   private EditText username;
13.   private EditText password;
14.   private Button    login;
15.   private Button cancel;
16.
17.   @Override
18.   protected void onCreate(Bundle savedInstanceState) {
19.       super.onCreate(savedInstanceState);
20.       setContentView(R.layout.activity_login);
21.
22.       username = (EditText) findViewById(R.id.username);
23.       password = (EditText) findViewById(R.id.password);
24.       login = (Button) findViewById(R.id.btn_login);
25.       cancel = (Button) findViewById(R.id.btn_cancel);
26.
27.       login.setOnClickListener(new View.OnClickListener( ) {
28.         @Override
29.         public void onClick(View v) {
30.
31.             String username1 = username.getText( ).toString( );
32.             String password1 = password.getText( ).toString( );
33.             /*if(username1.equals("admin")&& password1.equals("admin")){
34.               Toast.makeText(LoginActivity.this,"恭喜登录成功",Toast.LENGTH_SHORT).show( );
35.               Intent intent = new Intent(LoginActivity.this,SuccessActivity.class);
36.               intent.putExtra("username",username1);
37.             startActivity(intent);*/
38.             if(username1.equals("admin")&& password1.equals("admin")){
39.               Toast.makeText(LoginActivity.this,"恭喜登录成功",Toast.LENGTH_SHORT).show( );
40.               SuccessActivity.actionStart(LoginActivity.this,username1);
41.             }else{
42.               Toast.makeText(LoginActivity.this,"登录失败",Toast.LENGTH_SHORT).show( );
43.             }
44.         }
45.       });
46.       cancel.setOnClickListener(new View.OnClickListener( ){
```

```
47.        @Override
48.        public void onClick(View v) {
49.            finish( );
50.        }
51.    });
52.    }
53. }
```

Activity_login.xml 文件代码如下：

```
54. <?xml version="1.0" encoding="utf-8"?>
55. <LinearLayout xmlns:android="http://schemas.android.com/apk/res/android"
56.     xmlns:tools="http://schemas.android.com/tools"
57.     android:layout_width="match_parent"
58.     android:layout_height="match_parent"
59.     android:orientation="vertical"
60.     tools:context="com.example.homework3.LoginActivity">
61.     <LinearLayout
62.         android:gravity="center_horizontal"
63.         android:layout_width="match_parent"
64.         android:layout_height="wrap_content"
65.         android:orientation="horizontal" >
66.         <TextView
67.             android:id="@+id/user_name"
68.             android:layout_width="wrap_content"
69.             android:layout_height="wrap_content"
70.             android:text="用户名："
71.             android:textColor="#000000"
72.             android:textSize="20sp" />
73.         <EditText
74.             android:id="@+id/username"
75.             android:layout_width="200dp"
76.             android:layout_height="wrap_content"
77.             android:maxLines="1"
78.             android:hint="请输入用户名" />
79.     </LinearLayout>
80.     <LinearLayout
81.         android:layout_width="match_parent"
82.         android:layout_height="wrap_content"
83.         android:gravity="center_horizontal"
84.         android:orientation="horizontal">
```

```
85.          <TextView
86.                android:id="@+id/user_password"
87.                android:layout_width="wrap_content"
88.                android:layout_height="wrap_content"
89.                android:text="密码："
90.                android:textColor="#000000"
91.                android:textSize="20sp" />
92.          <EditText
93.                android:id="@+id/password"
94.                android:layout_width="200dp"
95.                android:layout_height="wrap_content"
96.                android:maxLines="1"
97.                android:inputType="textPassword"
98.                android:hint="请输入密码"
99.                />
100.     </LinearLayout>
101.     <LinearLayout
102.           android:orientation="horizontal"
103.           android:gravity="center_horizontal"
104.           android:layout_width="match_parent"
105.           android:layout_height="wrap_content">
106.          <Button
107.                android:id="@+id/btn_login"
108.                android:paddingLeft="30dp"
109.                android:paddingRight="30dp"
110.                android:layout_width="wrap_content"
111.                android:layout_height="wrap_content"
112.                android:text="登录"
113.                />
114.          <Button
115.                android:id="@+id/btn_cancel"
116.                android:paddingLeft="30dp"
117.                android:paddingRight="30dp"
118.                android:layout_width="wrap_content"
119.                android:layout_height="wrap_content"
120.                android:text="取消"
121.                />
122.     </LinearLayout>
123. </LinearLayout>
```

(3) 创建登录功能，跳转显示页面登录。Success.java 代码如下：

```
124. package xsyu.jsj.samp3_1;
125. import androidx.appcompat.app.AppCompatActivity;
126.
127. import android.content.Context;
128. import android.content.Intent;
129. import android.os.Bundle;
130. import android.widget.TextView;
131.
132. public class SuccessActivity extends AppCompatActivity {
133.
134.
135.     public static void actionStart(Context context,String username1){
136.         Intent intent = new Intent(context, SuccessActivity.class);
137.         intent.putExtra("username",username1);
138.         context.startActivity(intent);
139.     }
140.
141.     @Override
142.     protected void onCreate(Bundle savedInstanceState) {
143.
144.         super.onCreate(savedInstanceState);
145.         setContentView(R.layout.activity_success);
146.
147.         TextView textView=(TextView) findViewById(R.id.textView);
148.
149.         Intent intent = getIntent();
150.         String username = intent.getStringExtra("username");
151.         textView.setText("欢迎你： "+username);
152.     }
153. }
```

activity_success.xml 代码如下：

```
154. <?xml version="1.0" encoding="utf-8"?>
155. <LinearLayout xmlns:android="http://schemas.android.com/apk/res/android"
156.     android:orientation="vertical"
157.     android:layout_width="match_parent"
158.     android:layout_height="match_parent">
159.
160.     <TextView
```

161.　　　　　android:id="@+id/textView"

162.　　　　　android:layout_width="match_parent"

163.　　　　　android:layout_height="wrap_content" />

164. </LinearLayout>

AndroidManifest.xml 中设置 LoginActivity 为项目首页：

165. <activity android:name=".LoginActivity">

166.　　　<intent-filter>

167.　　　　　<action android:name="android.intent.action.MAIN" />

168.

169.　　　　　<category android:name="android.intent.category.LAUNCHER" />

170.　　　</intent-filter>

171.　　</activity>

运行结果如图 3-4 所示。

(a) 登录界面　　　　　　　　　　　　　　(b) 跳转界面

图 3-4　运行结果展示

3.3　Android 的资源管理

通过单击 Android Studio 中左侧树状结构图中的 res，如图 3-5 所示，可进行 Android

项目的资源管理。若 Folder 未出现在 res 中，则可在 res 下创建 Folder，然后新建资源，如图 3-6 所示。

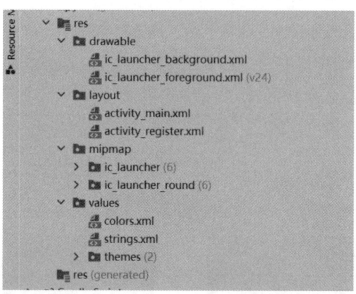

图 3-5　树状结构图中的 res 文件

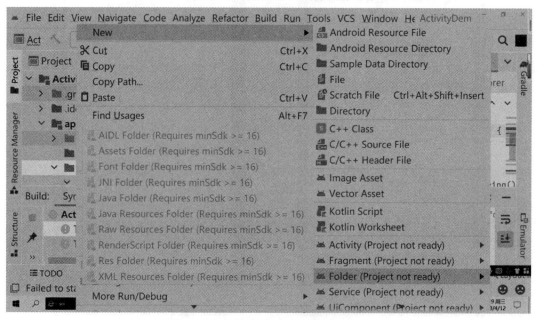

图 3-6　在 Android Studio 中创建 Folder

3.3.1　分类与访问方式

Android 有很多种类的资源，有 7 类是在 res 下新建目录，然后将资源放在 res/values、res/xml、res/layout、res/drawable、res/anim、res/menu、res/raw 目录下。大体上 Android 资源有 11 类，其分类与访问方式如表 3-3 所示。

第 3 章　Activity 和 Application　　　　　　　　　　　　　　　·45·

表 3-3　资源分类与访问方式

分类	说　　明	访问方式
animator	用于定义属性动画的 XML 文件	R.anim 类访问
anim	用于定义渐变动画的 XML 文件(属性动画也可保存在此目录中,但为了区分这两种类型,属性动画首选 animator/目录。)	通过 R.anim 类访问
color	用于定义颜色状态列表的 XML 文件	R.color 类访问
drawable	位图文件(.png、.9.png、.jpg、.gif)或编译为以下可绘制对象资源子类型的 XML 文件:位图文件、九宫格(可调整大小的位图)、状态列表、形状、动画可绘制对象、其他可绘制对象	R.drawable 类访问
mipmap	用于不同启动器图标密度的可绘制对象文件	
layout	用于定义用户界面布局的 XML 文件	R.layout 类访问
menu	用于定义应用菜单(如选项菜单、上下文菜单或子菜单)的 XML 文件	R.menu 类访问
raw	用于需以原始形式保存的任意文件。如要使用原始 InputStream 打开这些资源,请使用资源 ID(即 R.raw.filename)调用 Resources.openRawResource( )。 但是,如需访问原始文件名和文件层次结构,则可以考虑将某些资源保存在 assets/目录(而非 res/raw/)下。assets/中的文件没有资源 ID,因此只能使用 AssetManager 读取这些文件	
values	用于包含字符串、整型数和颜色等简单值的 XML 文件。 其他 res/子目录中的 XML 资源文件会根据 XML 文件名定义单个资源,而 values/目录中的文件可描述多个资源。对于此目录中的文件,<resources>元素的每个子元素均会定义一个资源。例如,<string>元素会创建 R.string 资源,<color>元素会创建 R.color 资源。 由于每个资源均使用自己的 XML 元素进行定义,因此可以随意命名文件,并在某个文件中放入不同的资源类型。但是,也可能需要将独特的资源类型放在不同的文件中,使其一目了然。例如,对于可在此目录中创建的资源,下面给出了相应的文件名约定: arrays.xml:资源数组(类型数组)。 colors.xml:颜色值。 dimens.xml:尺寸值。 strings.xml:字符串值。 styles.xml:样式	R.string、R.array 和 R.plurals 类访问
xml	用于在运行时通过调用 Resources.getXML( )读取的任意 XML 文件。各种 XML 配置文件(如可搜索配置)都必须保存在此处	
font	用于带有扩展名的字体文件(如.ttf、.otf 或.ttc),或包含<font-family>元素的 XML 文件。如需详细了解作为资源的字体,请参阅 XML 中的字体	通过 R.font 类访问

3.3.2　strings.xml 文本资源文件

字符串资源为应用提供具有可选文本样式和格式设置的文本字符串。共有 3 种类型的资源可为应用提供字符串:String 提供单个字符串的 XML 资源,String Array 提供字符串数组的 XML 资源，Quantity Strings (Plurals)带有用于多元化的不同字符串的 XML 资源。

1. 定义字符串和数值

在 string.xml 中定义字符串资源，代码如下：

```
1.   <resources>
2.   <string name="app_name">Activity Demo</string>
3.   <string name="username">Admin</string>
4.   <string name="Password">123456</string>
5.   </resources>
```

2. 定义字符串数组

在 strings.xml 定义如下代码：

```
6.   <string-array name="citys">
7.   <item>北京</item>
8.   <item>上海</item>
9.   <item>济南</item>
10.  <item>青岛</item>
11.  </string-array>
```

在 Java 文件中获取 String[]数组：

```
String []citys = getResources().getStringArray(R.array.citys);
```

3. Quantity Strings (Plurals)

在 plurals 定义如下代码：

```
1.   < resources >
2.       < plurals
3.       name = " plural_name " >
4.       < item
5.         quantity = ["zero" | "one" | "two" | "few" | "many" | "other" ]
6.           > text_string </item>
7.       </plurals>
8.   </resources>
```

3.3.3　colors.xml 颜色设置资源文件

开发者在进行 Android 开发时，通常使用 RGB 3 种颜色，但是在一个项目中有很多地方需要使用不同的颜色，RGB 3 种颜色并不能满足多种颜色的需求。此时，可使用 colors.xml 文件给指定颜色命名。

打开 colors.xml 文件，可添加颜色命名，代码如下。

```
1.   <?xml version="1.0" encoding="utf-8"?>
2.   <resources>
3.       <color name="purple_200">#FFBB86FC</color>
```

4.   `<color name="purple_500">#FF6200EE</color>`

5.   `<color name="purple_700">#FF3700B3</color>`

6.   `<color name="teal_200">#FF03DAC5</color>`

7.   `<color name="teal_700">#FF018786</color>`

8.   `<color name="black">#FF000000</color>`

9.   `<color name="white">#FFFFFFFF</color>`

10.   `</resources>`

3.3.4   dimens.xml 尺寸定义资源文件

dimens.xml 用来定义控件的尺寸和文字的大小，便于做屏幕适配。假设需要更改 button 控件的尺寸，可以按照下列步骤来完成：

(1) 按照如图 3-7 所示创建 dimens.xml 文件。

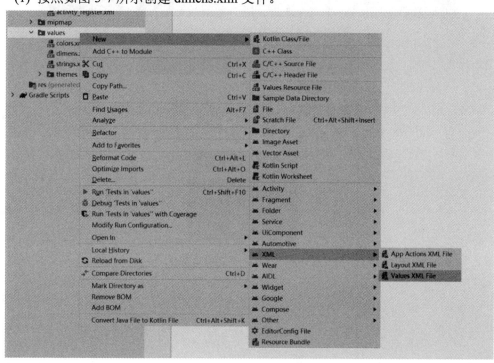

图 3-7   创建 dimens.xml 文件

(2) 定义控件尺寸，如图 3-8 所示。

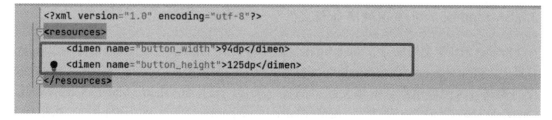

图 3-8   定义控件尺寸

(3) 布局设置 button 控件尺寸。要求布局中 layout_width 和 layout_height 值设置为 wrap_content，否则 dimen 定义无效，如图 3-9 所示，效果如图 3-10 所示。

```
<TableRow>
    <Button
        android:id="@+id/buttonregister"
        android:layout_width="wrap_content"
        android:layout_height="wrap_content"
        android:width="@dimen/button_width"
        android:height="@dimen/button_height"
        android:text="注册" />
</TableRow>>
</tablelayout>
```

图 3-9　设置布局 button 控件尺寸

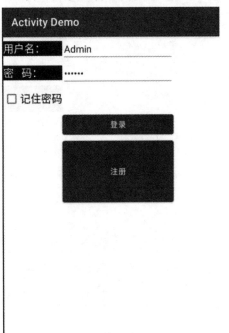

图 3-10　设置后的效果显示图

3.3.5　themes.xml 主题风格资源文件

themes.xml 主要用来存放 Android 的主题与样式。在新版本的 Android Studio 的 values 目录中，有 theme.xml 和 theme.xml(night)两个文件，分别标识 Android 的日常主题样式和夜间模式。若想取消默认应用主题中的夜间模式，只需将 Theme.MaterialComponents. DayNight.DarkActionBar 更改为 Theme.MaterialComponents.Night.NoActionBar，如图 3-11 所示。

```
<resources xmlns:tools="http://schemas.android.com/tools">
    <!-- Base application theme. -->
    <style name="Theme.ActivityDemo" parent="Theme.MaterialComponents.DayNight.DarkActionBar">
        <!-- Primary brand color. -->
        <item name="colorPrimary">@color/purple_700</item>
        <item name="colorPrimaryVariant">@color/purple_700</item>
        <item name="colorOnPrimary">@color/white</item>
        <!-- Secondary brand color. -->
        <item name="colorSecondary">@color/teal_700</item>
        <item name="colorSecondaryVariant">@color/teal_700</item>
        <item name="colorOnSecondary">@color/black</item>
        <!-- Status bar color. -->
        <item name="android:statusBarColor" tools:targetApi="l">?attr/colorPrimaryVariant</item>
        <!-- Customize your theme here. -->
    </style>
```

图 3-11　取消默认应用主题中的夜间模式

在 themes.xml 中可创建新样式，完成主题和样式的更换，代码如图 3-12 所示。

```
<style name="Theme.ActivityDemo2" parent="Theme.MaterialComponents.DayNight.DarkActionBar">
    <!-- Primary brand color. -->
    <item name="colorPrimary">@color/purple_200</item>
    <item name="colorPrimaryVariant">@color/purple_200</item>
    <item name="colorOnPrimary">@color/white</item>
    <!-- Secondary brand color. -->
    <item name="colorSecondary">@color/teal_200</item>
    <item name="colorSecondaryVariant">@color/teal_200</item>
    <item name="colorOnSecondary">@color/black</item>
    <!-- Status bar color. -->
    <item name="android:statusBarColor" tools:targetApi="l">?attr/colorPrimaryVariant</item>
    <!-- Customize your theme here. -->
</style>
```

图 3-12　在 themes.xml 中创建新样式

设置 Android 主题，代码如图 3-13 所示，其运行效果如图 3-14 所示。

```
<androidx.constraintlayout.widget.ConstraintLayout xmlns:android="http://schemas.android.com/apk/res/android"
    xmlns:app="http://schemas.android.com/apk/res-auto"
    xmlns:tools="http://schemas.android.com/tools"
    android:layout_width="match_parent"
    android:layout_height="match_parent"
    tools:context=".MainActivity"
    android:theme="@style/Theme.ActivityDemo2">
```

图 3-13　设置 Android 主题

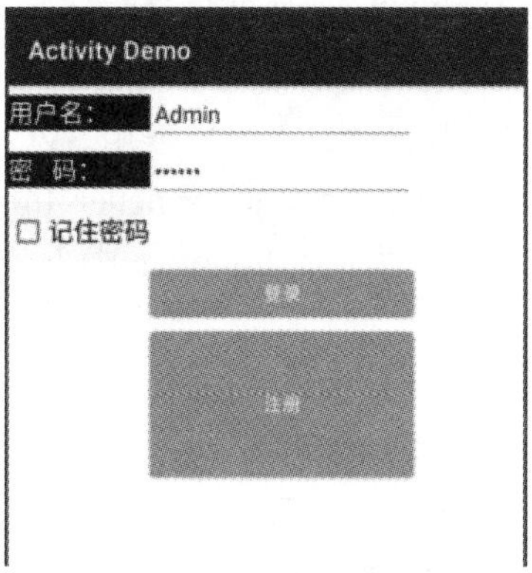

图 3-14　运行结果显示

3.3.6　图像资源目录

在进行 Android APP 开发时会使用图片,图片资源管理涉及 drawable 文件夹和 mipmap
文件夹,如图 3-15 所示。其中,drawable 文件夹存储 bitmap 文件、9-patch 文件和 xml 文
件,mipmap 文件夹用于存放 APP 的 ICON 图标文件。Android 系统会保留该文件夹下所
有的图片资源,而不受应用安装设备的屏幕分辨率的影响,这个行为允许启动程序为应用
选择最好的分辨率图标显示在主屏幕上。

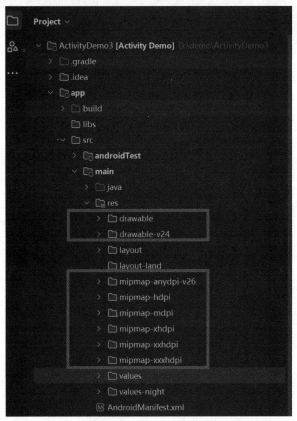

图 3-15　drawable 文件夹和 mipmap 文件夹

Android 8.0 以上版本中 drawable 图像资源目录默认包含背景 ic_launcher_background.
xml 文件和前景 ic_launcher_foreground.xml 文件。背景 ic_launcher_background.xml 文件使
用 SVG 格式绘制带纹理的底图。背景层并不一定要用 SVG 格式的文件,使用 PNG、JPG
等格式的文件或者指定背景颜色即可。前景 ic_launcher_foreground.xml 文件使用 SVG 格
式绘制出带有投影效果的 Android 机器人的 Logo,同样也可使用其他图片格式文件。

drawable 包含如下资源:

(1) bitmap 位图 BitmapDrawable;

(2) 可拉伸图(*.9.png) NinePatchDrawable;

(3) 图层 LayerDrawable;

(4) 不同状态图(选择器)StateListDrawable;

(5) 级别列表 LevelListDrawable;

(6) 转换图像 TransitionDrawable;

(7) 插入可绘制对象 InsertDrawable;

(8) 剪裁可绘制对象 ClipDrawable;

(9) 缩放可绘制对象 ScaleDrawable;

(10) 形状可绘制对象 ShapeDrawable。

3.4　Application 的基本概念

Application 是维护应用全局状态的基类,应用进程启动时 Android 系统会创建 Application 类并调用类的 onCreate()函数。Application 类是 context 类的子类。

Application 和 Activity、Service 一样是 Android 框架的一个系统组件。当 Android 程序启动时系统会创建一个 Application 对象,用来存储系统的一些信息。

Android 系统自动会为每个程序运行时创建一个 Application 类的对象且只创建一个,所以 Application 可以说是单例(singleton)模式的一个类。通常写 Demo 不需要自己指定一个 Application,系统会自动创建。如果需要创建自己的 Application,则可创建一个类继承 Application,并在 AndroidManifest.xml 文件中的 application 标签中进行注册(只需要给 application 标签增加 name 属性,并添加自己的 Application 的名字即可)。

3.4.1　Application 生命周期事件

Application 的生命周期贯穿整个 APP 运行全过程,从 APP 启动到 APP 完全终止运行,如图 3-16 所示。

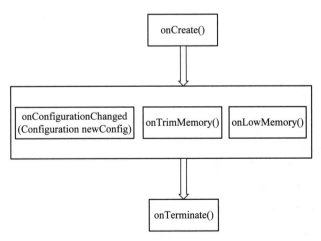

图 3-16　Application 的生命周期

Application 生命周期的 5 个相关方法:

(1) onCreate():在创建应用程序时调用这个方法。可以重写这个方法来实例化应用程序单态,也可以创建和实例化任何应用程序状态变量或共享资源。

(2) onConfigurationChanged():在配置改变时,应用程序对象不会被终止和重启。如果应用程序使用的值依赖于特定的配置，则重写这个方法来重新加载这个值，或者在应用程序级别处理配置改变。

(3) onTrimMemory()：作为 onLowMemory 的一个特定于应用程序的替代选择，在 Android 4.0(API level13)中引入。在运行过程中，当决定当前应用程序应该尝试减少其内存开销时(通常在它进入后台时)调用。它包含一个 level 参数，用于提供请求的上下文。

(4) onLowMemory()：一般只会在后台进程已经终止，但是前台应用程序仍然缺少内存时调用。可以重写这个处理程序来清空缓存或者释放不必要的资源。

(5) onTerminate()：当终止应用程序对象时调用，不保证一定被调用。当程序是被内核终止以便为其他应用程序释放资源时，将不会提醒，并且不调用应用程序的对象的 onTerminate()方法而直接终止进程。

3.4.2　重载 Application

每个 Android APP 运行时，会首先自动创建 Application 类并实例化 Application 对象，且只有一个。当然也可以自定义，通过继承 Application 类自定义 Application 类和实例。其步骤为：首先，写入 import.app.application；接着，重写 onCreate()、onTerminate()、onLowMemory()、onTrimMemory()、onConfigurationChanged()等相关方法；然后，在 Application 标签下添加 name 属性为类名 name:类名；最后，在 activity 中通过 getApplication() 获取 application 类子类。

其代码如下：

```
1.    class BaseApplication extends Application {
2.        private static String TAG = "BaseApplication";
3.        @Override
4.        public void onCreate() {
5.            // 程序创建的时候执行
6.            Log.d(TAG, "onCreate");
7.            super.onCreate();
8.        }
9.        @Override
10.       public void onTerminate() {
11.           // 程序终止的时候执行
12.           Log.d(TAG, "onTerminate");
13.           super.onTerminate();
14.       }
15.       @Override
16.       public void onLowMemory() {
17.           // 低内存的时候执行
18.           Log.d(TAG, "onLowMemory");
19.           super.onLowMemory();
```

```
20.              }
21.              @Override
22.              public void onTrimMemory(int level) {
23.                  // 程序在内存清理的时候执行(回收内存)
24.                  Log.d(TAG, "onTrimMemory");    // HOME 键退出应用程序、长按 MENU 键、
                                                     // 打开 Recent TASK 时都会执行
25.                  super.onTrimMemory(level);
26.              }
27.              @Override
28.              public void onConfigurationChanged(Configuration newConfig) {
29.                  Log.d(TAG, "onConfigurationChanged");
30.                  super.onConfigurationChanged(newConfig);
31.              }
32.          }
```

3.4.3　Android 应用项目生命周期

Android 应用项目的生命周期是指在 Android 系统中进程从启动到终止的所有阶段，即 Android 程序启动到停止的全过程。程序的生命周期是由 Android 系统进行调度和控制的。但由于手机的内存是有限的，随着打开的应用程序数量的增多，应用程序响应时间过长或出现系统假死的情况，因此在系统内存不足的情况下，Android 系统便会选择性地来终止一些重要性较低的应用程序，以便回收内存供更重要的应用程序使用。

为了决定在内存不足的情况下销毁哪个进程，Android 会根据这些进程内运行的组件及这些组件的状态，把这些进程划分出一个"重要性层次"。这个层次顺序如下。

1. 前台进程

前台进程是指显示在屏幕最前端并与用户正在交互的进程，是 Android 系统中最重要的进程。前台进程包括以下 4 种情况：

(1) 进程中的 Activity 正在与用户进行交互；

(2) 进程服务被 Activity 调用，并且该 Activity 正在与用户进行交互；

(3) 进程服务正在执行生命周期中的回调方法，如 onCreat()、onStart()或 onResume()方法；

(4) 进程的 BroadcastReceiver 正在执行 onReceive()方法。

Android 系统在多个前台进程同时运行时，可能会出现资源不足的情况，此时可清除部分前台进程，以保证主要的用户界面能够及时反应。

2. 可见进程

可见进程是指部分程序界面能够被用户看见，却不在前台与用户交互，不响应界面事件的进程。如果一个进程包含服务，且该服务正在被用户可见的 Activity 调用，则此进程同样被视为可见进程。Android 系统一般存在少量的可见进程，只有在特殊的情况下，Android 系统才会为保证前台进程的资源而清除可见进程。

3. 服务进程

服务进程是指由 startService()方法启动服务的进程。服务进程有以下特征：

(1) 没有用户界面；

(2) 在后台长期运行。

例如，MP3 播放器或后台上传下载数据的网络服务，都是服务进程。除非 Android 系统不能保证前台进程或可见进程所必要的资源，否则不会强行清除服务进程。

4. 后台进程

后台进程是指不包含任何已启动的服务，且没有任何可见的 Activity 进程。后台进程不直接影响用户的体验。Android 系统中一般存在数量较多的后台进程，因此这些进程会被保存在一个列表中，以保证在系统资源紧张时，系统会优先清除用户较长时间没有用到的后台进程。

5. 空进程

空进程是指不包含任何活跃组件的进程。通常保留这些空进程，是为了将其作为一个缓存，在其所属的应用组件下一次需要时，以缩短启动的时间。在系统资源紧张时，Android 系统首先会清除空进程，但为了提高 Android 系统应用程序的启动速度，Android 系统会将空进程保存在系统内存中，当用户重新启动该程序时，空进程会被重新使用。

本 章 小 结

本章介绍了 Android 的 Activity 组件、资源管理和 Application 基类。以实现 Android 登录的示例为例，分别从运行状态、生命周期、属性三方面对 Activity 进行详细阐述，帮助读者理解和掌握 Activity 组件。以示例的形式介绍了 strings.xml 文本资源文件、colors.xml 颜色设置资源文件、dimens.xml 尺寸定义资源文件和 themes.xml 主题风格资源文件，帮助读者理解和掌握 Android 的资源管理。Application 中主要介绍了生命周期事件、Application 的重载以及 Android 应用项目生命周期。通过本章的学习，读者可掌握 Activity、资源管理及 Application，并对 Android 应用程序开发有更深入的了解。

习　　题

一、简述题

1. 简述 Activity 组件的含义及作用。

2. 简述 Activity 生命周期中存在的 3 种状态。

3. Android 中资源管理文件有哪几种？简述其作用。

4. 简述 Application 组件的含义及作用。

5. Android 应用程序中 5 个进程的优先级是什么？

二、上机题

实现例 3-1 Activity 登录跳转操作，使用 Logcat 分析 Acitivity 的生命周期。

第 4 章　UI 编程基础

UI(User Interface，用户界面)的主要作用是提供人机交互。用户对应用程序的第一印象都是从用户界面开始的。一个好的 UI 应当注重用户体验，具备界面美观、操作简单方便、符合操作习惯等特点。UI 设计是指从软件人机交互、操作逻辑、界面美观等方面进行的整体设计。

一个 Android 应用是由一个或多个 Activity 组成的，每个 Activity 都对应一个布局文件 Layout，每个 Layout 就是 UI 的容器。可以根据应用程序的需要，采用类似搭积木的方式放置各种功能不同的 UI 组件，通过这些组件的使用，应用程序可以获取用户数据并按照用户意愿进行响应。

Android 系统为开发人员提供了大量功能丰富的 UI 组件，通过使用这些组件可以创建友好的应用程序界面。本章通过一个简单的计算器实例介绍 Android 应用程序的 UI 的基本组成、布局、常用控件，并介绍 Android 系统的时间处理机制。

4.1　Android UI 概述

Android 系统呈现出来的用户界面，是由多种 UI 元素组成的，为用户提供信息查看和进行交互的功能。UI 主要包括以下几种：

(1) View(视图)。View 是所有在 UI 上可视界面元素(通常被称为控件)的基类。所有 UI 控件都是由 View 派生出来的，View 对象都占据屏幕上的一个矩形空间。

(2) ViewGroup(视图容器)。ViewGroup 是由 View 派生的一种特殊的视图组，它是可以包含 View 及其派生类的容器。

一般来说，UI 不会直接使用 View 和 ViewGroup。View 和 ViewGroup 的关系如图 4-1 所示。

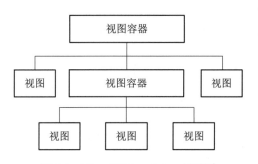

图 4-1　View 和 ViewGroup 的关系

(3) Layout(布局)。Layout 描述了 APP 的外观。Layout 中定义了用于交互的各个控件的外观(如大小、位置等)，以及各控件之间的相互位置及对齐关系等，通常由一个 XML 文件描述。

(4) Activity(活动)。Activity 是 APP 的控制器，定义了 APP 的行为。每一个 Activity 对应了一个 Layout，用户可以通过在 Layout 的某个动作，让 Activity 运行响应的代码来完成某个确定的动作。每一个 Activity 都有一个与其对应的 XML 布局文件。

(5) Fragment(片段)。Fragment 是可以被不同的 Activity 重复使用的模块化的代码组件，可以根据 Android 设备屏幕的不同尺寸，优化 UI 布局和创建可重用的 UI 元素。

此外，UI 中用于描述宽高尺寸的单位有如下几个：

(1) px(pixel，像素)。像素是屏幕中可以显示的最小元素单元。分辨率越高的手机，其屏幕的像素点越多。需要注意的是，采用 px 设置控件大小，在分辨率不同的手机上显示的控件大小不同。

(2) dp(density-independent pixel，与密度无关的像素，又称 dip)。使用 dp 的好处是在不同分辨率的屏幕总能显示相同大小的控件，因此，一般使用 dp 作为控件与布局的宽高单位。

(3) pt。pt 为 point 的缩写，表示"点数"，在印刷业作为一个专用的印刷单位，常称为"磅"，也称为"绝对长度"，大小为 1/72 英寸。pt 和 px 类似，在不同分辨率的手机上用相同 pt 作为字体单位，显示的字体大小不同。

(4) sp(scale-independent pixel，可伸缩像素)。设置字体大小时使用 sp。采用相同 sp 单位的字体，在不同分辨率的手机上显示的字体大小不同。

4.2　常　用　控　件

控件是组成 UI 的不可缺少的部分，也是应用程序与用户进行信息交互的重要组成部分。因此，合理地设置和使用控件属性、事件响应是程序开发的重要环节。

Android 提供了很多控件，这些控件都是 View 的子类，每个控件都具有通用和专用属性。本节首先介绍控件的通用属性，然后介绍使用频率最高的几个常用控件的使用方法，包括文本框控件(TextView)、编辑框控件(EditText)、图像控件(ImageView)、命令按钮控件(Button)、单选按钮控件(RadioButton)和复选框控件(CheckBox)。

4.2.1　通用属性

Android 中几乎所有的控件都是 View 的子类，因此它们都具有共同的属性。表 4-1 列出的是 View 控件的常用属性。

表 4-1　控件的常用属性

类　别	属　性	设 置 结 果
控件标识	id	控件唯一标识
宽和高	layout_width	控件宽度
	layout_height	控件高度

类　别	属　性	设　置　结　果
显示位置	gravity	控件本身内容显示对齐方式
	layout_gravity	控件在父控件中显示的位置
背景颜色	background	控件背景颜色
文本属性	text	文本内容
	textColor	文本颜色
	textSize	文本大小
	textStyle	文本样式

1. id 属性

id 属性是控件的唯一标识，在一个界面中不能存在同名 id。在编程时只能通过 id 实现对控件的访问操作，例如可以获得控件中用户输入的信息、改变控件的状态等。在编程过程中进行信息交互的控件必须要专门设置 id 属性。

2. 宽和高

android:layout_width 和 android:layout_height 分别用来设置控件的宽度和高度，所有 View 类型控件都必须设置这两个属性。

例如代码：

```
android:layout_width="match_parent"
android:layout_height="wrap_content"
```

这段代码中出现的该属性常用的取值含义分别是：

- match_parent 表示控件的大小和父容器的大小一样，即控件的大小由其所在的容器决定。
- wrap_content 表示控件的大小刚好能够包含里面的内容，即内容决定控件的大小。

因此，上面代码中的 android:layout_width = "match_parent"，将控件的宽度属性设置为 "match_parent"，表示与其所在的容器同宽；android:layout_height="wrap_content"，将控件的高度属性设置成 "wrap_content"，表示与其内容的高度一致。

3. 控件位置

layout_gravity 属性设置该控件在父容器的相对位置。layout_gravity 可以选取的值如表 4-2 所示。

表 4-2　layout_gravity 的取值及其含义

属　性　值	含　义
top, bottom	位于其容器的顶部、底部
left, right	位于其容器的左侧、右侧
center_vertical	垂直方向居中
fill_vertical	垂直方向填充
center_horizontal	水平方向居中

续表

属 性 值	含 义
fill_horizontal	水平方向填充
center	居中
fill	填满其容器
clip_vertical	垂直方向裁剪
clip_horizontal	水平方向裁剪
start	位于其容器的开始处
end	位于其容器的结束处

图 4-2 为 TextView 控件的 layout_gravity 属性设置示例。其中 TextView 控件设置属性 android:layout_gravity = center_horizontal，将 TextView 控件在布局中居中显示。

图 4-2　TextView 控件的 layout_gravity 属性设置示例

4. 文本属性

文本属性用于设置控件显示的文字内容、字体样式、对齐方式和颜色等。

(1) text 属性。text 属性用于设置控件的显示文本信息。

(2) textStyle 属性。textStyle 属性用于设置控件显示文本的常用字体样式，如表 4-3 所示。

表 4-3　控件的文本样式

名 称	含 义
normal	正常
bold	加粗
italic	斜体

(3) gravity 属性。gravity 属性用来设置控件本身的内容文本显示位置的对齐方式，默认设置是左上角对齐，可选值为 top、bottom、left、right、center 等，也可以通过"|"来指定多个值。如果该属性指定为 center，则相当于 center_vertical|center_horizontal，即水平和垂直都居中对齐。gravity 属性的取值和含义与表 4-1 中 layout_gravity 的取值和含义是相同的。

图 4-3 为 TextView 控件属性设置为 android:gravity=center_horizontal，控件所包含的文本显示在控件正中位置的运行结果。

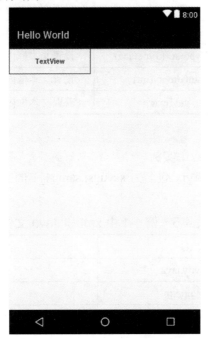

图 4-3　TextView 的 gravity 属性设置示例

4.2.2　文本框 TextView

TextView 是文本框控件，用来显示简单的文本提示信息。TextView 在 Android 开发包中的继承关系如图 4-4 所示。

java.lang.Object
　↳　android.view.View
　　　↳　android.widget.TextView

图 4-4　TextView 的继承关系

1. TextView 支持的 XML 属性及相关方法

文本框控件常用的 XML 属性及相关方法如表 4-4 所示。文本框控件通常只用来显示文本提示信息，可以通过调用表 4-4 中的方法编程设置其显示的文本内容和形式，一般不需要设置事件侦听。

表 4-4　文本框 TextView 的 XML 属性及相关方法

XML 属性	相 关 方 法	说　　明
android:ID	—	文本框标识
android:layout_width	setWidth( )	文本框的宽度
android:layout_height	setHeight( )	文本框的高度
android:text	setText( )	设置文本框内的内容
android:textSize	setTextSize( )	设置文本框内文本的字号大小
android: textColor	setTextColor( )	设置文本框内的文本颜色
android: textStyle	setTypeface(Typeface)	设置文本框内的字体风格，如加黑、斜体等
android: gravity	setGravity(int)	设置文本框内文本的对齐方式
—	getText( )	获取文本框内的文本内容

2. 应用举例

【例 4-1】　文本框控件应用实例。

创建一个工程名为 samp4_1、包名为 xsyu.jsj.samp4_1 的空白工程，所需的设计文件如表 4-5 所示。

表 4-5　例 4-1 中 xml 和 Java 文件

序号	文 件 名	文 件 类 型
1	MainActivity.java	活动文档
2	activity_main.xml	布局文件
3	strings.xml	字符串资源文档

下面，我们按照步骤进行操作。

1) 建立字符串资源文件

打开图 4-5 所示的工程导航框 res→values 下的 strings.xml，添加 Line1～Line4 共 4 个字符串资源。

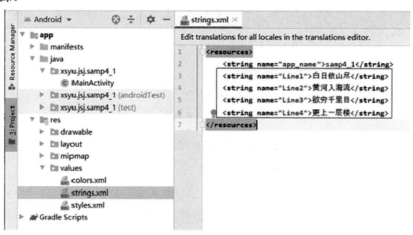

图 4-5　为例 4-1 添加字符串资源

strings.xml 中的代码如下：

1. `<resources>`

2. `<string name="app_name">samp4_1</string>`

3. `<string name="Line1">白日依山尽</string>`

4. `<string name="Line2">黄河入海流</string>`

5. `<string name="Line3">欲穷千里目</string>`

6. `<string name="Line4">更上一层楼</string>`

7. `</resources>`

2）设计布局文件

在设计布局时可以采用两种方式，一种是在"Design"窗口下采用拖拉控件和在属性栏对控件的各种属性进行设置的方式，另一种是直接在"Code"代码编辑窗口对布局文件进行文本编辑的方式。为了提高布局设计的效率，设计时建议先在"Design"窗口下拖拉控件，然后在"Code"窗口下直接进行代码编辑，设置控件的属性。

(1) 在"Design"窗口中加入控件。打开布局文件 activity_main.xml，在设计窗口下，删除原有的控件，然后从控件箱中的"Layouts"布局类别中拖入一个"LinearLayout(vertical)"垂直线性布局后，再从"Text"文本类中依次增加 4 个 TextView 文本框控件，如图 4-6 所示。

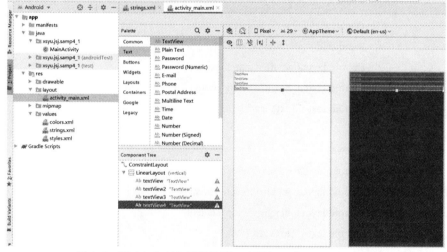

图 4-6　例 4-1 中在布局设计窗口中添加 4 个 TextView 控件

此时，系统会根据用户的动作自动更新 activity_main.xml 文件，代码如下：

1. `<?xml version="1.0" encoding="utf-8"?>`

2. `<androidx.constraintlayout.widget.ConstraintLayout xmlns:android="http://schemas.android.com/apk/res/android"`

3. `    xmlns:app="http://schemas.android.com/apk/res-auto"`

4. `    xmlns:tools="http://schemas.android.com/tools"`

5. `    android:layout_width="match_parent"`

6. `    android:layout_height="match_parent"`

7. `    tools:context=".MainActivity">`

8.

```
9.    <LinearLayout
10.          android:layout_width="match_parent"
11.          android:layout_height="match_parent"
12.          android:orientation="vertical">
13.
14.          <TextView
15.              android:id="@+id/textView"
16.              android:layout_width="match_parent"
17.              android:layout_height="wrap_content"
18.              android:text="TextView" />
19.
20.          <TextView
21.              android:id="@+id/textView2"
22.              android:layout_width="match_parent"
23.              android:layout_height="wrap_content"
24.              android:text="TextView" />
25.
26.          <TextView
27.              android:id="@+id/textView3"
28.              android:layout_width="match_parent"
29.              android:layout_height="wrap_content"
30.              android:text="TextView" />
31.
32.          <TextView
33.              android:id="@+id/textView4"
34.              android:layout_width="match_parent"
35.              android:layout_height="wrap_content"
36.              android:text="TextView" />
37.      </LinearLayout>
38.  </androidx.constraintlayout.widget.ConstraintLayout>
```

(2) 在"Code"窗口编辑 activity_main.xml 代码，主要修改水平布局中 4 个 TextView 的 id 和 text 属性，修改后的代码片段如下。

```
1.    <LinearLayout
2.        android:layout_width="match_parent"
3.        android:layout_height="match_parent"
4.        android:orientation="vertical">
5.
6.        <TextView
7.            android:id="@+id/tV_line1"
```

8. 　　　　　　android:layout_width="match_parent"

9. 　　　　　　android:layout_height="wrap_content"

10. 　　　　　android:text="@string/Line1"

11. 　　　　　android:textSize="16dp" />

12.

13. 　　　<TextView

14. 　　　　　android:id="@+id/tV_line2"

15. 　　　　　android:layout_width="match_parent"

16. 　　　　　android:layout_height="wrap_content"

17. 　　　　　android:text="@string/Line2"

18. 　　　　　android:gravity="center"/>

19.

20. 　　　<TextView

21. 　　　　　android:id="@+id/tV_line3"

22. 　　　　　android:layout_width="match_parent"

23. 　　　　　android:layout_height="wrap_content"

24. 　　　　　android:background="#FF0000"

25. 　　　　　android:text="@string/Line3" />

26.

27. 　　　<TextView

28. 　　　　　android:id="@+id/tV_line4"

29. 　　　　　android:layout_width="match_parent"

30. 　　　　　android:layout_height="wrap_content"

31. 　　　　　android:text="@string/Line4"

32. 　　　　　android:textStyle="italic"/>

33.

34. 　</LinearLayout>

运行结果如图 4-7 所示。

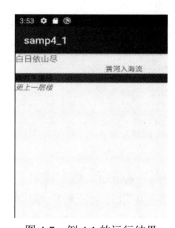

图 4-7　例 4-1 的运行结果

3）修改 ManiActivity.java 文件

我们希望能够动态生成一个 TextView 文本框，并显示与 tV_line1 控件相同的内容。步骤如下：

（1）为垂直布局指定一个 id。增加的文本框需要放置在一个父窗口中，且获得父窗口对象的引用，因此在 activity_main.xml 中需要增加如下代码：

```
1.    <LinearLayout
2.        android:id="@+id/LLayout_1"
3.        android:layout_width="match_parent"
4.        android:layout_height="match_parent"
5.        android:orientation="vertical">
```

（2）更新 onCreate()函数，完整代码如下。

```
6.    public class MainActivity extends AppCompatActivity {
7.
8.        @Override
9.        protected void onCreate(Bundle savedInstanceState) {
10.           super.onCreate(savedInstanceState);
11.           setContentView(R.layout.activity_main);
12.
13.           //获取线性布局的 id
14.           LinearLayout linear=(LinearLayout) findViewById(R.id.LLayout_1);
15.           //定义新的 TextView 控件 tvnew
16.           TextView tvnew=new TextView(this);
17.           //设置 tvnew 的 id，可有可无
18.           tvnew.setId(1) ;
19.           //将 tvnew 加入现行布局中
20.           linear.addView(tvnew);
21.           //设置 tvnew 的文本和位置
22.           TextView tv1=(TextView)findViewById(R.id.tV_line1);
23.           String   msg=(String)tv1.getText( );
24.           tvnew.setGravity(Gravity.CENTER);
25.           tvnew.setText(msg);
26.
27.       }
28.   }
```

最终完整的工程运行结果如图 4-8 所示，图中增加了一个文本框，并居中显示了第一个控件的内容。通过这个例子读者可以体会控件的通用属性对控件的影响，以及如何在 Layout 布局文件中用定义语句和在 Activity 代码文件中通过方法调用设置这些属性。

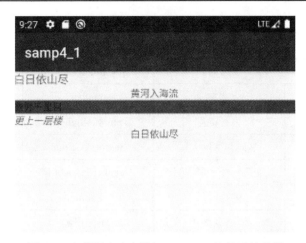

图 4-8　在代码中动态增加 TextView 控件后的结果

4.2.3　编辑框 EditText

EditText 组件是 UI 中让用户输入信息的控件。EditText 的继承关系如图 4-9 所示。

java.lang.Object
　↳　android.view.View
　　　↳　android.widget.TextView
　　　　　↳　android.widget.EditText

图 4-9　EditText 的继承关系

从图 4-9 可以看出，TextView 是 EditText 的父类。实际上，与 TextView 类相比，EditText 类最大的不同就是具有文本编辑功能，可以接收用户输入。

1. EditView 支持的 XML 属性及相关方法

EditText 除具有 TextView 的属性外，还具有 inputType 和 hint 两个常用属性，如表 4-6 所示。

表 4-6　文本标签的属性

XML 属性	相 关 方 法	说　　　明
android: hint	setHint(int)	设置当 EditText 控件内容为空时，默认显示的提示文本
android: inputType	setRawInputTYpe(input)	指定该文本框输入类型

下面介绍这两个属性：

(1) hint 属性用于在输入为空的情况下显示输入提示文字，提示文字会以浅灰色显示，当用户在编辑框中输入任何字符后，提示信息会消失。

(2) inputType 是 EditText 最常用的属性，该属性用于设置 EditText 控件的输入类型，其属性值及含义如表 4-7 所示。例如，在设计用户登录界面时，可以设置 inputType 类型为 textPassword，用户可以输入文本类型的密码，此时密码隐藏起来只显示 "*"。

表 4-7　EditText 控件 inputType 属性的常用取值和含义

属 性 值	含 义	属 性 值	含 义
none	普通输入	textVisiblePassword	密码可见
text	文本	number	数字键盘
textCapCharacters	大写键盘	numberSigned	有符号数字键盘
textCapWords	单词首字母大写	numberDecimal	带小数点的数字键盘
textCapSentences	仅第一个字母大写	numberPassword	数字密码键盘
textMultiLine	多行输入	Phone	拨号键盘
textShortMessage	短消息格式	Datetime	日期时间键盘
textLongMessage	长消息格式	Date	日期键盘
textPassword	文字密码键盘	time	时间键盘

2. 应用举例

在工具栏中选择 Text 类，可以看到如图 4-10 所示的 EditText 控件的类型，图中高亮显示的 Phone 控件就是 inputType 属性为"Phone"的 EditText 控件。

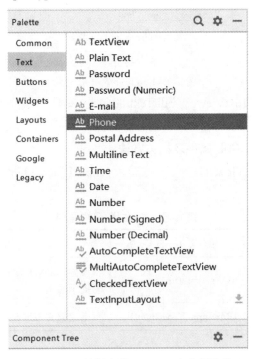

图 4-10　工具栏中的 EditText 文本框控件

下面给出文本框应用实例。

【例 4-2】 设计一个用户信息录入界面，提示用户输入姓名、电话、邮箱和密码。

创建一个工程名为 samp4_2、包名为 xsyu.jsj.samp4_2 的空白工程，所需的设计文件如表 4-8 所示。

表 4-8　例 4-2 的设计文件

序号	文 件 名	文 件 类 型
1	MainActivity.java	活动文档
2	activity_main.xml	布局文件
3	strings.xml	字符串资源文档

具体操作步骤如下：

(1) 建立字符串资源文件，代码如下：

```
1.    <resources>
2.        <string name="app_name">project4_2</string>
3.        <string name="name">姓名</string>
4.        <string name="phone">电话</string>
5.        <string name="email">电子邮箱</string>
6.        <string name="namehint">请输入姓名</string>
7.        <string name="phonehint">请输入电话</string>
8.        <string name="emailhint">请输入 Email</string>
9.        <string name="passord">密码</string>
10.       <string name="pwdhint">请输入密码</string>
11.   </resources>
```

(2) 设计布局文件。在布局文件中加入 4 个 TextView 和 4 个 EditText 控件，各控件长、宽属性都分别设置为：android:layout_width="wrap_content"、android:layout_height="wrap_content"，其他属性设置如表 4-9 所示。

表 4-9　例 4-2 的布局中控件及其他属性设置

控件类型	控件 ID	其他属性设置	功能说明
TextView	textView1	android:text="@string/name" />	显示"姓名"
TextView	textView2	android:text="@string/phone" />	显示"电话"
TextView	textView3	android:text="@string/email" />	显示"电子邮件"
TextView	textView4	android:text="@string/passord" />	显示"密码"
EditText	eT_Name	android:hint="@string/namehint" android:inputType="textPersonName"	姓名编辑框 (可以输入文本)
EditText	eT_Phone	android:hint="@string/phonehint" android:inputType="phone"	电话编辑框 (只能输入数字)
EditText	eT_emailAddress	android:hint="@string/emailhint" android:inputType="textEmailAddress"	邮件编辑框 (输入必须符合邮件格式)
EditText	eT_Password	android:hint="@string/pwdhint" android:inputType="textPassword"	密码编辑框 (输入密码用*字符隐藏)

当用户输入各条信息时，hint 提示信息就会消失，同时 Android 就会根据 inputType 的类型显示相应的键盘。例如输入姓名时，根据其 android:inputType="textPersonName"就显示出标准键盘；输入电话号码时，根据 android:inputType="phone"就显示数字键盘；输入密码时，根据 android:inputType="textPassword"就会将密码用"*"字符隐藏起来。

代码运行结果如图 4-11 所示。

图 4-11　例 4-2 用户信息录入界面运行结果

从图 4-11 中可以看出，界面并不美观，这是由于各行的 EditText 控件没有对齐，要对齐各个控件就要使用 layout_weight 属性对齐控件。layout_weight 的功能是设置"剩余空间的分配加权值"，并按权值比例分配布局剩余的空间。剩余空间的计算公式为：

剩余空间 = 父控件全部空间 − 所有未设 weight 控件所占的空间

设置例 4-2 所有控件的属性：

1.　　android:layout_width="0"
2.　　android:layout_height="wrap_content"
3.　　android:layout_weight="1"

设置后 Android 系统会将每一行的 TextView 和 EditText 等宽。通过设置 layout_weigh 属性，可调整 EditText 的占据空间。所有 EditText 的 layout_weight 属性值都设置为：

4.　　android:layout_weight="2.5"

这样做可以对齐控件的原因是：Android 布局中首先确保每个视图有足够的空间容纳

其内容,然后布局会为 layout_weight 大于等于 1 的所有视图按照比例分配其父视图的额外空间。分配的原则是,将所有视图的 layout_weight 属性值求和。在例 4-2 中,每个水平线性布局中两个控件的 layout_weight 分别是 1 和 2.5,因此总和是 3.5。各个视图占据父视图的空余空间将是这个视图的权重占总权重的比例。因此每行的 TextView 控件和 EditText 分别占 1/3.5 和 2/3.5,运行后的界面如图 4-12 所示。

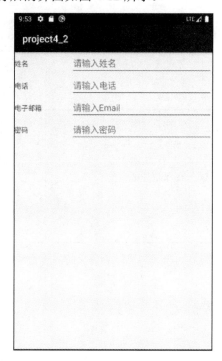

图 4-12　例 4-2 使用 layout_weight 属性对齐控件后的运行界面

　　图 4-12 的界面依然有待改进,文本框和编辑框距离左右边框太窄,我们希望将控件到边框的距离增大。Android 为控件提供了两个边界属性,即 padding 与 layout_margin,这两个属性的含义如图 4-13 所示。

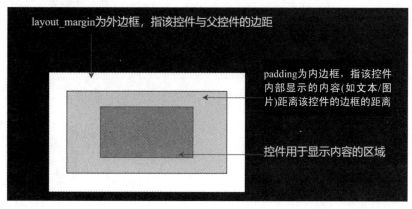

图 4-13　例 4-2 控件的边界属性 padding 与 layout_margin 的含义

　　padding 为内边框,指该控件内部显示的内容(如文本/图片)距离该控件的边框的距离。paddig 的属性值、含义及位置关系如表 4-10 所示。

表 4-10　paddig 属性值的含义及位置关系示意图

padding 的属性值	含　义	padding 位置关系示意图
top	在视图顶部添加额外空白	
bottom	在视图底部添加额外空白	
left(start)	在视图左侧(或开始处)添加额外空白	
right(end)	在视图右侧(或结束处)添加额外空白	
all	为视图的每一侧添加相等的空间	

　　layout_margin 为外边框，指该控件与父控件之间的边距。layout_margin 的属性值和 padding 的属性值含义是一样的。

将左边所有 TextView 类型控件的 layout_marginLeft 设置为：

　　android:layout_marginLeft="20dp"

将右边所有 EditText 的右边距设置为：

　　android:layout_marginRight="20dp"

对 layout_margin 做如上设置后，运行结果如图 4-14 所示。

图 4-14　例 4-2 为控件增加边距后的效果图

4.2.4　按钮 Button

Button 的继承关系如图 4-15 所示，可以看出它也是 TexeView 的子类。

java.lang.Object

　　↳　android.view.View

　　　　↳　android.widget.TextView

　　　　　　↳　android.widget.Button

图 4-15　Button 的继承关系

在 UI 设计中，Button 是使用非常频繁的一个控件。当用户单击"Button"按钮后，会触发一个 onClick 事件，这个事件会调用特定的代码实现指定的功能。

1. Button 支持的 XML 属性及相关方法

表 4-11 列出了 Button 组件的 XML 属性及其设置方法。

表 4-11　Button 的 XML 属性及设置方法

XML 属性	设　置　方　法	说　　　明
android:clickable	setClickable(boolean clickable)	设置是否允许单击。 clickable = true：允许单击 clickable = false：禁止单击
android:background	setBackgroundResource(int resid)	通过资源文件设置背景色 resid：资源 xml 文件 ID 按钮默认背景为 android.R.drawable.btn_default
android:text	setText(CharSequence text)	设置文字
android:textColor	setTextColor(int color)	设置文字颜色
android:onClick	setOnClickListener(OnClickListener I)	设置单击事件

可以通过指定按钮的 android:background 属性设置其背景颜色或背景图片。

表 4-11 中的最后一行是设置 onClick 的响应方法。Button 控件的 onClick 单击事件常用的实现方法有两种：

(1) 为 Button 控件设定 OnClickListener()侦听器；

(2) 设置控件的 onClick 属性。

2. 应用举例

Button 按钮在如图 4-16 所示的控件箱的 Buttons 子类中。在该子类中找到 Button 控件将其拖拽到下方的组件树中，在布局预览界面就可以看到 Button 按钮。

图 4-16　在工具栏中选择使用 Button 控件

Button 按钮控件的一个最重要的功能就是要响应用户的"单击"完成特定的功能。下面通过例 4-3 说明 Button 按钮的使用方法。

【例 4-3】 设计一个如图 4-17 所示的电话拨号界面，提示用户输入电话号码。当用户单击"拨打电话"按钮后，调用系统的拨打电话的应用。

图 4-17　例 4-3 的 APP 界面

创建一个工程名为 Project4_3、包名为 xsyu.jsj.Project4_3 的空白工程，所需的设计文件如表 4-12 所示。

表 4-12　例 4-3 的设计文件

序号	文 件 名	文 件 类 型
1	MainActivity.java	活动文档
2	activity_main.xml	布局文件

MainActivity.java 和 activity_main.xml 文档内容如下：

1) 布局文件 activity_main.xml 的代码

```
1.    <LinearLayout xmlns:android="http://schemas.android.com/apk/res/android"
2.        xmlns:tools="http://schemas.android.com/tools"
3.        android:orientation="vertical"
4.        android:layout_width="fill_parent"
5.        android:layout_height="fill_parent"
6.        tools:context="${relativePackage}.${activityClass}" >
7.
8.        <EditText
9.            android:id="@+id/et_tel"
10.           android:layout_width="fill_parent"
11.           android:layout_height="wrap_content"
12.           android:inputType="phone"
13.           android:hint="请输入待拨打的电话号码"
14.           />
15.       <Button
16.           android:id="@+id/bnt_mybut"
17.           android:layout_width="fill_parent"
```

```
18.                android:layout_height="wrap_content"
19.                android:text="拨打电话"/>
20.    </LinearLayout>
```

该布局文件在水平布局中有一个 EditText 控件和 Button 控件，EditText 用于输入电话号码，单击 Button 控件后会自动调用拨号界面。

2) 活动文档 ManiActivity.java 的代码

```
1.     package xsyu.jsj.project4_3;
2.
3.     import androidx.appcompat.app.AppCompatActivity;
4.
5.     import android.content.Intent;
6.     import android.net.Uri;
7.     import android.os.Bundle;
8.     import android.view.View;
9.     import android.widget.Button;
10.    import android.widget.EditText;
11.
12.    public class MainActivity extends AppCompatActivity {
13.        private Button dial;
14.        private EditText tel_numb;
15.        @Override
16.        protected void onCreate(Bundle savedInstanceState) {
17.            super.onCreate(savedInstanceState);
18.            setContentView(R.layout.activity_main);
19.            dial=(Button)findViewById(R.id.bnt_mybut);
20.            tel_numb=(EditText)findViewById(R.id.et_tel);
21.            dial.setOnClickListener(new View.OnClickListener() {
22.                @Override
23.                public void onClick(View v) {
24.                    String telstr=tel_numb.getText().toString();
25.                    Uri uri=Uri.parse("tel:"+telstr);
26.                    Intent intent=new Intent();
27.                    intent.setAction(Intent.ACTION_DIAL);
28.                    intent.setData(uri);
29.                    startActivity(intent);
30.                }
31.            };
32.
33.        }
34.    }
```

3) 对 MainActivity.java 文件的说明

(1) 定义了两个变量，代码如下：

```
35.        private Button dial;
36.        private EditText tel_numb;
```

(2) 初始化成员变量，代码如下：

```
37.        dial=(Button)findViewById(R.id.bnt_mybut);
38.        tel_numb=(EditText)findViewById(R.id.et_tel);
```

(3) 为 Button 控件注册侦听事件并定义匿名的内联消息处理函数，代码如下：

```
39.        dial.setOnClickListener(new View.OnClickListener() {
40.                @Override
41.                public void onClick(View v) {
42.                        String telstr=tel_numb.getText().toString();
43.                        Uri uri=Uri.parse("tel:"+telstr);
44.                        Intent intent=new Intent();
45.                        intent.setAction(Intent.ACTION_DIAL);
46.                        intent.setData(uri);
47.                        startActivity(intent);
48.                }
49.        });
```

程序运行的结果如图 4-18 所示，图 4-18(a)、4-18(b)分别是单击"Button"按钮前后的运行效果图。

(a) 单击"Button"前　　　　　(b) 单击"Button"后

图 4-18　例 4-3 运行结果

以上是对 Button 控件编写事件处理代码的最常用方法。在 Android 中，对 Button 按钮的单击事件还可以采用设置 Button 控件 XML 属性中的 Onclick 属性的方法，这种方法比较简单。

4) 具体方法

(1) 设置 Button 控件的 Onclick 属性。按照图 4-19 将 Button 控件的 Onclick 属性设置为"onBntClicked"，同时在 activity_main.xml 文件的 Button 控件代码中增加如下的一行代码：

　　　　android:onClick = "onBntClicked"

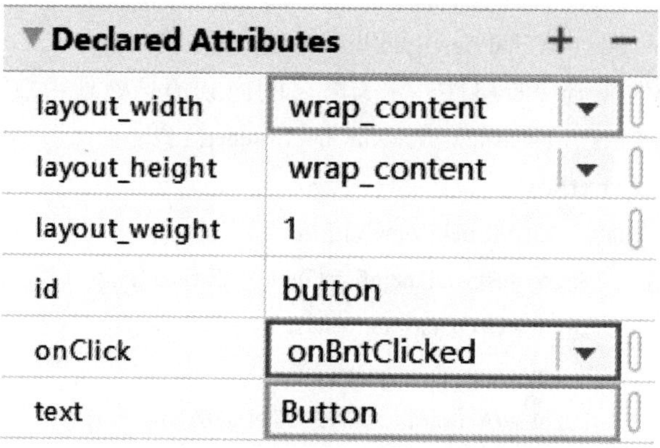

▼ Declared Attributes		+ −
layout_width	wrap_content	▼
layout_height	wrap_content	▼
layout_weight	1	
id	button	
onClick	onBntClicked	▼
text	Button	

图 4-19　设置 Button 的 onClick 属性

完整的 Button 的 xml 代码如下：

1.　　<Button
2.　　android:id="@+id/bnt_mybut"
3.　　android:layout_width="fill_parent"
4.　　android:layout_height="wrap_content"
5.　　android:text="拨打电话"
6.　　android:onClick="onBntCikcked"
7.　　/>

onBntClicked 实际上对应一个同名消息处理函数的 onBntClicked()，当单击该按钮时会执行该函数。

(2) 在 MainActivity.java 文件中增加消息处理函数 onBntClicked()。onBntClicked()函数定义如下：

　　　　public　void onBntClicked(View view){}

MainActivity 类完整的代码如下：

8.　　public class MainActivity extends AppCompatActivity {
9.　　　　@Override
10.　　protected void onCreate(Bundle savedInstanceState) {
11.　　　　super.onCreate(savedInstanceState);
12.　　　　setContentView(R.layout.activity_main);
13.　　　　}
14.　　public void onBntCikcked(View v) {
15.　　　　EditText tel_numb;

16.　　　　　　　tel_numb=(EditText)findViewById(R.id.et_tel);

17.　　　　　　　String telstr=tel_numb.getText( ).toString( );

18.　　　　　　　Uri uri=Uri.parse("tel:"+telstr);

19.　　　　　　　Intent intent=new Intent( );

20.　　　　　　　intent.setAction(Intent.ACTION_DIAL);

21.　　　　　　　intent.setData(uri);

22.　　　　　　　startActivity(intent);

23.　　　　}

4.2.5　单选按钮 RadioButton 和复选按钮 CheckBox

1. RadioButton 和 RadioGroup

RadioButton 是单选按钮，其继承关系如图 4-20 所示，可以看出它是 Button 的子类。

java.lang.Object
　↳　　android.view.View
　　　↳　　　android.widget.TextView
　　　　　↳　　　android.widget.Button
　　　　　　　↳　　　android.widget.CompoundButton
　　　　　　　　　↳　　　android.widget.RadioButton

图 4-20　RadioButton 的继承关系

RadioButton 本身并不提供单选机制，要使一组 RadioButton 中每次只有一个能被选中，就必须将它们放在 RadioGroup 控件中，由 RadioGroup 负责控制其内 RadioButton 的状态。用户一旦选取任一个选项就会取消其他 RadioButton 的选取状态，即保证只能有一个 RadioButton 被选中。因此，Radiogroup 可以看作是能够实现将一组 RadioButton 构成多选一的容器。

放置在一个 RadioGroup 容器中的所有 RadioButton 控件为一组，同一组的 RadioButton 控件至少有两个，并且只能选中一个，不同 RadioGroup 的 RadioButton 之间互不干扰。

RadioGroup 控件的 orientation 属性决定放置在其内的 RadioButton 的排列方式。当 orientation=horizontal 时，其包含的 RadioButton 水平排列；当 orientation=vertical 时，其包含的 RadioButton 垂直排列，如图 4-21 所示。

(a) orientation = vertical　　　　　　　(b) orientation = horizontal

图 4-21　RadioGroup 控件 orientation 属性对应 RadioButton 控件的布局

2. CheckBox

CheckBox 复选框的继承关系如图 4-22 所示，可以看出它也是 Button 的子类。

java.lang.Object

↳　android.view.View

↳　android.widget.TextView

↳　android.widget.Button

↳　android.widget.CompoundButton

↳　android.widget.CheckBox

图 4-22　CheckBox 复选框的继承关系

RadioButton 与 CheckBox 的主要区别在于：

(1) 选中后再次单击的状态不同。RadioButton 按钮被选中后，再次单击状态不会改变，而 CheckBox 会在选中和未选中之间进行切换。

(2) RadioButton 的默认以圆形表示，而 CheckBox 的默认以矩形表示。

3. RadioButton 和 CheckBox 的访问

与普通 Button 按钮不同，RadioButton 和 CheckBox 具有选中功能，因此可以通过 android：checked 属性设置该控件是否被选中。单选和复选按钮都必须指定 android：id 属性值，否则无法编程实现控制。

RadioButton 和 CheckBox 的编程控制有两种方法。

1) 注册 Button 的 OnClickListener 侦听器

这种方法与 Button 的方法相同，需要在事件处理函数中判断每一个按钮的选中状态。

2) 注册 OnCheckedChangeListener 侦听器

在 onCheckedChange(boolean isChecked)事件处理方法中根据 isChecked 参数判断按钮是否被选中。

RadioButton 可以通过 RadioGroup 提供的方法来设置和获取用户选择，RadioButton 的常用方法见表 4-13。

表 4-13　RadioGroup 的常用方法

方　　法	说　　明
Check	通过参数 ID 设置选中的单选钮
getCheckedRadioButtonId( )	选取被选中单选按钮的 ID
clearCheck( )	将组中所有单选钮设置为未选中状态

4. 应用举例

【例 4-4】　单选按钮和复选按钮举例。

这个例子中用户可以通过"红""绿""蓝" 3 个颜色单选按钮，以及"加粗""斜体""下画线" 3 个复选按钮的设置，实时改变文本框中字体的颜色和显示样式。

创建一个工程名为 project4_4、包名为 project4_4 的空白工程，所需的设计文件如表 4-14 所示。

表 4-14　例 4-4 的主要设计文件

序　号	文　件　名	文　件　类　型
1	MainActivity.java	活动文档
2	activity_main.xml	布局文件

下面，按照步骤进行操作。

1) 设计布局文件

在布局文件中加入如图 4-23 所示的控件，并设置为图中的 android:id 和 android.text 属性。

图 4-23　例 4-4 布局中的控件和名称

例 4-4 的 activity_main.xml 的完整 UI 布局代码如下：

1. <?xml version="1.0" encoding="utf-8"?>

2. <androidx.constraintlayout.widget.ConstraintLayout xmlns:android="http://schemas.android.com/apk/res/android"

3. xmlns:app="http://schemas.android.com/apk/res-auto"

4. xmlns:tools="http://schemas.android.com/tools"

5. android:layout_width="match_parent"

6. android:layout_height="match_parent"

7. android:layout_alignParentTop="false"

8. tools:context=".MainActivity">

9. <LinearLayout

10. android:layout_width="match_parent"

11. android:layout_height="wrap_content"

12. android:layout_margin="20dp"

13. android:orientation="vertical"

14. android:paddingTop="40dp"

15. tools:layout_editor_absoluteX="20dp">

16. <TextView

17. android:id="@+id/tV_demo"

18. android:layout_width="match_parent"

19. android:layout_height="50dp"

20. android:textSize="40dp"

21. android:text="单选和复选按钮演示" />

22. <LinearLayout

23. android:layout_width="match_parent"

24. android:layout_height="30dp"

25. android:orientation="horizontal">

26. <TextView

27. android:id="@+id/textView2"

28. android:layout_width="wrap_content"

29. android:layout_height="wrap_content"

30. android:layout_weight="1"

31. android:text="字体样式：" />

32. <CheckBox

33. android:id="@+id/cB_Bold"

34. android:layout_width="wrap_content"

35. android:layout_height="wrap_content"

36. android:layout_weight="1"

37. android:text="加粗" />

38. <CheckBox

39. android:id="@+id/cB_Italic"

40. android:layout_width="wrap_content"

41. android:layout_height="wrap_content"

42. android:layout_weight="1"

43. android:text="斜体" />

44. <CheckBox

45. android:id="@+id/cB_Underline"

46. android:layout_width="wrap_content"

47. android:layout_height="wrap_content"

48. android:layout_weight="1"

49. android:text="下画线" />

50. </LinearLayout>

51. <TextView

52. android:id="@+id/textView3"

53. android:layout_width="wrap_content"

54. android:layout_height="match_parent"

55. android:layout_weight="1"

56. android:text="字体颜色：" />

57. <LinearLayout

58. android:layout_width="match_parent"

59. android:layout_height="22dp">

60. <RadioGroup

61. android:id="@+id/radioGroup"

62. android:layout_width="match_parent"

63. android:layout_height="wrap_content"

64. android:orientation="horizontal">

65. <RadioButton

66. android:id="@+id/rB_red"

67. android:layout_width="wrap_content"

68. android:layout_height="wrap_content"

69. android:text="红色" />

70. <RadioButton

71. android:id="@+id/rB_green"

72. android:layout_width="wrap_content"

73. android:layout_height="wrap_content"

74. android:text="绿色" />

75. <RadioButton

76. android:id="@+id/rB_blue"

77. android:layout_width="wrap_content"

78. android:layout_height="wrap_content"

79. android:text="蓝色" />

80. </RadioGroup>

81. </LinearLayout>

82. </LinearLayout>

83. </androidx.constraintlayout.widget.ConstraintLayout>

图 4-24　例 4-4 的设计蓝图

activity_main.xml 对应的 "Design" 界面设计蓝图如图 4-24 所示。

2) 修改 MainActivity.java 文件

在 MainActivity 类中增加成员变量，以方便获取用户对颜色单选按钮、字体样式、复选按钮设置的更改，以及对文本框控件中文字显示输出设置的更改。颜色单选按钮的设置是通过 RadioGroup 类型的成员变量 m_radioGroup 的访问而获得。字体样式复选按钮的设置是通过对 3 个 CheckBox 类型的成员变量的访问而获得。文本框控件的设置则是通过对 TextView 类型的 m_demo 变量的访问而获得。

84.   private RadioGroup m_radioGroup;

85.   private TextView m_demo;

86.   private CheckBox m_bold, m_italic, m_underline;

修改 MainActivity.java 文件，需要在 onCreate(Bundle savedInstanceState)函数中增加代码，完成如下工作：

(1) 初始化上述步骤中定义的成员变量对应的控件。

87.   m_radioGroup = (RadioGroup) findViewById(R.id.radioGroup);

88.   m_demo = (TextView) findViewById(R.id.tV_demo);

89.   m_bold = (CheckBox) findViewById(R.id.cB_Bold);

90.   m_italic = (CheckBox) findViewById(R.id.cB_Italic);

91.   m_underline = (CheckBox) findViewById(R.id.cB_Underline);

(2) 注册单选按钮侦听事件。为 RadioGroup 控件注册 OnCheckedChangeListener 侦听事件，用于获取文本颜色单选按钮的设置。

92.   m_radioGroup.setOnCheckedChangeListener(new RadioGroup.OnCheckedChangeListener( ) {

93.   @Override

94.   public void onCheckedChanged(RadioGroup group, int checkedId) {

95.   color_apply( );

96.   }

97.   });

(3) 注册复选按钮侦听事件。为复选按钮注册 OnCheckedChangeListener 侦听事件的处理函数为 fStyle_apply( )，用于获取字体样式的设置。

98.   m_bold.setOnCheckedChangeListener(fStyle_apply);

99.   m_italic.setOnCheckedChangeListener(fStyle_apply);

100. m_underline.setOnCheckedChangeListener(fStyle_apply)

(4) 编写字体样式处理函数 fStyle_apply( )。

101. private CompoundButton.OnCheckedChangeListener fStyle_apply = new

102. CompoundButton.OnCheckedChangeListener( ) {

103. @Override

104. public void onCheckedChanged(CompoundButton buttonView, boolean isChecked) {

105.   switch (buttonView.getId( )) {

106.   case R.id.cB_Bold:

107.   bold_it( );

108.   break;

109.   case R.id.cB_Italic:

110.   bold_it( );

111.   break;

112.   case R.id.cB_Underline:

113.   if(isChecked)

114.   m_demo.getPaint( ).setFlags(Paint.UNDERLINE_TEXT_FLAG);

```
115.        else
116.        m_demo.getPaint().setFlags(0) ;
117.        m_demo.invalidate();        //必须重新绘制
118.            break;
119.        }
120.        }
121. }
122.
123. private void   bold_it(){
124.    boolean t1,t2;
125.    t1=m_bold.isChecked();
126.    t2=m_italic.isChecked();
127. if(t1&&t2)
128.     m_demo.setTypeface(Typeface.SANS_SERIF, Typeface.BOLD_ITALIC);
129.    else if(!t1&&t2)
130.        m_demo.setTypeface(Typeface.SANS_SERIF, Typeface.ITALIC);
131.    else if(t1&&!t2)
132.        m_demo.setTypeface(Typeface.DEFAULT_BOLD);
133.    else
134.            m_demo.setTypeface(Typeface.DEFAULT);
135.    m_demo.invalidate()
136. }
```

第 107 行的函数 bold_it()用于字体加粗，TextView 的 setTypeface()的参数实现 4 种不同的显示样式，如文本的单独加粗、单独斜体、加粗且斜体和正常显示。为了实时看到效果，需要调用 m_demo.invalidate()更新界面显示。

(5) 编写颜色设置处理函数 color_apply()。

```
1.    private void color_apply() {
2.    int id = m_radioGroup.getCheckedRadioButtonId(
3.    //判断颜色设置
4.    switch (id) {
5.    case R.id.rB_red:
6.    m_demo.setTextColor(Color.rgb(255, 0, 0));
7.    break;
8.    case R.id.rB_green:
9.    m_demo.setTextColor(Color.rgb(0, 255, 0));
10.   break;
11.   case R.id.rB_blue:
12.   m_demo.setTextColor(Color.rgb(0, 0, 255));
13.   break;
```

14.　　}

15.

16.　}

综上所述，例 4-4 的 MainActivity.java 的完整代码如下：

```
1.    package xsyu.jsj.project4_4;
2.    import androidx.appcompat.app.AppCompatActivity;
3.    import android.graphics.Color;
4.    import android.graphics.Paint;
5.    import android.graphics.Typeface;
6.    import android.os.Bundle;
7.    import android.view.View;
8.    import android.widget.Button;
9.    import android.widget.CheckBox;
10.   import android.widget.CompoundButton;
11.   import android.widget.RadioGroup;
12.   import android.widget.TextView;
13.   public class MainActivity extends AppCompatActivity {
14.       private RadioGroup m_radioGroup;
15.       private TextView m_demo;
16.       private CheckBox m_bold, m_italic, m_underline;
17.       @Override
18.       protected void onCreate(Bundle savedInstanceState) {
19.           super.onCreate(savedInstanceState);
20.           setContentView(R.layout.activity_main);
21.
22.           m_radioGroup = (RadioGroup) findViewById(R.id.radioGroup);
23.           m_demo = (TextView) findViewById(R.id.tV_demo);
24.
25.           m_bold = (CheckBox) findViewById(R.id.cB_Bold);
26.           m_italic = (CheckBox) findViewById(R.id.cB_Italic);
27.           m_underline = (CheckBox) findViewById(R.id.cB_Underline);
28.
29.           m_bold.setOnCheckedChangeListener(fStyle_apply);
30.           m_italic.setOnCheckedChangeListener(fStyle_apply);
31.           m_underline.setOnCheckedChangeListener(fStyle_apply);
32.
33.           m_radioGroup.setOnCheckedChangeListener(new RadioGroup.OnCheckedChangeListener(){
34.               @Override
35.               public void onCheckedChanged(RadioGroup group, int checkedId) {
```

```
36.                    color_apply();
37.                }
38.            });
39.        }
40.        private void color_apply() {
41.            int id = m_radioGroup.getCheckedRadioButtonId();
42.            //判断颜色设置
43.            switch (id) {
44.            case R.id.rB_red:
45.                m_demo.setTextColor(Color.rgb(255, 0, 0));
46.                break;
47.            case R.id.rB_green:
48.                m_demo.setTextColor(Color.rgb(0, 255, 0));
49.                break;
50.            case R.id.rB_blue:
51.                m_demo.setTextColor(Color.rgb(0, 0, 255));
52.                break;
53.            }
54.    }
55.    private CompoundButton.OnCheckedChangeListener fStyle_apply = new
56.    CompoundButton.OnCheckedChangeListener() {
57.        @Override
58.        public void onCheckedChanged(CompoundButton buttonView, boolean isChecked) {
59.            switch (buttonView.getId()) {
60.            case R.id.cB_Bold:
61.                bold_it();
62.                break;
63.            case R.id.cB_Italic:
64.                bold_it();
65.                break;
66.            case R.id.cB_Underline:
67.                if(isChecked)
68.                    m_demo.getPaint().setFlags(Paint.UNDERLINE_TEXT_FLAG);
69.                else
70.                    m_demo.getPaint().setFlags(0);
71.                m_demo.invalidate();          //必须重新绘制
72.                break;
73.            }
74.        }
```

```
75.    };
76.
77.    private void    bold_it(){
78.        boolean t1,t2;
79.        t1=m_bold.isChecked();
80.        t2=m_italic.isChecked();
81.        if(t1&&t2)
82.            m_demo.setTypeface(Typeface.SANS_SERIF, Typeface.BOLD_ITALIC);
83.        else if(!t1&&t2)
84.            m_demo.setTypeface(Typeface.SANS_SERIF, Typeface.ITALIC);
85.        else if(t1&&!t2)
86.            m_demo.setTypeface(Typeface.DEFAULT_BOLD);
87.        else
88.            m_demo.setTypeface(Typeface.DEFAULT);
89.        m_demo.invalidate();
90.    }
91.    }
```

运行结果如图 4-25 所示。

图 4-25　例 4-4 运行效果图

4.2.6　开关控件 ToggleButton

ToggleButton 是打开或关闭某个属性的控件，其继承关系如图 4-26 所示。可以通过单击"ToggleButton"按钮在两个状态之间进行选择，通常用于切换程序中的某种状态，如"开"或"关"、"有"或"无"等。

java.lang.Object
    ↳　android.view.View
        ↳　android.widget.TextView
            ↳　android.widget.Button
                ↳　android.widget.CompoundButton
                    ↳　android.widget.ToggleButton

图 4-26　ToggleButton 的继承关系

1. ToggleButton 控件支持的 XML 属性及设置方法

ToggleButton 控件的常用属性和设置方法如表 4-15 所示。

表 4-15　ToggleButton 控件支持的 XML 属性及其设置方法

XML 属性	设 置 方 法	功 能 说 明
android:disabledAlpha	—	设置按钮在禁用时的透明度
—	float getDisabledAlpha( )	获得禁用时的透明度
Android:checked	setChecked(boolean)	—
android:textOff	public void setTextOff(CharSequence)	状态关闭时显示的文本信息
android:textOn	public void setTextOn(CharSequence)	状态打开时显示的文本信息

ToggleButton 主要通过 checked、textOff 和 textOn 控制控件的文字显示，实现的 XML 代码如下：

1. 　　<?xml version="1.0" encoding="utf-8"?
2. 　　<LinearLayout xmlns:android="http://schemas.android.com/apk/res/android"
3. 　　xmlns:app="http://schemas.android.com/apk/res-auto"
4. 　　xmlns:tools="http://schemas.android.com/tools"
5. 　　　android:layout_width="match_parent"
6. 　　　android:layout_height="match_parent"
7. 　　tools:context=".MainActivity"
8. 　　　<ToggleButton
9. 　　　android:id="@+id/toggleButton1"
10. 　　　android:layout_width="wrap_content"
11. 　　　　android:layout_height="wrap_content"
12. 　　　android:padding="10dp"
13. 　　　android:textOff=""
14. 　　　android:textOn=""
15. 　　　android:checked="false"/>
16. 　　</LinearLayout>

代码运行结果如图 4-27 所示。

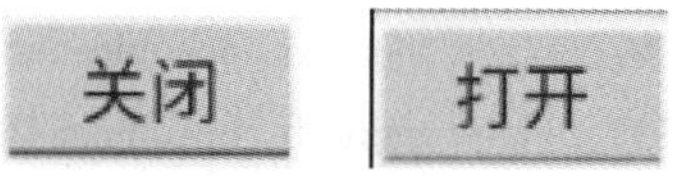

(a) 单击前的状态　(b) 单击后的状态

图 4-27　ToggleButton 的两种状态

2. ToggleButton 的使用步骤

(1) 在 XML 中设置 ToggleButton 的主要属性 android:textOff 和 android:textOn；
(2) 为控件设置 onClick 注册监听事件；
(3) 编写消息处理函数。

3. 应用举例

【例 4-5】　通过单击 ToggleButton 控件，调用 toast 弹出式消息显示 ToggleButton 控件的选择状态。

创建一个工程名为 project4_5 的项目，所需的设计文件如表 4-16 所示。

表 4-16　ToggleButton 控件的文件名和文件类型

序号	文 件 名	文 件 类 型
1	MainActivity.java	活动文档
2	activity_main.xml	布局文件

UI 界面只有一个垂直的线性布局和一个 ToggleButton，activity_main.xml 的完整代码如下：

```
1.   <?xml version="1.0" encoding="utf-8"?>
2.   <LinearLayout xmlns:android="http://schemas.android.com/apk/res/android"
3.   xmlns:app="http://schemas.android.com/apk/res-auto"
4.   xmlns:tools="http://schemas.android.com/tools"
5.   android:layout_width="match_parent"
6.   android:layout_height="match_parent"
7.   tools:context=".MainActivity">
8.   <ToggleButton
9.   android:id="@+id/toggleButton1"
10.  android:layout_width="wrap_content"
11.  android:layout_height="wrap_content"
12.  android:padding="10dp"
13.  android:textOff="关闭"
14.  android:textOn="打开"
15.  android:checked="false"
16.  android:textSize="20sp" />
17.  </LinearLayout>
```

MainActivity.java 完整代码如下：

```
18.  package xsyu.jsj.project4_5;
19.
20.  import androidx.appcompat.app.AppCompatActivity;
21.  import androidx.appcompat.widget.AppCompatToggleButton;
22.
23.  import android.os.Bundle;
24.  import android.view.View;
25.  import android.widget.CompoundButton;
26.  import android.widget.Toast;
27.  public class MainActivity extends AppCompatActivity {
28.      AppCompatToggleButton tg_butt;
29.      @Override
30.      protected void onCreate(Bundle savedInstanceState) {
31.          super.onCreate(savedInstanceState);
32.          setContentView(R.layout.activity_main);
```

```
33.              initView();
34.          }
35.      private void initView()
36.      {
37.              tg_butt=(AppCompatToggleButton)findViewById(R.id.toggleButton1);
38.              tg_butt.setOnCheckedChangeListener(new CompoundButton.OnCheckedChangeListener() {
39.                  @Override
40.                  public void onCheckedChanged(CompoundButton buttonView, boolean isChecked) {
41.                      CharSequence showmsg;
42.                      int duration=Toast.LENGTH_SHORT;
43.                      if(buttonView.getId()==R.id.toggleButton1) {
44.                          if (isChecked)
45.                              showmsg="打开状态";
46.                          else
47.                              showmsg="关闭状态";
48.                          Toast toast= Toast.makeText(getApplicationContext(),showmsg,duration);
49.                          toast.show();
50.                      }
51.                  }
52.              });
53.      }
54.  }
```

代码说明：

(1) initView()函数用于初始化 ToggleButton 控件 toggleButton1 对应的成员变量 tg_butt，并为该控件设置 onCheckedChanged 事件侦听器，以及编写匿名内联处理函数。

(2) 代码第 43～47 行读取 toggleButton1 对应的开关状态设置弹出消息的显示文本。

(3) 代码第 48 行 Toast toast= Toast.makeText(getApplicationContext(),showmsg,duration); 其中：

① Toast 是显示在屏幕上的一个简单的弹出式消息。

② makeText()函数的原型为：

　　Toast toast = Toast.makeText(context, text, duration);

它设置弹出式消息的 3 个参数为：

- context：应用程序的上下文。
- text：显示的文本信息。
- duration：弹出式消息持续的时长。

(4) 代码第 49 行显示弹出式消息。

4.2.7　图片视图 ImageView

ImageView 是可以加载并显示图片的控件，其继承关系如图 4-28 所示。ImageView 继承自 View 组件，因此 View 的属性和方法也可以应用于 ImageView。ImageView 的主要功能是显示图片。

java.lang.Object
android.view.View
↳

android.widget.ImageView
↳

图 4-28　ImageView 的继承关系

1. ImageView 支持的 XML 属性及设置方法

ImageView 显示图片时常用的 XML 属性和设置方法如表 4-17 所示。

表 4-17　ImageView 的 XML 属性及设置方法

XML 属性	设 置 方 法	说　　明
android:src	setImageResource(int)	设置图片的资源名
android:scaleType	setScaleType(ImageView.ScaleType)	设置图片显示时的缩放类型
android:maxHeight	setMaxHeight(int)	设置视图显示的最大高度
android:maxWidth	setMaxWidth(int)	设置视图显示的最大宽度
android:adjustViewBounds	setAdjustViewBounds(boolean)	设置是否自动调整视图的边界

2. ImageView 图片缩放显示

表 4-18 给出了图片缩放显示属性说明。

表 4-18　ImageView 图片缩放显示属性说明

常量	值	说　　明
matrix	0	不改变原图的大小，从 ImageView 的左上角开始绘制原图，对原图超出视图大小的部分进行裁剪处理
fitXY	1	对图片的横纵方向进行独立缩放，使得该图片完全适应 ImageView 的视图大小。这种缩放会造成图片变形
fitStart	2	缩放操作同上，缩放后将图片放在 ImageView 左上角
fitCenter	3	默认值，保持图像的横纵比均匀缩放图像，直到该图片较长边的边长与 ImageView 的相应边长相同，然后将图片放在视图的中心位置
fitEnd	4	缩放操作同上，缩放后将图片放在 ImageView 右下角
center	5	保持原图的大小并显示在 ImageView 的中心。当原图的长和宽大于 ImageView 的长和宽时，对图片超出部分进行裁剪处理
centerCrop	6	保持图像的横纵比均匀缩放图像，直至图片的最短边能够覆盖 ImageView，然后居中显示(可能会出现图片显示不完全的情况)
centerInside	7	保持图像的横纵比均匀缩放图像，直至图片的最长边能够覆盖 ImageView，然后居中显示

将图 4-29 所示的指针式钟表图片导入\app\src\main\res\drawalbe\clock.png 资源文件，使用 8 个 ImageView 控件的 scaleType 属性依次设置为表 4-17 中的各属性，显示效果图 4-30 所示。

图 4-29　原始的指针式钟表图片　　　　图 4-30　ImageView 的各种 scaleType 方式对比

图 4-30 中的 8 个 ImageView 控件，显示在 4 行中，为了便于观察显示效果，每行采用水平 LinearLayout 布局，包含两个 ImageView 控件，左右两个 ImageView 控件的 layout_width 和 layout_height 属性相同，且均小于原始图片大小。下面列出第 1 行图片显示代码，其余代码只有 scaleType 属性设置不同。

```
1.   <LinearLayout
2.     android:layout_width="match_parent"
3.     android:layout_height="120dp"
4.     android:orientation="horizontal">
5.     <ImageView
6.       android:layout_width="140dp"
7.       android:layout_height="100dp"
8.       android:background="@color/color1"
9.       android:scaleType="matrix"
10.      android:src="@drawable/clock" />
11.    <ImageView
12.      android:layout_width="140dp"
13.      android:layout_height="100dp"
14.      android:background="@color/color2"
15.      android:scaleType="fitXY"
16.      android:src="@drawable/clock" />
17.  </LinearLayout>
```

上面的代码中，左右两个 ImageView 控件的背景色 background 属性分别引用 @color/color1 和@color/color2，这两种颜色需要在\app\src\main\res\values\color.xml 文件中增加两个颜色资源，定义如下：

```
<color name="color1">#d6d7d7</color>
<color name="color2">#03dac5</color>
```

分析并对比图 4-30，可以看出：

(1) 第 1 行的左、右两个 ImageView 控件缩放类型 scaleType 属性分别是 matrix 和 fitXY。可以看出，左边的图片只显示出原图的左上角部分，右边的图片经过缩放后产生了变形。这两个图片对 ImageView 视图都是全覆盖的。

(2) 第 2 行的左、右两个 ImageView 控件缩放类型 scaleType 属性分别是 fitStart 和 fitCenter。通过背景的设置可以看到，左边的图片缩放后靠左显示，右边的图片居中显示，由于这两种图片都是按照横纵相同的压缩比缩小的，因此没有产生变形。

(3) 第 3 行的左、右两个 ImageView 控件缩放类型 scaleType 属性分别是 fitEnd 和 center。通过背景的设置可以看到，左边的图片缩放后靠右边显示，右边的图片没有进行缩放，只是对原图的中间部分在 ImageView 中进行了全覆盖显示。

(4) 第 4 行的左、右两个 ImageView 控件缩放类型 scaleType 属性分别是 centerCrop 和 centerInside，通过背景的设置可以看到左边的图片缩放到较短的水平方向可以完整显示，而垂直方向上下多出的部分则被截除。右边的图片进行横纵比相同的缩放，直到较长的垂直方向能够完整并居中显示。

(5) 从图 4-30 中似乎看不出第 2 行 fitCenter 和第 4 行 centerInside 的区别，这是由于原图的尺寸大于 ImageView 控件视图的尺寸所致。实际上，若原图的尺寸小于 ImageView 视图的尺寸，由于控件视图中可以完整地放置图片，则此时的 centerInside 不会对图片进行缩放。

(6) android:maxHeight、android:maxWidth 和 android:adjustViewBounds 这 3 个属性需要配合使用。通常情况下，编程时希望图片能够不失真地显示，但是无法保证 ImageView 控件的大小或长宽比例恰好与图片一致。当 android:adjustViewBounds=ture 时，ImageView 会调整其边界以保留其可绘制图片的横纵比。但是，调整后图片的最大宽度和高度不能超过 android:maxHeight 和 android:maxWidth 的限定。其具体做法是：

① 设置 adjustViewBounds=true。

② 设置 android:maxHeight、android:maxWidth 的属性。

这样系统就会自动将图片采用相同横纵比进行缩放，使缩放后的较长边等于 android:maxHeight 和 android:maxWidth 中的较大者，然后完整显示缩放后的图片。

例如，采用如下 XML 代码，钟表图片就会按照最大长宽属性设置，从而在视图中完整显示，如图 4-31 所示。

```
1.    <ImageView
2.        android:layout_width="wrap_content"
3.        android:layout_height="wrap_content"
4.        android:background="@color/color2"
5.        android:src="@drawable/clock"
6.        android:maxWidth="100dp"
7.        android:maxHeight="120dp"
8.        android:adjustViewBounds="true"
9.    ></ImageView>
```

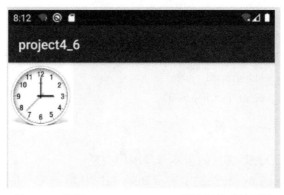

图 4-31　使用 adjustViewBounds 属性调整后的图片

ImageView 派生了 ImageButton、ZoomButton 和 FloatingActionButton 等类似按钮的组件，这些组件可以根据需要显示静态或动态的图片，使应用程序的 UI 界面更加生动。

4.3　布　局　管　理　器

通常情况下，在 Android 开发过程中，UI 界面的设计可以方便地通过设置布局文件来实现。布局文件采用 XML 格式，每个应用程序会默认创建一个 activity_main.xml 布局文件作为应用程序的启动界面。布局管理器可以帮助开发者方便建立布局并对布局文件进行管理，步骤如下：

1. 创建布局文件

打开项目，找到 res→layout 文件夹，单击右键，在弹出的菜单中选择“new→XML→Layout Xml File”，将创建一个新的布局文件。如图 4-32 所示，输入布局文件名，单击“Finish”按钮即可建立一个名为 Layout_4_1.xml、布局类型为“LinearLayout”的布局文件。Root Tag 对应的是 Root 布局文件的类型，布局文件的类型将在 4.4 节介绍。

图 4-32　创建 XML 布局文件

生成的 Layout_4_1.xml 文件的内容如下：

1.　　　<?xml version="1.0" encoding="utf-8"?

2.　　　<LinearLayout xmlns:android="http://schemas.android.com/apk/res/android"

3.　　　　android:layout_width="match_parent"

4.　　　　android:layout_height="match_parent"

5.　　　</LinearLayout>

在上面代码中：

(1) 第 1 行定义了 XML 文件的版本号和编码类型。

(2) 第 2 行的 LinearLayout 关键字表示 Root 布局开始定义，并说明其所在包的位置。

(3) 第 3 和第 4 行定义 Root 布局的宽度和高度。

(4) 第 5 行表示本布局定义结束。

2. 添加控件

布局文件生成后，打开 XML 文件，可以通过控制工作区右上角的"Code""Split""Design"3 个标签页，选择采用代码、混合和图形设计 3 种方式编辑布局界面。

1) 选择"Code"标签页

选择"Code"标签页方式可以通过在 XML 文件中采用编辑代码的方式添加控件。如图 4-33 所示，XML 布局文件中用代码增加了两个 Button 控件，用 XML 代码对这两个控件的名称和外观进行设置，两个 Button 控件嵌套在 LinearLayout 线性布局内。

图 4-33　"Code"标签页显示结果

2) 选择"Design"标签页

选择"Design"标签页方式显示的设计界面如图 4-34 所示，可以看到"预览"和"蓝图"，"预览"是指运行时的屏幕显示，"蓝图"主要是指在设计时查看每个控件的边框和相互的约束关系。可以在图形用户界面中直接进行控件的拖拉和属性设置操作，所做的修改会同步到相应的 XML 代码中，这种方式可以有效地减少用户编写的代码量。

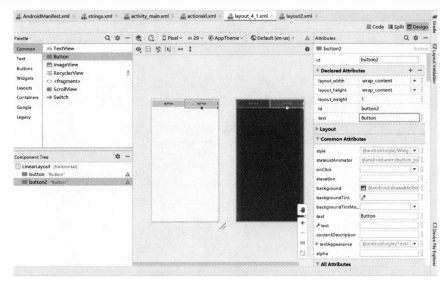

图 4-34　Design 标签页显示结果

3) 选择 "Split" 标签页

选择 "Split" 标签页方式是在 "Code" 标签页的右边增加了 "预览" 和 "蓝图" 界面，对 XML 代码的改动会即时影响预览和蓝图的显示效果，如图 4-35 所示。

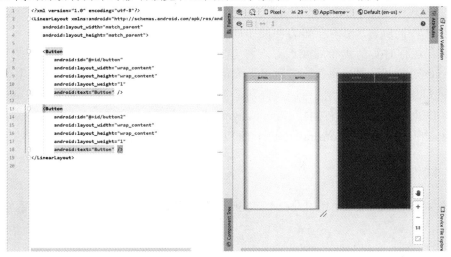

图 4-35　 "Split" 标签页显示结果

4.4　UI 布 局

所谓 UI 布局，就是指在 Android 用户界面上合理、美观地安排各个控件的位置，以及控件之间相应的对齐方式。

布局也是一种特殊的视图，所有布局都是一个称为 android.view.ViewGroup(视图容器)类的子类，视图容器是一种可以包含其他视图的视图类型。

布局中的所有元素都使用 View 和 ViewGroup 对象的层次结构进行构建，如图 4-36 所示。从图 4-36 中可以看出，View 通常绘制用户可查看并进行交互的内容，如文本框和命令按钮等。所谓的布局就是 ViewGroup 类，它是不可见的容器，可以包含 View 和其他的 ViewGroup 对象。

布局的实质是一个视图层次结构，一个父布局可以包含多个子布局和控件，每个子布局又可以包含子布局和控件。例如一个线性垂直布局的每一行都可以包含一个线性水平布局，每一个水平布局可以包含多个控件。

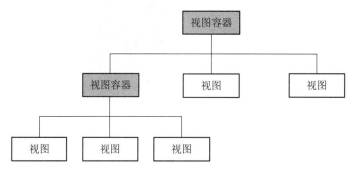

图 4-36　布局的视图层次结构

在编程过程中可以采用两种方式声明布局，分别是：

(1) 在 XML 中声明 UI 元素。这种方式可以通过 Android Studio 的 Layout 编辑器，采用拖放的方式构建一个 XML 文件形式的布局。它将行为控制代码和界面代码分隔开来，而且有助于不同屏幕尺寸和屏幕方向的布局设计，是一种推荐的 UI 设计方式。

(2) 在运行时实例化布局元素。这种方式可以通过代码在执行过程中创建 View 和 ViewGroup 对象并设置其属性。它适用于大量规律排放的组件，如棋盘界面的生成等。

Android 中有 7 种常用的布局，分别是 LinearLayout(线性布局)、RelativeLayout(相对布局)、TableLayout(表格布局)、FrameLayout(框架布局)、AbsoluteLayout(绝对布局)、GridLayout(网格布局)和 ConstraintLayout(约束布局)，本节详细介绍其中常用的 5 种布局。

4.4.1　线性布局

线性布局在 XML 中使用<LinearLayout>元素定义。LinearLayout 的继承关系如图 4-37 所示。

java.lang.Object
　　↳　android.view.View
　　　　↳　android.view.ViewGroup
　　　　　　↳　android.widget.LinearLayout

图 4-37　LinearLayout 的继承关系

LinearLayout 只能在水平或者垂直方向中按照控件定义的先后顺序依次来排列控件。LinearLayout 布局不会换行，也就是说，当控件在垂直或水平方向空间占满后，剩余的控件将无法显示。将 LinearLayout 布局设置为水平或垂直方向线性布局时，控件的排列示意图如图 4-38 所示。

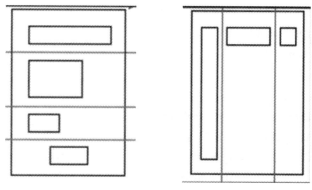

(a) 水平 LinearLayout 布局　　　(b) 垂直 LinearLayout 布局

图 4-38　水平和垂直 LinearLayout 布局示意

1. 线性布局的常用属性

线性布局的常用属性和属性设置方法见表 4-19 所示。

表 4-19　LinearLayout 的常用属性及设置方法

XML 属　性	设　置　方　法	功　能　说　明
android:orientation	setOrientation(int)	设置布局中组件的排列方式
android: layout_gravity	—	设置布局在其父窗口中的位置
android:gravity	setGravity(int)	设置布局所包含组件的对齐方式，可以进行组合
android:background	setBackgroundResource(int)	设置背景图片或背景色
android:layout_weight	—	设置划分剩余区域的权重
android:divider	setDividerDrawable(Drawable)	设置分割线使用的资源
android:showDividers	—	设置分割线所在的位置
android:dividerPadding	—	设置分割线的间距

2. 线性布局的排列方式

android:orientation 属性的取值有 vertical 和 horizontal 两种，用于设置 LinearLayout 中控件的排列方式。当 android:orientation="vertical"时，LinearLayout 布局中的控件在垂直方向上排列；当 android:orientation="horizontal"时，LinearLayout 布局中的控件在水平方向上排列，这也是缺省的排列方式。

下面给出一个线性布局的例子。

【例 4-6】　下面的代码实现了在一个垂直的线性布局中包含 3 个 TextView 控件，其运行结果如图 4-39(a)所示。

```
1.    <?xml version="1.0" encoding="utf-8"?>
2.    <LinearLayout xmlns:android="http://schemas.android.com/apk/res/android"
3.         xmlns:app="http://schemas.android.com/apk/res-auto"
4.         xmlns:tools="http://schemas.android.com/tools"
5.         android:layout_width="match_parent"
```

6.　　　　android:layout_height="match_parent"

7.　　　　android:orientation="vertical"

8.　　　　tools:context=".MainActivity">

9.

10.　　　<TextView

11.　　　　　android:layout_width="match_parent"

12.　　　　　android:layout_height="wrap_content"

13.　　　　　android:layout_weight="1"

14.　　　　　android:background="#ff0000"

15.　　　　　android:text="text1" />

16.　　　<TextView

17.　　　　　android:layout_width="match_parent"

18.　　　　　android:layout_height="wrap_content"

19.　　　　　android:layout_weight="1"

20.　　　　　android:background="#00ff00"

21.　　　　　android:text="text2" />

22.　　　<TextView

23.　　　　　android:layout_width="match_parent"

24.　　　　　android:layout_height="wrap_content"

25.　　　　　android:layout_weight="1"

26.　　　　　android:background="#0000ff"

27.　　　　　android:text="text3" />

28.

29.　</LinearLayout>

(a) 垂直排列　　　　　　　　　(b) 水平排列

图 4-39　例 4-6 的运行结果

从图 4-39(a)可知，3 个 TextView 控件分别被设置红、绿和蓝 3 种背景色，垂直平分了整个屏幕空间。若将代码中第 7 行的代码改为：

　　30.　　android:orientation="horizontal"

则从图 4-39(b)可知，3 个 TextView 控件分别被设置红、绿和蓝 3 种背景色，水平平分了控件所占屏幕的宽度。

需要说明的是，虽然每个控件可以通过自身的 android: layout_gravity 设置其在父窗口中放置的位置，但是当其所在的 LinearLayout 布局 android:orientation="vertical"时，该控件的 android: layout_gravity 属性只能设置其水平方向的位置，对垂直方向的位置没有影响。同样地，当控件所在的 LinearLayout 布局 android:orientation="horizontal"时，控件只能设置垂直方向在父窗口中的位置。

3. 设置线性布局的分割线

图 4-39 中的 3 个 TextView 排列紧密，并不美观，可通过如下设置使 LinearLayout 布局的各行之间留出一定的间隔：

(1) 用 android:divider 设置用于分隔的图片资源；

(2) 用 android:showDividers 设置分隔符图片显示的位置；

(3) 根据需要用 android:dividerPadding 设置各行或列之间的间距。

例如在例 4-6 代码第 8 行后 LinearLayout 的属性增加下面 3 行代码：

```
android:divider="@drawable/divider"
android:showDividers="middle"
android:padding="10dp"
```

代码说明：

(1) android:divider="@drawable/divider"中的"@drawable/divider"是 drawable 中导入的一个只有一条黄线的资源。

(2) android:showDividers 属性用于设置分隔图片的显示位置，可以设置为 none(无)、beginning(开始)、end(结束)和 middle(每两个组件之间)，上面的代码将分隔符设置在组件之间。

代码运行结果如图 4-40(a)所示。

4. 用 Layout_Weight 对 LineLayout 布局进行空间大小划分

通常情况下需要根据实际情况合理分配 LinearLayout 布局中各个控件屏幕中的空间，layout_weight 属性的合理设置可以做到这一点。将例 4-6 中 3 个 TextView 的属性设置修改如下后，修改后的代码第 1 个用 layout_height 设置了固定的高度值 20 dp，第 2 个和第 3 个 TextView 的 android:layout_height="wrap_content"，android 系统在满足了所有控件必须的空间(包括分隔图片和所需间距)后，将剩余的空间分配给设置了 layout_weight 属性控件，分配原则按下面公式进行：

$$控件空间 = \frac{剩余空间}{所有控件 layout\_weight 空间总和} \times 该空间 layout\_weight$$

layout_weight 属性修改后的代码如下：

```
1.    <TextView
2.        android:layout_width="match_parent"
3.        android:layout_height="50dp"
4.        android:background="#ff0000"
5.        android:text="text1" />
6.    <TextView
7.        android:layout_width="match_parent"
8.        android:layout_height="wrap_content"
9.        android:layout_weight="1"
10.       android:background="#00ff00"
11.       android:text="text2" />
12.   <TextView
13.       android:layout_width="match_parent"
14.       android:layout_height="wrap_content"
15.       android:layout_weight="4"
16.       android:background="#0000ff"
17.       android:text="text3" />
```

代码运行结果如图 4-40(b)所示。

(a) 增加分隔线后　　　　　　　　　　(b) Layout_Weight 设置控件所占空间

图 4-40　为 LinearLayout 的控件增加分隔图片

通常情况下，在垂直线性 LinearLayout 布局中设置了 layout_weight 属性的控件，通常设置 android:layout_height=0dp；水平线性 LinearLayout 布局中控件设置对应的 android:layout_width=0dp。如果 android:layout_width=wrap_content，那么水平的剩余空间会除去控件本身内容占用的空间，这样剩余空间就会缩小，读者可以自行尝试。

【例 4-7】　使用 LinearLayout 实现图 4-41 所示的布局，如图 4-41 所示。

图 4-41　使用 LinearLayout 实现的例 4-2 要求的布局效果

代码如下(activity_linear_layout3.xml)：

```
1.    <?xml version="1.0" encoding="utf-8"?>
2.    <LinearLayout xmlns:android="http://schemas.android.com/apk/res/android"
3.        xmlns:app="http://schemas.android.com/apk/res-auto"
4.        xmlns:tools="http://schemas.android.com/tools"
5.        android:layout_width="match_parent"
6.        android:layout_height="match_parent"
7.        android:orientation="vertical"
8.        tools:context=".linear_layout3"
9.        android:layout_margin="10dp"
10.       android:padding="20dp">
11.
12.       <!--第一行显示的收件人 TexeView 和邮件地址 EditText-->
13.       <LinearLayout
14.           android:layout_width="match_parent"
15.           android:layout_height="wrap_content"
16.           android:orientation="horizontal">
17.
18.       <TextView
```

```
19.              android:layout_width="0dp"
20.              android:layout_height="wrap_content"
21.              android:text="收件人:"
22.              android:gravity="center_horizontal"
23.              android:layout_weight="1"
24.              />
25.       <EditText
26.              android:id="@+id/eT_emailaddr"
27.              android:layout_width="0dp"
28.              android:layout_height="wrap_content"
29.              android:layout_weight="3"
30.              android:inputType="textWebEmailAddress"
31.              android:hint="请输入收件人地址" />
32.       </LinearLayout>
33.       <!--第二行显示的主题 TexeView 和主题内容 EditText-->
34.       <LinearLayout
35.       android:layout_width="match_parent"
36.       android:layout_height="wrap_content"
37.       android:orientation="horizontal">
38.       <TextView
39.              android:id="@+id/textView"
40.              android:layout_width="0dp"
41.              android:layout_height="wrap_content"
42.              android:layout_weight="1"
43.              android:gravity="center_horizontal"
44.              android:text="主题:"   />
45.
46.       <EditText
47.              android:id="@+id/eT_Subject"
48.              android:layout_width="0dp"
49.              android:layout_height="wrap_content"
50.              android:layout_weight="3"
51.              android:ems="10"
52.              android:inputType="textPersonName"
53.              android:text="输入主题" />
54.       </LinearLayout>
55.       <!--用于输入邮件信息的多行 EditText 占用屏幕最大空间-->
56.       <EditText
57.          android:id="@+id/eT_Message"
```

58. 　　　　android:layout_width="match_parent"

59. 　　　　android:layout_height="wrap_content"

60. 　　　　android:layout_weight="1"

61. 　　　　android:gravity="start|top"

62. 　　　　android:hint="请输入信息"

63. 　　　　android:inputType="textMultiLine" />

64. 　　　<!--位于屏幕最下方中间的 Button-->

65. 　　　<Button

66. 　　　　android:id="@+id/btn_ok"

67. 　　　　android:layout_width="wrap_content"

68. 　　　　android:layout_height="wrap_content"

69. 　　　　android:layout_gravity="center_horizontal"

70. 　　　　android:text="确定" />

71. 　　</LinearLayout>

72. 　</LinearLayout>

代码说明：

(1) Root 布局采用垂直的 LinearLayout 布局，在该布局中又嵌套了两个水平线性布局，用于水平放置第一行和第二行呈现的组件。

(2) 第一行的水平线性布局中 TextView 和 EditText 两个组件分别用于提示和接收用户输入的邮件地址，这两个控件对水平空间的划分是通过第 23 行和第 29 行的 layout_weight 属性来实现的，TextView 控件占第一行水平空间的 1/4，EditText 则占 3/4。

(3) 第二行的水平线性布局中 TextView 和 EditText 两个组件与第一行的类似。

(4) android:id="@+id/eT_Message"的 EditText 组件，占用屏幕最大的空间。这是通过第 58 行的 android:layout_width="match_parent"和第 60 行的 android:layout_weight="1"代码实现的。第 60 行的代码实现该组件在垂直方向占用的最大剩余空间。

(5) 最后一行的 Button 按钮通过第 69 行的 android:layout_gravity="center_horizontal"代码，被定位在父水平布局的水平居中位置。

4.4.2　相对布局

相对布局在 XML 中使用<RelativeLayout>元素定义。RelativeLayout 的继承关系如图 4-42 所示。

java.lang.Object

　↳ android.view.View

　　↳ android.view.ViewGroup

　　　↳ android.widget.RelativeLayout

图 4-42　RelativeLayout 的继承关系

在 RelativeLayout 相对布局中控件的位置关系是使用"相对"关系来描述的。在这种布局中的控件位置描述有两种方式,即相对于父布局和相对于兄弟控件(兄弟控件是指同一个布局中的其他控件),每个控件位置的确定要依赖于水平和垂直两个方向的定位。例如在图 4-43 中,"控件 1"的水平和垂直两个位置分别是相对于父布局顶部和左边缘定位;"控件 2"的水平方向还是相对于父布局的左边缘定位,水平方向是相对于其兄弟控件"控件 1"的底部定位;"控件 3"水平方向是相对于父布局的水平中央定位,而垂直方向是相对于父布局的底部定位。

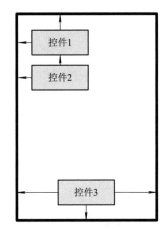

图 4-43　RelativeLayout 中组件位置关系示意图

1. 相对于父布局的位置关系

描述控件与父布局位置关系的属性及其含义见表 4-20,表中的属性值为"true"或"false"。

表 4-20　控件与父布局位置关系的属性及含义

属　性	说　明
android:layout_centerHorizontal	若为 ture,则该控件在父布局中水平方向居中
android:layout_centerVertical	若为 ture,则该控件在父布局中垂直方向居中
android:layout_centerInParent	若为 ture,则该控件在父布局中水平和垂直方向均居中
android:layout_alignParentTop	若为 ture,则该控件紧贴父布局的上边缘
android:layout_alignParentBottom	若为 ture,则该控件紧贴父布局的下边缘
android:layout_alignParentLeft	若为 ture,则该控件紧贴父布局的左边缘
android:layout_alignParentStart	若为 ture,则该控件紧贴父布局的起始边缘
android:layout_alignParentRight	若为 ture,则该控件紧贴父布局的右边缘
android:layout_alignParentEnd	若为 ture,则该控件紧贴父布局的结束边缘
android:layout_alignWithParentIfMissing	若为 ture 且兄弟控件找不到,则以父布局做参照物

2. 相对于兄弟控件的位置关系

描述与控件相对于兄弟控件位置关系的属性及其含义见表 4-21,表中的属性值必须为兄弟控件的 id 引用名"@id/id-name"。

表 4-21　控件与兄弟控件位置关系的属性及其含义

属　　性	说　　明
android:layout_above	该控件位于兄弟控件的上方
android:layout_below	该控件位于兄弟控件的下方
android:layout_toLeftOf	该控件位于兄弟控件的左方
android:layout_toStartOf	该控件从某个兄弟控件开始
android:layout_toRightOf	该控件位于兄弟控件的右方
android:layout_toEndOf	该控件从某个兄弟控件结束
android:layout_alignTop	该控件位于兄弟控件的上边沿对齐
android:layout_alignBottom	该控件位于兄弟控件的下边沿对齐
android:layout_alignLeft	该控件位于兄弟控件的左边沿对齐
android:layout_alignStart	该控件与开始的兄弟控件对齐
android:layout_alignRight	该控件位于兄弟控件的右边沿对齐
android:layout_alignEnd	该控件与结束的兄弟控件对齐
android:layout_alignBaseline	该控件位于兄弟控件的基线对齐

可以用图 4-44 所示的关系,来描述表 4-20 中控件相对于父布局和控件 A 的位置关系。图 4-44(a)描述的是垂直位置关系, 相对位置包括 left(start)和 right(end); 图 4-44(b)描述的是水平位置关系, 相对位置包括 top、bottom 和 baseline。

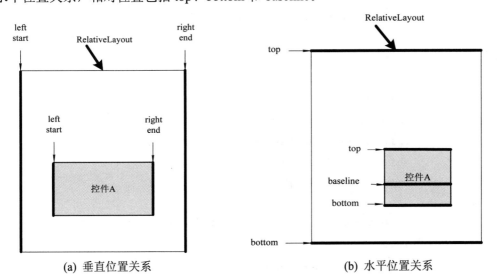

(a) 垂直位置关系　　　　　　　　　　(b) 水平位置关系

图 4-44　相对布局中的位置关系

在相对布局中还经常通过设置 layout_Margin 和 Padding 属性, 使 UI 界面设计更加美观。layout_Margin 设置组件与父容器(通常是布局)的边距, Padding 设置组件内部各元素之间的边距, 这两个属性已经在 4.2.3 节中做过说明。

需要说明的是, 在一个 RelativeLayout 中, 对于所有未设置位置属性的控件, Android 会使其定位在父布局的左上角位置, 这是因为系统中缺省的设置是 android: alignParentLeft =

"true" 和 android:layout_alignParentTop = "true"。相对布局中每个组件的位置是由"水平"和"垂直"两个方向相对决定的，这两个方向可以各自采用父容器和兄弟控件进行定位。

【例 4-8】 使用 RelativeLayout 实现图 4-41 所示的布局。

对应的代码如下：

```
1.    <?xml version="1.0" encoding="utf-8"?>
2.    <RelativeLayout xmlns:android="http://schemas.android.com/apk/res/android"
3.        xmlns:app="http://schemas.android.com/apk/res-auto"
4.        xmlns:tools="http://schemas.android.com/tools"
5.        android:layout_width="match_parent"
6.        android:layout_height="match_parent"
7.        android:layout_margin="10dp"
8.        android:padding="20dp"
9.        tools:context=".MainActivity">
10.       <!--第 1 行显示的收件人 TexeView 和邮件地址 EditText-->
11.       <TextView
12.           android:layout_width="wrap_content"
13.           android:layout_height="wrap_content"
14.           android:text="收件人:"
15.           android:paddingTop="10dp"
16.           android:layout_alignTop="@id/eT_emailaddr"
17.           android:layout_alignParentStart="true"
18.           />
19.       <EditText
20.           android:id="@+id/eT_emailaddr"
21.           android:layout_width="300dp"
22.           android:layout_height="wrap_content"
23.           android:inputType="textWebEmailAddress"
24.           android:layout_alignParentEnd="true"
25.           android:hint="请输入收件人地址" />
26.           />
27.       <!--第 2 行显示的主题 TextView 和主题内容 EditText-->
28.       <TextView
29.           android:layout_width="wrap_content"
30.           android:layout_height="wrap_content"
31.           android:layout_alignParentStart="true"
32.           android:layout_below="@id/eT_emailaddr"
33.           android:gravity="center_horizontal"
34.           android:padding="10dp"
35.           android:text="主题:"   />
```

```
36.        <EditText
37.            android:id="@+id/eT_Subject"
38.            android:layout_width="300dp"
39.            android:layout_height="wrap_content"
40.            android:layout_below="@id/eT_emailaddr"
41.            android:layout_alignLeft="@id/eT_emailaddr"
42.            android:maxEms="16"
43.            android:inputType="textPersonName"
44.            android:text="输入主题" />
45.        <!--用于输入邮件信息的多行 EditText 占用屏幕最大空间-->
46.        <EditText
47.            android:id="@+id/eT_Message"
48.            android:layout_width="match_parent"
49.            android:layout_height="550dp"
50.            android:layout_below="@id/eT_Subject"
51.            android:layout_marginTop="0dp"
52.            android:layout_weight="1"
53.            android:gravity="start|top"
54.            android:hint="请输入信息"
55.            android:inputType="textMultiLine" />
56.        <!--位于屏幕最下方中间的 Button-->
57.        <Button
58.            android:id="@+id/btn_ok"
59.            android:layout_width="wrap_content"
60.            android:layout_height="wrap_content"
61.            android:layout_centerHorizontal="true"
62.            android:layout_below="@id/eT_Message"
63.            android:text="确定" />
64.    </RelativeLayout>
```

代码中各组件的位置关系表 4-22 所示，运行效果如图 4-45 所示。

表 4-22　用 RelativeLayout 实现例 4-7 各组件位置的相对关系

组件类型	组件 id	水平定位	垂直定位	说　明
TextView	—	缺省	缺省	父布局左上角
EditText	eT_emailaddr	父布局右边框对齐	缺省	第 1 行右上角
TextView	—	缺省	位于 eT_emailaddr 底部	第 2 行左边
EditText	eT_Subject	位于 eT_emailaddr 左边	位于 eT_emailaddr 下方	第 2 行右边
EditText	—	缺省	位于 eT_Subject 的下方	占据最大空间
Button	—	父布局水平居中位置	位于 eT_Subject 的下方	底部居中

图 4-45　采用 RelativeLayout 布局实现的图 4-41 界面

4.4.3　网格布局

网格布局在 XML 中使用<GridLayout>元素定义。GridLayout 的继承关系如图 4-46 所示。

java.lang.Object
   ↳　android.view.View
      ↳　android.view.ViewGroup
         ↳　android.widget.GridLayout

图 4-46　GridLayout 的继承关系

如图 4-47 所示，GridLayout 是由多个单元格按照行、列排列成网格的表格，布局中包含的组件可以精确定位到某一行、某一列或者跨行列显示。表格中行编号和列的起始编号都是从 0 开始。

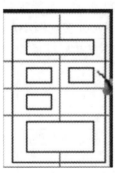

图 4-47　GridLayout 中组件定位示意图

1. GridLayout 的常用属性

GridLayout 布局的常用属性如表 4-23 所示。

表 4-23　GridLayout 的常用属性

XML 属 性	对 应 方 法	功 能 说 明
android: orientation	setOrientation(orientation: Int)	设置组件自动添加的方向是水平还是垂直
android: columnCount	setColumnCount(columnCount) getColumnCount( )	设置列的显示个数 获得列数
android: rowCount	setRowCount(columnCount) getRowCount( )	设置行的显示个数 获得行数

GridLayout 必须定义高度、宽度和列数属性。当 GridLayout 的 android:orientation="horizontal"、android:columnCount="number"时，表示该 GridLayout 是水平设置，子组件会按照水平方向自动依次向后添加，当某一行中子组件的数量达到 android: columnCount 的值时，子组件会自动被定位到下一行的第一列。Android 可以自行推断行数，android: rowCount 不是必须定义的属性。

2. GridLayout 中子组件的常用属性

GridLayout 中包含的子组件可以使用表 4-24 所示的属性设置该子组件在网格中所在的行列位置和跨行、跨列显示的属性，以及组件在网格中对齐显示方式。

表 4-24　GridLayout 中子组件的常用属性

XML 属 性	功 能 说 明
android:layout_column	设置该子组件所在的列
android:layout_columnSpan	设置该子组件横跨的列数
android:layout_columnWeight	设置横向剩余空间分配的列权重
android:layout_row	设置该子组件所在的行
android:layout_rowSpan	设置该子组件横跨的行数
android:layout_rowWeight	设置纵向剩余空间分配的行权重
android:layout_gravity	设置在子组件网格中显示的位置

表 4-24 中的前 3 行的 XML 属性，设置子组件所在列的位置和所占空间的大小，接着的 3 个属性设置了子组件在 GridLayout 中所在行的位置和所占空间大小。如某个子组件设置了该组件所在的行号或列号，则在其后定义的子组件会继续在网格中依次排列。对于属性 android:orientation="horizontal"的 GridLayout，如果使用 android:layout_columnWeight 属性设置列宽，那么必须保证所有行对列等宽，否则会造成行界面混乱，实际中只在某一行中设置该属性。同样地，对于属性 android:orientation="Vertical"的 GridLayout，若设置了 android:layout_rowWeight 属性，则必须保证所有的行宽相同。

如图 4-48 所示的布局如何用 GridLayout 实现呢？可以看出，图 4-48 中一共有 3 行。第 1 行是 3 个文本框组件；第 2 行只有一个文本框"文本 4"，该组件横跨了 3 行，且占用了屏幕的最大控件；最后 1 行的按钮独占一行，且居中显示。

图 4-48　网格布局举例

通过上面的分析可知：

(1) GridLayout 是一个水平方向排列的 3 列布局，因此布局定义如下：

```
1.    <?xml version="1.0" encoding="utf-8"?>
2.    <GridLayout xmlns:android="http://schemas.android.com/apk/res/android"
3.        android:layout_width="match_parent"
4.        android:layout_height="match_parent"
5.        android:orientation="horizontal"
6.        android:columnCount="3">
7.        ……
8.    </GridLayout>
```

(2) 第 1 行是 3 个文本框组件，且这 3 个组件均匀分布在一行中，可通过 android:layout_columnWeight 设置，具体代码如下：

```
1.    <TextView
2.        android:layout_width="0dp"
3.        android:layout_height="wrap_content"
4.        android:layout_columnWeight="1"
5.        android:text="文本 1"/>
6.    <TextView
7.        android:layout_width="0dp"
8.        android:layout_height="wrap_content"
9.        android:layout_columnWeight="1"
10.       android:text="文本 2"/>
11.   <TextView
12.       android:layout_width="0dp"
13.       android:layout_height="wrap_content"
14.       android:layout_columnWeight="1"
15.       android:text="文本 3"/>
```

（3）第 2 行是横跨 3 列居中显示灰色背景的文本框。该文本框横跨 3 列是通过 android:layout_columnSpan="3"实现，占据屏幕空间最大的行宽需要设置 android:layout_rowWeight 属性，其代码如下：

```
1.    <TextView
2.        android:layout_width="match_parent"
3.        android:layout_height="wrap_content"
4.        android:text="文本 4"
5.        android:background="#D0D0D0"
6.        android:layout_columnSpan="3"
7.        android:layout_rowWeight="1"
8.        android:gravity="center"/>
```

（4）第 3 行是居中显示的命令按钮。该按钮也可以采用横跨 3 列的设置，然后通过 android:layout_gravity="center"将其居中显示。

```
9.    <Button
10.       android:layout_width="wrap_content"
11.       android:layout_height="wrap_content"
12.       android:layout_columnSpan="3"
13.       android:layout_gravity="center"
14.       android:text="Button"/>
```

运行结果如图 4-49 所示。

图 4-49　GridLayout 应用举例

【例 4-9】　使用 GridLayout 实现图 4-41 所示的布局。

采用 GridLayout 编写的 XML 代码如下所示，运行的界面如图 4-50 所示。请读者自行分析设计过程。

```
1.    <?xml version="1.0" encoding="utf-8"?>
2.    <GridLayout xmlns:android="http://schemas.android.com/apk/res/android"
3.        android:layout_width="match_parent"
4.        android:layout_height="match_parent"
5.        android:orientation="horizontal"
6.        android:columnCount="2">
7.        <TextView
8.            android:layout_width="0dp"
9.            android:layout_height="wrap_content"
10.           android:layout_columnWeight="0.5"
11.           android:text="收件人："/>
12.       <EditText
13.           android:layout_width="0dp"
14.           android:layout_height="wrap_content"
15.           android:layout_columnWeight="2"
16.           android:hint="请输入收件人地址"/>
17.       <TextView
18.           android:layout_width="0dp"
19.           android:layout_height="wrap_content"
20.           android:layout_columnWeight="0.5"
21.           android:text="主题："/>
22.       <EditText
23.           android:layout_width="0dp"
24.           android:layout_height="wrap_content"
25.           android:layout_columnWeight="2"
26.           android:hint="输入主题"/>
27.       <EditText
28.           android:layout_width="match_parent"
29.           android:layout_height="wrap_content"
30.           android:layout_columnSpan="2"
31.           android:layout_rowWeight="1"
32.           android:hint="请输入信息"
33.           android:gravity="start"/>
34.       <!--第 3 行的居中显示的命令按钮-->
35.       <Button

36.           android:layout_width="wrap_content"
37.           android:layout_height="wrap_content"
38.           android:layout_columnSpan="2"
```

39. 　　　　　　android:layout_gravity="center"
40. 　　　　　　android:text="确定"/>
41. </GridLayout>

图 4-50　例 4-9 运行效果图

网格布局设计时需要注意以下两个问题：

(1) 在 GridLayout 中定义组件的对齐方式 android:orientation。若为水平方向，则用 android: columnCount 设置列数，否则用 android: rowCount 设置行数。

(2) 设置子组件所在的行或列。若不设置，则默认每个组件占 1 行 1 列且依次排列。

4.4.4　约束布局

约束布局在 XML 中使用<ConstraintLayout>元素定义。ConstraintLayout 是在 Android Studio 2.2 中才增加的新布局，需要在 Android Studio 中选择→"Project Structure"→ "Dependencies"，在如图 4-51 所示的界面中查看是否包含 ConstrainLayout 的依赖库。

ConstraintLayout 这种布局非常适合在 Android Studio 中用可视化的方式来设计界面，但约束关系比较复杂，因此并不适合使用 XML 的方式来编写。到目前为止的新版 Android Studio(4.0.1)中，ConstraintLayout 也是官方默认的新建布局类型。使用前面的布局编写界面，复杂的布局往往会伴随着多层布局的嵌套，程序的性能也就越差。ConstraintLayout

使用约束的方式来指定各个控件的位置和关系，有效地解决了布局嵌套过多的问题，类似于 RelativeLayout，但功能比 RelativeLayout 更强大。

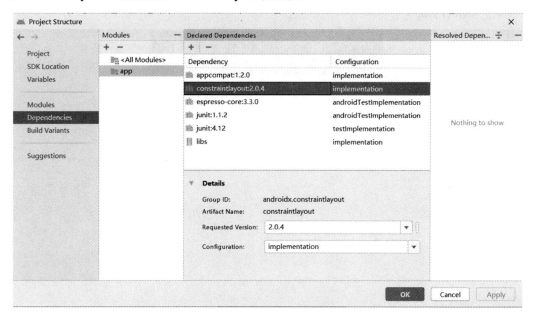

图 4-51　ConstraintLayout 的依赖库

在 Android Studio 的设计区单击右上角的"Design"标签页可以切换如图 4-52 所示的可视化设计界面。图中的区域被划分成 4 个部分，左边的两个分别是"工具区"和"布局中的组件"窗口，右边是"属性区"窗口，中间最大的区域是"设计界面"，包括设计图和蓝图。在这个图形化的设计界面，可以从最左上角的工具区中将组件直接拖动到设计界面，完成组件的定位和属性设置，通常使用蓝图以可视化的方式建立布局。

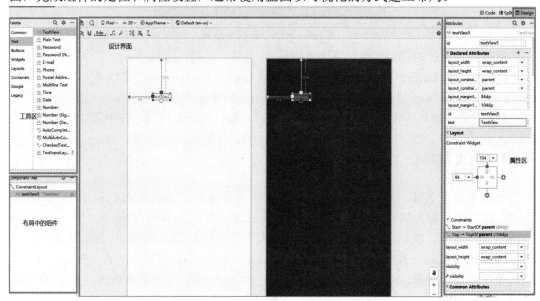

图 4-52　Android Studio 的"Design"标签页

所谓的约束，实际上是一种关联，通过这种关联告诉布局组件应放置的位置。

Constraint Layout 中组件建立这种关联的方法有很多，但是每个组件的定位必须满足至少有一个约束。

在建立约束之前，单击组件将其选中，然后在选中的组件的周围绘制一个如图 4-53 所示的外框。组件四个角上的方形手柄可以拖拽调整组件的大小，四个边上的圆形手柄可以与其他组件的圆形手柄建立约束关系。

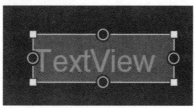

图 4-53　选中组件示意图

1. 通过约束关系确定组件的位置

没有进行约束的组件，程序运行后会显示在屏幕的左上角。ConstraintLayout 中组件可以通过父容器约束、兄弟组件约束和辅助线约束来进行定位。

1) 建立水平约束

图 4-54 中单击 Button 组件左边的圆形手柄，把它拖到蓝图的左边框，按钮会自动滑到蓝图左边，然后再选中按钮向右拖动，Button 组件会与蓝图的左边框保留一定距离，距离值显示在如图 4-54(a)中，表示 Button 组件与父窗口建立了水平约束关系。对应地，在属性窗口的 Layout 子窗口，被选中的组件如图 4-54(b)所示，图中视图上下左右 4 个边旁边的数字表示的是组件与约束之间的距离值。可以看出：左边显示的是 24，表示左边框距离其约束关系(父布局左边框)的距离是 24；其余 3 个边显示的 ⇔ ，表示还没有建立约束关系。

上述在蓝图中的可视化操作，Android Studio 会自动反映到 XML 代码中，上述操作为 Button 组件建立的水平约束关系 XML 代码是：

1.　　android:layout_marginStart="24dp"
2.　　app:layout_constraintStart_toStartOf="parent"

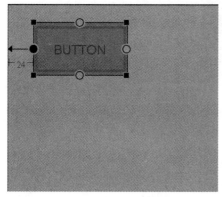

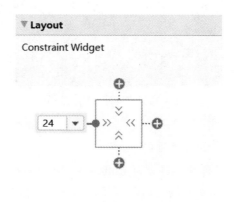

　　　(a) Button 组件距离值显示　　　　　　(b) 组件与约束之间的距离值

图 4-54　Button 组件建立水平约束

组件的水平约束除了可以与父布局建立，也可以与其他组件建立。如图 4-55(a)和(c)所示，TextView 组件在水平方向分别与 Button 右边框和布局右边框建立约束关系，在 TextView 组件左右两边各出现一个弹簧线。图 4-55(a)中 TextView 组件左右两边约束的距离相同，图 4-55(c)中 TextView 组件与左边的 Buttton 组件距离较近。相应属性窗口的 Layout 子窗口显示视图如图 4-55(b)、(d)所示，两个视图建立了水平约束，视图四周的显示相同，但在视图下方出现了滑块，滑块的所在位置是一个百分比，表示 TextView 距离左右约束的比例。在图 4-55(b)中滑块居中，显示的数字是"50"，在图 4-55(d)中可以拖动组件或属性栏中的视图滑块调整组件所在的位置，滑块靠左可以调整组件偏离位置 bias，属性视图显示的数字是"16"。拖动滑块可以改变 TextView 组件水平约束中左右约束关系的距离比例。

图 4-55(c)所示 TextView 组件建立水平约束关系的 XML 代码为：

1.　　app:layout_constraintEnd_toEndOf="parent"

2.　　app:layout_constraintHorizontal_bias="0.161"

3.　　app:layout_constraintStart_toEndOf="@+id/button3"

4.　　tools:layout_editor_absoluteY="89dp"

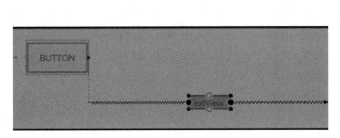
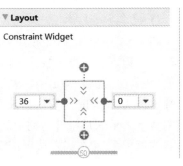

(a) Buttton 右边框建立约束关系　　　　　　(b) 相应属性窗口显示视图

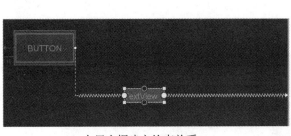
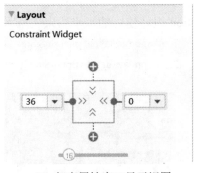

(c) 布局右框建立约束关系　　　　　　(d) 相应属性窗口显示视图

图 4-55　TextView 组件建立水平约束

2) 建立垂直约束

同样地，可以为 Button 和 TextView 建立垂直约束关系，如图 4-56 所示。图 4-56(a)中为 Button 的上边框与父布局建立垂直约束，TextView 组件的上边框与 Button 组件的下边框建立约束，图 4-56(b)中显示的是 TextView 组件的约束距离。

图 4-56(a)所示 TextView 组件建立垂直约束关系的 XML 代码为：

1. 　android:layout_marginTop="40dp"
2. 　app:layout_constraintEnd_toEndOf="parent"
3. 　app:layout_constraintHorizontal_bias="0.506"
4. 　app:layout_constraintStart_toEndOf="@+id/button3"
5. 　app:layout_constraintTop_toBottomOf="@+id/button3"

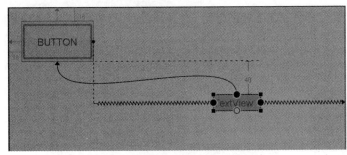 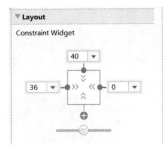

(a) 建立垂直约束关系　　　　　　(b) TextView 组件的约束距离

图 4-56　为组件建立垂直约束关系

3) 组件对齐

可以设置组件与其他组件边框的对齐关系，图 4-57(a)中 TextView 组件的水平约束是与 Button 组件的右边框对齐，TextView 组件的垂直约束与 Button 组件的下边框距离为"36"。这两个约束对应的 XML 约束代码为：

1. 　app:layout_constraintEnd_toEndOf="@+id/button"
2. 　app:layout_constraintTop_toBottomOf="@+id/button"
3. 　android:layout_marginTop="36dp"

图 4-57(b)中 TextView 组件的垂直约束与 Button 组件的上边框对齐，水平约束与 Button 组件的右边框距离为"48"，这两个约束对应的 XML 约束代码为：

1. 　app:layout_constraintStart_toEndOf="@+id/button"
2. 　app:layout_constraintTop_toTopOf="@+id/button"
3. 　android:layout_marginStart="48dp"

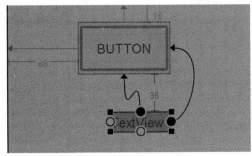 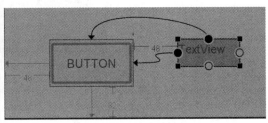

(a) TextView 组件水平约束距离　　　　　(b) TextView 组件垂直约束距离

图 4-57　TextView 组件与其他组件对齐约束示意图

4) 在布局中对齐

在用户界面中，为了界面的整洁和美观，常常需要组件可以相对于父布局居中，相对于其他组件居中和在一个小范围内对称等。图 4-58 所示的是几种常用的组件在约束布局中的定位方法。

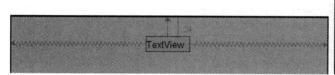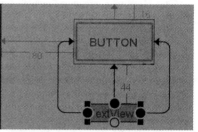

(a) 相对于父布局水平居中　　　　　　　　(b) 相对于兄弟组件两边居中

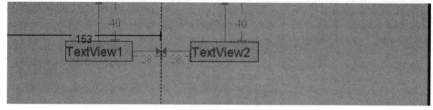

(c) 相对于辅助线对称

图 4-58　TextView 组件水平居中

　　图 4-58(a)中显示的 TextView 组件相对于父布局水平居中。图 4-58(b)中显示的是 TextView 组件相对于 Button 组件的两个边框定位，这个定位可以通过 bias 设置两边的偏移量，当 bias=0.5 时可以实现中心线对齐。图 4-58(c)中显示的是两个 TextView 组件相对于垂直辅助线(Vertical Guideline)建立水平约束，当这两个组件相对于同一个垂直辅助线约束距离相同时，实现对称设置。在蓝图设计时可以在图 4-59 所示的工具栏中单击" 工 "工具，选择需要添加的辅助线类型，这些类型的辅助线可以方便组件的定位和操作，感兴趣的读者可以查阅官方文档，这里不作介绍。

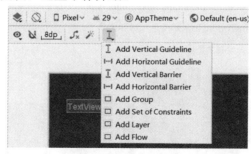

图 4-59　添加辅助线

Android Studio 为图 4-58(c)自动生成的 XML 代码片段如下：

```
1.    <androidx.constraintlayout.widget.Guideline
2.        android:id="@+id/Guideline2"
3.        android:layout_width="wrap_content"
4.        android:layout_height="wrap_content"
5.        android:orientation="vertical"
6.        app:layout_constraintGuide_begin="153dp" />
```

7.　　<TextView

8.　　　　android:id="@+id/TextView1"

9.　　　　android:layout_width="wrap_content"

10.　　　android:layout_height="wrap_content"

11.　　　android:layout_marginTop="40dp"

12.　　　android:layout_marginEnd="28dp"

13.　　　android:text="TextView1"

14.　　　app:layout_constraintEnd_toStartOf="@+id/Guideline2"

15.　　　app:layout_constraintTop_toTopOf="parent" />

16.　　<TextView

17.　　　android:id="@+id/TextView2"

18.　　　android:layout_width="wrap_content"

19.　　　android:layout_height="wrap_content"

20.　　　android:layout_marginStart="28dp"

21.　　　android:layout_marginTop="40dp"

22.　　　android:text="TextView2"

23.　　　app:layout_constraintStart_toStartOf="@+id/Guideline2"

24.　　　app:layout_constraintTop_toTopOf="parent" />

以上的代码片段中，第 9 行～14 行是 GuideLine 组件的定义，第 19 行～21 行是图 4-58(c)
中左边 TextView1 组件的水平和垂直约束设置，第 22 行～24 行是右边所示 TextView2 的
约束设置。

2. 改变组件的大小

在使用 ConstraintLayout 时，指定组件的大小有以下 4 种方式：

(1) 固定的宽度和高度：使用 layout_width 和 layout_height 属性设置组件的宽度和高度。

(2) 宽度或高度根据内容自动调整：将使用 layout_width 和 layout_height 属性设置为
wrap_content。

(3) 与约束匹配：组件的宽度或高度与建立的约束一致。如图 4-60 所示，图中 TextView1
组件宽度与 Button 组件的宽度一致，是通过将两个垂直边分别与 Button 的两个垂直边建立水
平约束关系，建立约束关系需要设置 TextView1 的 android:layout_width="0dp"。同样地，图
中 TextView2 组件高度与 Button 组件的高度一致，通过该组件的两个垂直约束建立。

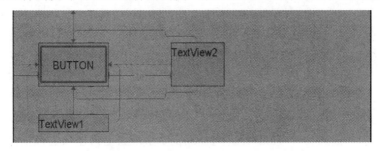

图 4-60　组件的宽度和高度与约束一致

(4) 指定组件的宽高比：在 ConstraintLayout 布局中还可以为组件的宽度和高度指定一个宽高比。这个宽高比的设置需要将组件的 layout_width 和 layout_height 属性设置为 0 dp，如图 4-61(a)。如图 4-61(b)中，在属性 Layout 子窗口视图的左上角出现一个有阴影的三角，这个三角周围会显示一个宽高比的数值，图中显示是的 5:1，这个比例值可以在右下角中进行修改。

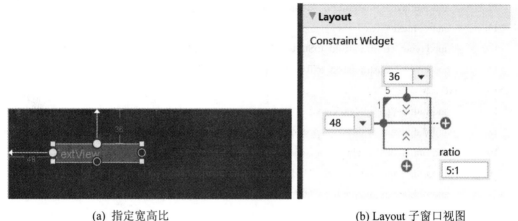

(a) 指定宽高比　　　　　　　　　　　　(b) Layout 子窗口视图

图 4-61　设置组件的宽高比

3. 成组组件的定位和大小

在用户界面设计过程中，有时需要对成组的组件进行对齐、分布和宽高调整的操作，Android Studio 2.2 以上的版本为 ConstraintLayout 布局提供了非常方便的可视化设计，用户可以采用拖拉的方式完成组件的放置并设置约束关系，Android 系统会自动计算组件的各种属性数据，并生成对应的 XML 代码。图 4-62 中用 3 个 Button 组件的约束关系说明约束布局使用的灵活性。

首先将 3 个 Button 组件从工具栏拖入蓝图中，然后在蓝图中同时选中 3 个 Button 组件，这时会在蓝图窗口顶部的工具栏出现 (align)对齐设置快捷工具，可以选择多个组件的对齐关系。图 4-62(a)是选择 TopEdges(顶部对齐)后约束关系的示意图，右边的两个 Button 都与最左边的组件顶部对齐。

同时选中图 4-62(a)的 3 个组件，单击鼠标右键选中"Chains"→"Create Horizontal Chain"菜单，用"链条"将 3 个组件关联在一起，并将 3 个组件在水平方向均匀分布，如图 4-62(b)所示。

图 4-62(b)显示的是实际上关联链的"spread"模式，关联链有"spread""spread inside""pack" 3 种模式，可以选中关联链中的任何一个组件单击鼠标右键选择"Chains"→"Horizontal Chains Style"设置关联链的模式。图 4-62(b)所示"spread"模式是在左右两端的组件留出一定的空间，这个组件是用弹簧显示，表示这个距离是可以编辑的。图 4-62(c)是"spread inside"风格的示意图。

"pack"风格是将链中的视图紧密排放(可以提供边距让其分开)。图 4-62(d)显示的是将 3 个 Button 组件的 layout_width 设置为 0 dp 后，关联链呈现出来的效果，这时 3 个组件均分屏幕水平宽度。

(a) 使 3 个 Button 组件部对齐

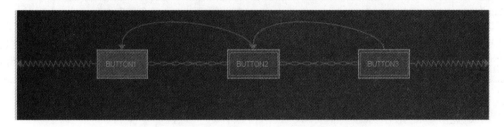

(b) 建立 Horizontal Chain 关联链的示意图

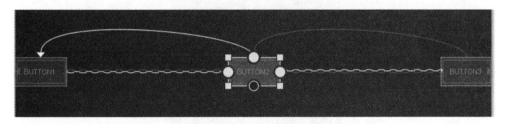

(c) 将 Horizontal Chain 的风格设置为 spread inside

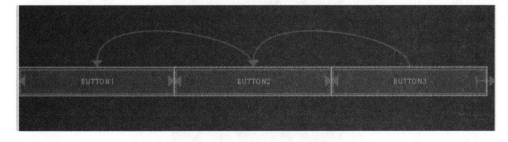

(d) 3 个 Button 组件均分屏幕水平宽度

图 4-62　根据屏幕大小自动分配调节宽度

4. 推导约束

ConstraintLayout 约束布局还可以根据用户把组件放置在蓝图上的位置，对没有建立约束关系的组件自动推导其约束关系。在蓝图窗口顶部的工具栏中单击 ✏ 快捷工具，可实现组件约束关系的自动推导。需要说明的是，自动推导约束关系并不一定能够满足设计需求。因此，设计时可以对推导约束后的关系再进行相应修改。

【例 4-10】　使用 ConstraintLayout 实现图 4-41 所示的布局。

在 Android Studio 的 design 标签页下的设计蓝图控件及其约束关系如图 4-63 所示。在蓝图设计中，各组件的基本约束关系如表 4-25 所示。

表 4-25　使用 ConstraintLayout 实现图 4-41 界面的控件及其约束关系

组件类型	组件 id	Text 属性	水平约束	垂直约束	关 联 链
TextView	textView1	收件人	父布局左边框	与 eT_EmailAddr 上下边框同高	建立水平约束链
EditText	eT_EmailAddr		父布局顶部边框	父布局右边框	
TextView	textView2	主题	父布局左边框	与 eT_Subject 顶部对齐	建立水平约束链
EditText	eT_Subject	—	eT_Subject 左边框	父布局右边框	
EditText	eT_Message	—	父布局左右边框	eT_Subject 下边框和 bT_Send 上边框	建立垂直约束链
Button	bT_Send	发送	父布局左右边框	eT_Message 下边框	

从表 4-25 可以看出，蓝图中使用了 3 个约束链布局组件，这样的设计可以保证不论在横屏还是竖屏都能充分利用屏幕空间，且保持设计的一致性。

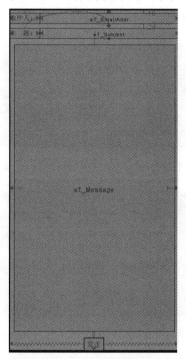

图 4-63　例 4-10 的设计蓝图

例 4-10 完整的 XML 代码如下：

1.　　`<?xml version="1.0" encoding="utf-8"?>`
2.　　`<androidx.constraintlayout.widget.ConstraintLayout xmlns:android="http://schemas.android.com/apk/res/android"`
3.　　　　`xmlns:app="http://schemas.android.com/apk/res-auto"`
4.　　　　`xmlns:tools="http://schemas.android.com/tools"`
5.　　　　`android:layout_width="match_parent"`
6.　　　　`android:layout_height="match_parent"`

```
7.          tools:context=".MainActivity">
8.
9.     <TextView
10.            android:id="@+id/textView1"
11.            android:layout_width="wrap_content"
12.            android:layout_height="54dp"
13.            android:text="收件人： "
14.            android:textSize="36sp"
15.            app:layout_constraintEnd_toStartOf="@+id/eT_EmailAddr"
16.            app:layout_constraintHorizontal_bias="0.5"
17.            app:layout_constraintHorizontal_chainStyle="spread"
18.            app:layout_constraintStart_toStartOf="parent"
19.            app:layout_constraintTop_toTopOf="@+id/eT_EmailAddr" />
20.    <EditText
21.            android:id="@+id/eT_EmailAddr"
22.            android:layout_width="0dp"
23.            android:layout_height="54dp"
24.            android:layout_marginTop="16dp"
25.            android:ems="10"
26.            android:hint="请输入收件人地址"
27.            android:inputType="textEmailAddress"
28.            android:textSize="30sp"
29.            app:layout_constraintEnd_toEndOf="parent"
30.            app:layout_constraintHorizontal_bias="0.5"
31.            app:layout_constraintStart_toEndOf="@+id/textView1"
32.            app:layout_constraintTop_toTopOf="parent" />
33.    <TextView
34.            android:id="@+id/textView2"
35.            android:layout_width="wrap_content"
36.            android:layout_height="54dp"
37.            android:text="主　题： "
38.            android:textSize="36sp"
39.            app:layout_constraintEnd_toStartOf="@+id/eT_Subject"
40.            app:layout_constraintHorizontal_bias="0.5"
41.            app:layout_constraintStart_toStartOf="parent"
42.            app:layout_constraintTop_toTopOf="@+id/eT_Subject" />
43.    <EditText
44.            android:id="@+id/eT_Subject"
45.            android:layout_width="0dp"
46.            android:layout_height="54dp"
```

```
47.              android:layout_marginTop="24dp"
48.              android:ems="10"
49.              android:hint="请输入主题"
50.              android:inputType="text"
51.              android:textSize="30sp"
52.              app:layout_constraintEnd_toEndOf="parent"
53.              app:layout_constraintHorizontal_bias="0.5"
54.              app:layout_constraintStart_toEndOf="@+id/textView2"
55.              app:layout_constraintTop_toBottomOf="@+id/eT_EmailAddr" />
56.     <Button
57.              android:id="@+id/bT_Send"
58.              android:layout_width="wrap_content"
59.              android:layout_height="wrap_content"
60.              android:layout_marginTop="32dp"
61.              android:text="发送"
62.              android:textSize="36sp"
63.              app:layout_constraintBottom_toBottomOf="parent"
64.              app:layout_constraintEnd_toEndOf="parent"
65.              app:layout_constraintStart_toStartOf="parent"
66.              app:layout_constraintTop_toBottomOf="@+id/eT_Message" />
67.
68.     <EditText
69.              android:id="@+id/eT_Message"
70.              android:layout_width="match_parent"
71.              android:layout_height="0dp"
72.              android:layout_marginStart="20dp"
73.              android:layout_marginTop="32dp"
74.              android:layout_marginEnd="20dp"
75.              android:ems="10"
76.              android:gravity="start"
77.              android:hint="请输入信息"
78.              android:inputType="textMultiLine"
79.              android:text="Name"
80.              android:textAlignment="viewStart"
81.              android:textSize="36sp"
82.              app:layout_constraintBottom_toTopOf="@+id/bT_Send"
83.              app:layout_constraintEnd_toEndOf="parent"
84.              app:layout_constraintStart_toStartOf="parent"
85.              app:layout_constraintTop_toBottomOf="@+id/eT_Subject" />
86.     </androidx.constraintlayout.widget.ConstraintLayout>
```

4.4.5　框架布局

框架布局在 XML 中使用<FrameLayout>元素定义，是布局中最简单的布局方式。这种布局可以实现多个视图的重叠显示，假如希望一个图片上增加文字或者图片重叠放置，就可以采用框架布局。在框架布局中，增加的第一个视图会显示在最下面，然后视图会依次叠放在上面。

在框架布局中，其内部的视图会从框架布局的左上角开始绘制，并按照顺序依次重叠显示。

【例 4-11】　应用框架布局，实现在一个图片上叠加文字，以及利用图片叠加实现隧道效果视图。

下面给出 MainActivity.xml 代码。

```
1.    <?xml version="1.0" encoding="utf-8"?>
2.    <LinearLayout xmlns:android="http://schemas.android.com/apk/res/android"
3.        xmlns:app="http://schemas.android.com/apk/res-auto"
4.        xmlns:tools="http://schemas.android.com/tools"
5.        android:layout_width="match_parent"
6.        android:layout_height="wrap_content"
7.        android:orientation="vertical"
8.        tools:context=".MainActivity">
9.            <!--图片增加说明文字-->
10.            <FrameLayout
11.                android:layout_width="match_parent"
12.                android:layout_height="wrap_content">
13.            <ImageView
14.                android:layout_width="match_parent"
15.                android:layout_height="300dp"
16.                android:scaleType="fitXY"
17.                android:src="@drawable/school" />
18.            <LinearLayout
19.                android:layout_width="wrap_content"
20.                android:layout_height="wrap_content"
21.                android:orientation="vertical"
22.                android:layout_gravity="top|right">
23.                <TextView
24.                    android:layout_width="wrap_content"
25.                    android:layout_height="wrap_content"
26.                    android:textSize="20dp"
27.                    android:text="美丽的"
```

```
28.                              />
29.                         <TextView
30.                             android:layout_width="wrap_content"
31.                             android:layout_height="wrap_content"
32.                             android:textSize="20dp"
33.                             android:text="校园"
34.                             />
35.                     </LinearLayout>
36.                 </FrameLayout>
37.  <!--图片叠加的隧道效果-->
38.  <FrameLayout
39.         android:layout_width="match_parent"
40.         android:layout_height="wrap_content">
41.         <TextView
42.             android:layout_width="400dp"
43.             android:layout_height="400dp"
44.             android:layout_gravity="center"
45.             android:background="#ff0000" />
46.         <TextView
47.             android:layout_width="300dp"
48.             android:layout_height="307dp"
49.             android:layout_gravity="center"
50.             android:background="#00ff00" />
51.         <TextView
52.             android:layout_width="200dp"
53.             android:layout_height="200dp"
54.             android:layout_gravity="center"
55.             android:background="#0000ff" />
56.         <TextView
57.             android:layout_width="100dp"
58.             android:layout_height="100dp"
59.             android:layout_gravity="center"
60.             android:background="#00ffff" />
61.         </FrameLayout>
62.  </LinearLayout>
```

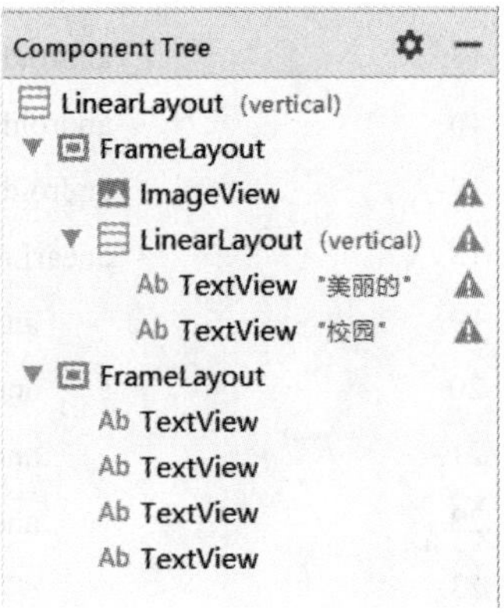

图 4-64　例 4-11 的布局及其组件构成

代码分析：

(1) 布局的组件构成如图 4-64 所示，垂直 LinearLayout 作为 Root 布局，Root 布局中包含两个框架布局，将屏幕分为上下两部分。

　　(2) 位于上半部分的框架布局，是由一个 ImageView 和一个垂直 LinearLayout 布局构成的。ImageView 的第 17 行代码"android:src="@drawable/school""是加载资源中的一个校园风景图片，并将其进行 fitXY 模式压缩后显示。LinearLayout 垂直布局的第 22 行"android:layout_gravity="top|right">"使该布局定位在 FrameLayout 的右上角，该布局包含两个 TextView 文本框，分两行显示文字"美丽的校园"。由于框架布局是按照视图出现的顺序显示视图，这样就实现在图片右上角叠加文字的效果。

　　(3) 位于下半部分的框架布局，包含 4 个 TextView。第 42～45 行定义了第 1 个 TextView 的属性：

```
<TextView
    android:layout_width="400dp"
    android:layout_height="400dp"
    android:layout_gravity="center"
    android:background="#ff0000"
/>
```

　　定义控件的长宽均为 400 dp，在父布局 FrameLayout 中居中显示，其背景色设置为红色。其余的 3 个 TextView 的长宽依次变小，且设置了不同的背景色。这些 TextView 的父布局都是框架布局，因此这些 TextView 会按照在 FrameLayout 中定义的顺序依次叠加显示，出现最大的红色框在最下边，最小的浅蓝色框在最上边的类似隧道的显示效果。

　　布局代码对应的显示效果如图 4-65 所示。

图 4-65　例 4-11 的显示效果图

4.5　事　件　处　理

合理选择和使用各种布局和组件可以搭建一个精美的用户界面，用户可以执行界面上提供的各种操作，同时应用程序必须能够为用户的操作提供对应的响应动作，这样就实现了用户和应用程序之间的交互。例如，在用户界面中，用户单击"按钮 1"，应用程序执行的动作完全由这个按钮后台的程序决定，为用户动作提供响应的机制就是事件处理。实际上，在 4.2 节中对各种组件常用事件的响应已作过介绍。

Android 提供了两种事件处理机制：一是基于监听的事件处理；二是基于回调的事件处理。

基于监听的事件处理的主要做法就是为组件指定事件监听器，并编写相应的事件处理函数，这种方法比较常用。基于回调的事件处理的主要做法是重写 Android 控件或 Activity 的回调方法，这种方法适用于处理通用型的事件。

4.5.1　基于监听的事件处理

基于监听的事件处理模型是由事件源、事件、事件监听器 3 类对象组成的。

事件源(EventSource)是用户界面中可以接收事件的任何组件，例如窗口、菜单、按钮等。

事件(Event)代表了组件的状态和可执行的操作，例如用户通过鼠标对特定组件进行单击、双击或者敲击键盘等。

事件监听器(EventListener)是程序中的各种 xxxListener，负责监听事件源产生的事件，并对各种事件作出响应。

事件监听机制是一种委托式的事件处理机制，这种机制处理事件的思路是：一个事件源(Source)产生一个事件(Event)并将它送给一个或多个监听器 Listener，由监听器对象的方法响应事件。例如，当用户按下一个按钮、单击菜单或按键盘时，这些动作就会激发一个相应的事件，该事件就会触发事件源预先注册的事件监听器，由事件监听器调用对应的方法来处理这个事件。

当事件源接收到事件发生时，系统会产生与该事件相关的信息，并将其封装在一个称为"事件对象"的对象中，然后将该对象传递给监听器对象；事件监听器对象根据接收到的事件对象的信息决定执行具体的事件处理方法。实际上，监听器只监听被"委托"的事件，因此事件源首先要为事件注册事件监听器，监听器对象才会进行事件监听。当事件产生时，产生事件的对象就会主动通知监听器对象，由监听器对象接收事件对象并处理事件。这也是委托机制中"委托关系"的体现。

1. 基于监听的事件处理模型

基于监听的事件处理模型如图 4-66 所示。

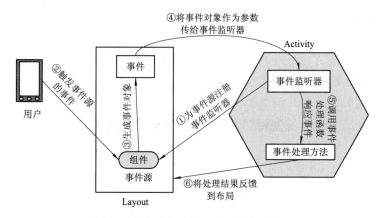

图 4-66　基于监听的事件处理模型图

从图 4-66 可以看出，完整的处理过程包含 6 个步骤：

(1) 为某个事件源(组件)注册一个事件监听器，用来监听用户的操作；

(2) 用户在某个事件源(组件)上的动作触发了事件源的监听器；

(3) 生成对应的事件对象；

(4) 将这个事件对象作为参数传给事件监听器；

(5) 事件监听器对事件对象进行判断，执行对应的事件处理方法；

(6) 事件处理方法执行相应操作，并将结果提交到 Layout，呈现给用户。

在 Android 应用程序中，所有的组件都可以针对特定的事件注册一个事件监听器，每个事件监听器可以监听一个或多个事件源，同一个事件源可以发生多个事件。例如，用户单击命令按钮时可能发生单击、获取焦点等事件。事件源上可以发生很多事件，委托事件处理将事件源上所有可能放上的事件分别委托给不同的事件监听器来处理，但并不是所有事件都是应用程序关心的，应用程序只需要对关注的事件注册监听器即可。

这里需要说明的一点是，在 Android 中，如果事件源触发的事件足够简单，事件需要封装的信息很有限，就不必封装事件对象。但是对于键盘事件、触屏事件这些需要获取事件详细信息，如对应按键详细信息、触屏位置等，Android 会将事件封装成 XxxEvent 对象，并把该对象作为参数传给事件监听器。

Android 为用户界面中的不同组件提供了不同的事件监听器，事件监听器必须实现事件监听器接口。Android 中为 View 提供的基于事件监听的常用监听器如表 4-26 所示。

表 4-26　Android 中的事件监听器

事件监听器接口	事　件	触　发　条　件
OnClickListener	单击事件	当用户单击某个组件或者方向键时触发
OnLongClickListener	长按事件	当长时间按下某个组件时触发
OnFocusChangeListener	焦点发生改变	某个组件失去焦点或者获得焦点时触发
OnKeyListener	键盘按键事件	当某个组件获得焦点并有键盘事件时触发
OnTouchListener	触屏事件	当在某个组件的范围内触摸按下、抬起或滑动等动作时触发
OnCreateContextMenuListener	上下文菜单显示事件	当创建上下文菜单时触发

2. 事件监听器的实现

事件监听器的实质就是实现特定接口的实例,在程序中实现事件监听器的方法有 4 种形式,包括内部类形式、直接绑定标签、Activity 本身作为事件监听类和外部类形式。

【例 4-12】 实现如图 4-67 整数求和运算的程序,当用户在文本框中按下回车键或单击"计算"按钮时,计算并输出求和的结果。

图 4-67   例 4-12 UI 界面

例 4-12 采用约束布局的代码如下(activity_main.xml)。

```
1.    <?xml version="1.0" encoding="utf-8"?>
2.    <androidx.constraintlayout.widget.ConstraintLayout xmlns:android="http://schemas.android.com/apk/
      res/android"
3.          xmlns:app="http://schemas.android.com/apk/res-auto"
4.          xmlns:tools="http://schemas.android.com/tools"
5.          android:layout_width="match_parent"
6.          android:layout_height="match_parent"
7.          tools:context=".MainActivity">
8.    <TextView
9.          android:id="@+id/textView1"
10.         android:layout_width="54dp"
11.         android:layout_height="24dp"
12.         android:layout_marginStart="72dp"
13.         android:layout_marginTop="128dp"
14.         android:gravity="right"
15.         android:text="数据 1"
16.         app:layout_constraintStart_toStartOf="parent"
17.         app:layout_constraintTop_toTopOf="parent" />
18.   <EditText
19.         android:id="@+id/eT_Data1"
20.         android:layout_width="79dp"
```

21.　　　　　　android:layout_height="43dp"

22.　　　　　　android:layout_marginStart="20dp"

23.　　　　　　android:ems="10"

24.　　　　　　android:inputType="number"

25.　　　　　　app:layout_constraintBottom_toBottomOf="@+id/textView1"

26.　　　　　　app:layout_constraintStart_toEndOf="@+id/textView1" />

27.　<TextView

28.　　　　　　android:id="@+id/textView2"

29.　　　　　　android:layout_width="54dp"

30.　　　　　　android:layout_height="24dp"

31.　　　　　　android:layout_marginTop="40dp"

32.　　　　　　android:gravity="right"

33.　　　　　　android:text="数据 2"

34.　　　　　　app:layout_constraintStart_toStartOf="@+id/textView1"

35.　　　　　　app:layout_constraintTop_toBottomOf="@+id/textView1" />

36.　<EditText

37.　　　　　　android:id="@+id/eT_Data2"

38.　　　　　　android:layout_width="79dp"

39.　　　　　　android:layout_height="43dp"

40.　　　　　　android:ems="10"

41.　　　　　　android:inputType="number"

42.　　　　　　app:layout_constraintBottom_toBottomOf="@+id/textView2"

43.　　　　　　app:layout_constraintStart_toStartOf="@+id/eT_Data1" />

44.　<TextView

45.　　　　　　android:id="@+id/textView3"

46.　　　　　　android:layout_width="54dp"

47.　　　　　　android:layout_height="22dp"

48.　　　　　　android:layout_marginTop="40dp"

49.　　　　　　android:gravity="right"

50.　　　　　　android:text="求和"

51.　　　　　　app:layout_constraintStart_toStartOf="@+id/textView1"

52.　　　　　　app:layout_constraintTop_toBottomOf="@+id/textView2" />

53.　<EditText

54.　　　　　　android:id="@+id/eT_Result"

55.　　　　　　android:layout_width="79dp"

56.　　　　　　android:layout_height="43dp"

57.　　　　　　android:ems="10"

58.　　　　　　android:inputType="number"

59.　　　　　　android:enabled="false"

```
60.          app:layout_constraintBottom_toBottomOf="@+id/textView3"
61.          app:layout_constraintStart_toStartOf="@+id/eT_Data1" />
62.   <Button
63.          android:id="@+id/bnt_count"
64.          android:layout_width="wrap_content"
65.          android:layout_height="wrap_content"
66.          android:layout_marginTop="72dp"
67.          android:text="计算"
68.          app:layout_constraintEnd_toEndOf="parent"
69.          app:layout_constraintHorizontal_bias="0.312"
70.          app:layout_constraintStart_toStartOf="parent"
71.          app:layout_constraintTop_toBottomOf="@+id/textView3" />
72.   </androidx.constraintlayout.widget.ConstraintLayout>
```

下面我们分别用 4 种形式实现例 4-12 中的事件监听器。

1) 内部类形式

用内部类实现事件监听器，这种方法最常用。实现内部监听器有两种方法，分别是内部匿名类和内部类。如果一个监听器只使用一次，则可以使用内部匿名类；如果多个组件需要使用同一个监听器，则可以采用内部类。采用内部类最大的好处是可以直接访问类成员。

采用内部类实现的例 4-12 事件监听器的代码如下：

```
1.    package xsyu.jsj.eventdemo;
2.    import androidx.appcompat.app.AppCompatActivity;
3.    import android.os.Bundle;
4.    import android.text.method.KeyListener;
5.    import android.view.KeyEvent;
6.    import android.view.View;
7.    import android.widget.Button;
8.    import android.widget.EditText;
9.    import static android.view.KeyEvent.KEYCODE_ENTER;
10.
11.   public class MainActivity extends AppCompatActivity {
12.       private Button button1;
13.       private EditText data1,data2,result;
14.
15.       @Override
16.       protected void onCreate(Bundle savedInstanceState) {
17.           super.onCreate(savedInstanceState);
18.           setContentView(R.layout.activity_main);
19.           button1=findViewById(R.id.bnt_count);
```

```
20.          data1=(EditText)findViewById(R.id.eT_Data1);
21.          data2=findViewById(R.id.eT_Data2);
22.          result=findViewById(R.id.eT_Result);
23.          data1.setText("0");
24.          data2.setText("0");
25. //为两个数据输入的 EditText 组件注册同一个事件侦听器 keyPressListener
26.          data1.setOnKeyListener(new keyPressListener());
27.          data2.setOnKeyListener(new keyPressListener());
28. //为"求和"按钮 bnt_count 注册 OnClickListener 监听器，并采用内部匿名类实现
29.          button1.setOnClickListener(new View.OnClickListener() {
30.              @Override
31.              public void onClick(View v) {
32.                  int x,y,z;
33.                  x=Integer.valueOf(data1.getText().toString());
34.                  y=Integer.valueOf(data2.getText().toString());
35.                  z=x+y;
36.                  result.setText(String.valueOf(z));
37.                  }
38.          });
39.
40.          }
41. //定义一个 keyPressListener 内部类，并实现 OnKeyListener 接口
42.      private class keyPressListener implements View.OnKeyListener {
43.          @Override
44.
45.          public boolean onKey(View v, int keyCode, KeyEvent event) {
46.              int x, y, z;
47.              if (keyCode == KEYCODE_ENTER) {
48.                  x = Integer.valueOf(data1.getText().toString());
49.                  y = Integer.valueOf(data2.getText().toString());
50.                  z = x + y;
51.                  result.setText(String.valueOf(z));
52.              }
53.              return false;
54.          }
55.      }
56. }
```

代码说明：

代码第 19～38 行中为显示"计算"的 Button 组件(R.id.bnt_count)注册了捕获鼠标单击

事件的 OnClickListener 监听器，并采用匿名内部类实现了该监听器，重载了 onClick(View v)方法，该方法会在用户单击"计算"按钮后，执行 onClick()方法，获取用户在两个文本编辑框输入的数据，进行求和计算后将结果输出到布局中。

　　代码第 26～27 行为屏幕中两个用于输入整数的编辑框 EditText 组件(R.id.eT_Data1 和 R.id.eT_Data2)注册了同一个 OnKeyListener；代码第 42～55 行采用内部类的形式实现了 OnKeyListener 的 onKey()方法。Onkey()方法也是计算并输入结果，所不同的是：代码第 47 行"if (keyCode == KEYCODE_ENTER)"只有用户在单击"回车"键时，才计算结果。

　　OnKeyListener 接口的原型是：

　　　　public static interface View.OnKeyListener

　　这个监听器只有一个方法，其原型为：

　　　　abstract booleanonKey(View v, int keyCode, KeyEvent event)

　　2) 直接绑定标签

　　在布局文件中通过 XML 属性设置绑定事件处理方法。这是一种处理 onClick 事件最简洁的方法，可以方便地为组件绑定 onClick 事件监听器。需要说明的是，只有 onClik 事件采用这种方法。

　　这种方法的步骤是：

　　(1) 在布局文件为监听组件设置属性，形式为：

　　　　android:onClick= xxx(View view)

　　属性值"xxx(View view)"，对应一个方法名。

　　(2) 在布局文件对应的 Activity 中定义 xxx(View view)方法，利用该方法实现事件处理。

　　采用绑定标签方法实现例 4-12 中"计算"按钮(R.id.bnt_count)的单击事件，其过程就是为按钮添加 XML 属性，代码如下：

```
57.    android:onClick="myonClik"
58.    在 Activity 中定义并实现 myonClik(View v)方法
59.    public class MainActivity extends
60.    {
61.    …
62.        public void myonClik(View v) {
63.          int x,y,z;
64.          x=Integer.valueOf(data1.getText( ).toString( ));
65.          y=Integer.valueOf(data2.getText( ).toString( ));
66.        z=x+y;
67.        result.setText(String.valueOf(z));    }
68.    }
```

　　3) Activity 本身作为事件监听器类

　　Activity 本身作为事件监听器类是在 Activity 类定义时声明实现监听器接口，并在该类中实现监听器接口的方法。

　　我们以例 4-12 中两个编辑框(R.id.eT_Data1 和 R.id.eT_Data2)的 OnKeyListener 为例，

说明监听器采用 Activity 作为监听器类实现的步骤如下：

(1) Activity 类定义并实现 OnKeyListener 接口。

```
69.    public class MainActivity extends AppCompatActivity    implements View.OnKeyListener
70.    {
71.        private Button button1;
72.      private EditText data1,data2,result;
73.
74.        @Override
75.      public boolean onKey(View v, int keyCode, KeyEvent event) {
76.       int x, y, z;
77.          if (keyCode == KEYCODE_ENTER) {
78.        x = Integer.valueOf(data1.getText( ).toString( ));
79.        y = Integer.valueOf(data2.getText( ).toString( ));
80.        z = x + y;
81.            result.setText(String.valueOf(z));
82.      }
83.          return false;
84.      }
85.    …
86.
87.    }
```

(2) 用"this"为两个编辑框(R.id.eT_Data1 和 R.id.eT_Data2)对象注册键盘事件监听器，指明使用类自身实现的 View.OnKeyListener 监听器。

```
data1.setOnKeyListener(this);
data2.setOnKeyListener(this);
```

虽然可以采用 Activity 类实现监听器，但是由于 UI 中的每个控件所需的事件监听器种类不同，所以这种方式会导致程序结构混乱。另外，Activity 的主要职责是完成界面初始化的工作，而不是事件处理，因此这种方法并不常用。

4) 外部类形式

将事件监听器类定义成一个外部类。这种方法无法方便访问 Activity 类的成员，需要在构造方法中传入 Activity 对象，不利于程序的内聚性和便捷性。如果某个事件监听器需要被多个界面共享，则可以采用这种方法，例如拨打电话、发送短信或邮件等。这种方法很少使用，这里不作介绍。

4.5.2　基于回调的事件处理

基于回调的事件处理将事件源和事件监听统一起来，即组件自身定义包含了特定事件处理的特定方法。当组件触发某个事件时，组件有自身特定的方法处理该事件。

表 4-27 列出了 Android 中事件的回调方法。

表 4-27　Android 中的基于回调的事件

回 调 方 法	方法触发的事件
boolean onKeyDown(int keyCode,KeyEvent event);	在该组件上按下某个按钮时
boolean onKeyUp(int keyCode,KeyEvent event);	松开组件上的某个按钮时
boolean onKeyLongPress(int keyCode,KeyEvent event);	长按组件上的某个按钮时
boolean onKeyShortcut(int keyCode,KeyEvent event);	键盘快捷键事件发生
boolean onTouchEvent(MotionEvent event);	组件上触发屏幕
boolean onTrackballEvent(MotionEvent event);	组件上触发轨迹球
protected void onFocusChanged(boolean gainFocus, int direction, Rect previously FocusedRect)	组件的焦点发生改变(只适用于 View)

基于回调机制的事件处理时遵循以下步骤：

(1) 触发组件绑定的事件监听器；

(2) 触发组件自身类实现的回调方法；

(3) 传播到该组件所在的 Activity。

表 4-27 所示的回调方法返回值都是 boolean 类型，这些方法的返回值决定了该事件是否会继续传播。例如，(2)中组件本身处理后是否会传播到(3)的 Activity 取决于回调方法的返回值是 true 还是 false，false 会继续传播，true 则停止传播。

下面我们采用回调机制实现例 4-12 的功能要求。

采用回调机制实现事件处理的思路是，重写 Activity 的回调方法 public boolean onKeyUp(int keyCode, KeyEvent event)，在该方法中判断用户是否松开了"回车键"，如果是则会获取用户输入的数据，并将两个数据的求和结果输出。

完整的代码如下：

```
1.    package xsyu.jsj.callbackdemo;
2.
3.    import androidx.annotation.NonNull;
4.    import androidx.appcompat.app.AppCompatActivity;
5.
6.    import android.app.DirectAction;
7.    import android.os.Bundle;
8.    import android.os.CancellationSignal;
9.    import android.view.KeyEvent;
10.   import android.widget.Button;
11.   import android.widget.EditText;
12.
13.   import java.util.List;
14.   import java.util.function.Consumer;
15.
```

```
16.    public class MainActivity extends AppCompatActivity {
17.        private Button button1;
18.        private EditText data1,data2,result;
19.        @Override
20.        protected void onCreate(Bundle savedInstanceState) {
21.            super.onCreate(savedInstanceState);
22.            setContentView(R.layout.activity_main);
23.            button1=findViewById(R.id.bnt_count);
24.            data1=(EditText)findViewById(R.id.eT_Data1);
25.            data2=findViewById(R.id.eT_Data2);
26.            result=findViewById(R.id.eT_Result);
27.            data1.setText("0");
28.            data2.setText("0");
29.        }
30.        @Override
31.    public boolean onKeyUp(int keyCode, KeyEvent event) {
32.            int x, y, z;
33.            switch (keyCode) {
34.                //按下回车键的处理   API29
35.                case 66:
36.                {
37.                    x = Integer.valueOf(data1.getText( ).toString( ));
38.                    y = Integer.valueOf(data2.getText( ).toString( ));
39.                    z = x + y;
40.                    result.setText(String.valueOf(z));
41.                    break;
42.                }
43.            }
44.            return   true;
45.        }
46.    }
```

从上面的代码可以看出，所有的组件并没有设置监听事件，如果用户在界面中按下了"回车键"，则会获取用户输入的数据，并将两个数据的求和结果输出。

4.6　对　话　框

1. 对话框的分类及结构

Android 中提供了 4 种对话框，即 AlertDialog、ProgressDialog、TimePickerDialog

和 DatePickerDialog，这些对话框分别提供提示对话框、进度指示、时间选择和日期选择的功能。

对话框的提示信息可以有多种形式，但是其界面结构按照交互功能可以划分为如图 4-68 所示的 4 个区域，分别是图标区、标题区、内容区和按钮区。以上 4 种类型对话框的差别主要体现在内容区。

图 标 区	标 题 区
内容区	
按钮区	

图 4-68　对话框的基本结构

本节只介绍 AlertDialog 对话框的使用，由于篇幅所限不介绍其他对话框。

2. AlertDialog 对话框

AlertDialog 对话框可看作是 Android 的一种组件，是在程序中用来显示提示信息，AlertDialog 的继承关系如图 4-69 所示。AlertDialog 是 ProgressDialog，TimePickerDialog 和 DatePickerDialog 的父类。

　　　　　java.lang.Object
　　　　　　↳ android.app.Dialog
　　　　　　　　↳ androidx.appcompat.app.AppCompatDialog
　　　　　　　　　　↳ androidx.appcompat.app.AlertDialog

图 4-69　AlertDialog 的继承关系

与 TextView 和 Button 这些组件不同，AlertDialog 不需要在布局文件中创建，而是在代码中通过构造器 AlertDialog.Builder 来构造图标、标题和按钮等内容。

1) AlertDialog 对话框的创建步骤

(1) 创建构造器 AlertDialog.Builder 的对象。

(2) 设置图标，通过调用 AlertDialog.Builder 对象的 setIcon()方法。

(3) 设置标题，通过调用 AlertDialog.Builder 对象的方法。

(4) 设置内容，通过调用 AlertDialog.Builder 对象的相关方法。内容设置的多样性使得对话框能够呈现出灵活的信息输出形式，AlertDialog 提供了以下 6 种方法来指定对话框的内容。

① 设置对话框内容为简单文本信息 setMessage (CharSequence message)。

② 设置对话框内容为简单列表信息 setItems (CharSequence[] items, DialogInterface. OnClickListener listener)。

③ 设置对话框内容为单选列表项 setSingleChoiceItems (CharSequence[] items, int checkedItem, DialogInterface.OnClickListener listener)。

④ 设置对话框内容为多选列表项 setMultiChoiceItems (CharSequence[] items, boolean[] checkedItems, DialogInterface.OnMultiChoiceClickListener listener)。

⑤ 设置对话框内容为自定义列表项 setAdapter (ListAdapter adapter, DialogInterface.

OnClickListener listener)。

　　⑥ 设置对话框文本为自定义视图 setView (View view)。

　　(5) 设置按钮, 通过调用 AlertDialog.Builder 对象的 setPositiveButton( )、NegativeButton( )、NeutralButton( )方法在按钮区添加多个按钮。

　　(6) 调用 AlertDialog.Builder 对象的 create( )方法创建 AlertDialog 对象。

　　(7) AlertDialog 对象调用 show 方法, 将该对话框在界面上显示。

　　2) AlertDialog 对话框的应用

　　下面我们通过一个对话框内容分别以简单和单选列表为例说明对话框的编程步骤。

　　【例 4-13】　通过简单对话框和单选列表对话框设置文本标签的字体大小和颜色。程序的运行结果如图 4-70 所示。对显示 "AlertDialog 对话框功能测试" 文本框的颜色和字号大小可以单击 "颜色" 和 "字号设置" 两个按钮, 会弹出对话框进行设置并更新显示。

图 4-70　例 4-13 AlertDialog 对话框显示效果

布局代码如下:

1.　　 <?xml version="1.0" encoding="utf-8"?>

2.　　 <androidx.constraintlayout.widget.ConstraintLayout xmlns:android="http://schemas.android.com/apk/res/android"

3.　　　　 xmlns:app="http://schemas.android.com/apk/res-auto"

4.　　　　 xmlns:tools="http://schemas.android.com/tools"

5.　　　　 android:layout_width="match_parent"

6.　　　　 android:layout_height="match_parent"

7.　　　　 tools:context=".MainActivity">

8.　　　　 <Button

9.　　　　　　 android:id="@+id/btn_setSize"

10.　　　　　 android:layout_width="wrap_content"

11.　　　　　 android:layout_height="wrap_content"

12.　　　　　 android:layout_marginStart="68dp"

```
13.            android:layout_marginTop="224dp"
14.            android:onClick="SetSize"
15.            android:text="字号设置"
16.            android:textSize="24sp"
17.            app:layout_constraintStart_toEndOf="@+id/btn_setColor"
18.            app:layout_constraintTop_toTopOf="parent" />
19.        <Button
20.            android:id="@+id/btn_setColor"
21.            android:layout_width="77dp"
22.            android:layout_height="47dp"
23.            android:layout_marginStart="116dp"
24.            android:layout_marginTop="228dp"
25.            android:onClick="SetColor"
26.            android:text="颜色设置"
27.            android:textSize="24sp"
28.            app:layout_constraintStart_toStartOf="parent"
29.            app:layout_constraintTop_toTopOf="parent" />
30.        <TextView
31.            android:id="@+id/tV_demo"
32.            android:layout_width="wrap_content"
33.            android:layout_height="wrap_content"
34.            android:layout_marginStart="28dp"
35.            android:layout_marginTop="136dp"
36.            android:text="AlertDialog 对话框功能测试"
37.            android:textSize="24sp"
38.            app:layout_constraintStart_toStartOf="parent"
39.            app:layout_constraintTop_toTopOf="parent" />
40.
41.        <TextView
42.            android:id="@+id/textView"
43.            android:layout_width="wrap_content"
44.            android:layout_height="wrap_content"
45.            android:layout_marginStart="116dp"
46.            android:layout_marginTop="56dp"
47.            android:text="字号"
48.            android:textSize="24sp"
49.            app:layout_constraintStart_toStartOf="parent"
50.            app:layout_constraintTop_toTopOf="parent" />
51.
```

```
52.        <EditText
53.            android:id="@+id/eT_Size"
54.            android:layout_width="158dp"
55.            android:layout_height="55dp"
56.            android:layout_marginTop="36dp"
57.            android:ems="10"
58.            android:inputType="numberSigned"
59.            android:textSize="24dp"
60.            app:layout_constraintEnd_toEndOf="parent"
61.            app:layout_constraintHorizontal_bias="0.691"
62.            app:layout_constraintStart_toStartOf="parent"
63.            app:layout_constraintTop_toTopOf="parent"
64.            tools:text="24" />
```

活动代码如下：

```
1.    package xsyu.jsj.samp_alertdialog;
2.
3.    import androidx.appcompat.app.AlertDialog;
4.    import androidx.appcompat.app.AppCompatActivity;
5.
6.    import android.content.DialogInterface;
7.    import android.graphics.Color;
8.    import android.os.Bundle;
9.    import android.view.View;
10.   import android.widget.EditText;
11.   import android.widget.TextView;
12.   import android.widget.Toast;
13.
14.   public class MainActivity extends AppCompatActivity {
15.       TextView txdemo;
16.       EditText txsize;
17.       @Override
18.       protected void onCreate(Bundle savedInstanceState) {
19.           super.onCreate(savedInstanceState);
20.           setContentView(R.layout.activity_main);
21.           txdemo=(TextView)findViewById(R.id.tV_demo);
22.           txsize=(EditText)findViewById(R.id.eT_Size);
23.           txsize.setText("24");
24.       }
25.   //设置文本框位置
```

```
26.      public  void   SetSize(View view){
27.          final int i;
28.          i=Integer.parseInt(String.valueOf(txsize.getText()));
29.          AlertDialog.Builder builder=new AlertDialog.Builder(this);
30.          builder.setIcon(R.drawable.textsize);
31.          builder.setTitle("设置字号");
32.          //禁止单击对话框之外的区域
33.          builder.setCancelable(false);
34.          //内容区为简单文本提示信息
35.          builder.setMessage("改变字号大小？ ");
36.          builder.setPositiveButton("确认", new DialogInterface.OnClickListener() {
37.                  @Override
38.                  public void onClick(DialogInterface dialog, int which) {
39.                      txdemo.setTextSize(i);
40.                  }
41.              });
42.          builder.setNegativeButton("否", null);
43.          AlertDialog dialog=builder.create();
44.          dialog.show();
45.      }
46.      //设置文本框颜色
47.      public void SetColor(View view){
48.          String[] colors={"红","绿","蓝"};
49.          AlertDialog.Builder builder=new AlertDialog.Builder(this);
50.          builder.setIcon(R.drawable.fontcolor);
51.          builder.setTitle("请选择一种颜色");
52.          //禁止单击对话框之外的区域
53.          builder.setCancelable(false);
54.          //内容区为单选项列表
55.          builder.setSingleChoiceItems(colors, 1, new DialogInterface.OnClickListener() {
56.              @Override
57.              public void onClick(DialogInterface dialog, int which) {
58.                  switch (which) {
59.                      case 0:
60.                          txdemo.setTextColor(Color.rgb(255, 0, 0));
61.                          break;
62.                      case 1:
63.                          txdemo.setTextColor(Color.rgb(0, 255, 0));
64.                          break;
```

```
65.                        case 2:
66.                            txdemo.setTextColor(Color.rgb(0, 0, 255));
67.                            break;
68.                        }
69.                    }
70.                });
71.                builder.setPositiveButton("OK",null);
72.                AlertDialog dialog=builder.create();
73.                dialog.show();
74.            }
75.    }
```

代码说明：

(1) 代码中的"字号设置"(id="@+id/btn_setSize")按钮的单击事件监听方法 SetSize (View view)中，代码第 29～44 行按照上述 AlertDialog 对话框的编程步骤定义并显示了一个如图 4-71(a)所示的简单文本的对话框。代码第 35 行"builder.setMessage("改变字号大小?");"设置对话框的文本提示内容。

(2) 代码中的"颜色"(id="@+id/btn_setColor")按钮对应的单击事件监听方法 SetColor (View view)中，第 55 行代码通过调用 AlertDialog.Builder 对象的方法 setSingleChoiceItems() 在内容区输出包含红、绿、蓝三色的单选列表的选项，如图 4-71(b)所示。

AlertDialog.Builder 对象 setSingleChoiceItems()方法有 4 种形式,例 4-12 代码中用到的方法原型是：

> public AlertDialog.Builder setSingleChoiceItems (CharSequence[] items,
> 　　　　　　　　　　int checkedItem,
> 　　　　　　　　　　DialogInterface.OnClickListener listener)

其中各参数的含义如下：

- items：显示的各单选型的字符串内容；
- checkedItem：默认选项索引，若为 -1，则无选项；
- listener：各选项对应的监听器方法(同一个方法)。

(3) 第 57 行代码"public void onClick(DialogInterface dialog, int which){"对应单选项的事件处理方法，参数 which 对应用户的选项索引，第 58～67 行根据用户选择的颜色设置更新文本框的颜色。

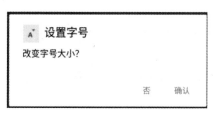

(a) 字号设置对话框

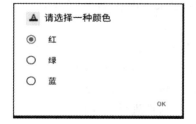

(b) 颜色设置单选列表对话框

图 4-71　例 4-13 中的 AlertDialog 对话框

本 章 小 结

本章以示例的形式介绍了用户界面(UI)的编程基础，包括常用控件、布局管理器、UI布局、事件处理及系统对话框 5 个部分。常用控件主要介绍了文本框 TextView、编辑框 EditText、按钮 Button、单选按钮 RadioButton 和复选按钮 CheckButton、开关控件 ToggleButton以及图片视图 ImageView。布局管理器主要介绍了布局文件的创建和设计。UI 布局详细介绍了线性布局、相对布局等 5 个常用布局。通过学习事件处理，完成应用程序对用户操作的响应。系统对话框主要介绍了 AlertDialog、ProgressDialog、TimePickerDialog 和DatePickerDialog 对话框的创建及设置。通过本章的学习，读者可进一步理解和掌握 Activity的界面布局设计及响应，有助于其进行 Android 应用程序界面设计与开发。

习　　题

一、填空题

1. Android 中有许多控件，这些控件无一例外地都继承自(　　　　)。

2. 在布局文件的 XML 中为 Button 组件设置单击事件的代码是(　　　　)。

3. CheckBox 控件设置选择监听事件的方法是(　　　　)。

4. 设置某个组件在布局中位置的属性是(　　　　)，这时组件中显示文本位置的属性是(　　　　)。

5. 可以显示图片的组件是(　　　　)

6. 在 XML 中定义一组单选按钮时，需要先使用<(　　　　)>，然后再用<(　　　　)>增加各个单选按钮。

7. (　　　　)组件定义只有图片没有文本的按钮。

8. 若某 ExitText 组件在运行时只允许用户输入数字，则需要将该组件的(　　　　)属性设置为(　　　　)。

9. EditView 与 TextView 组件最大的区别是(　　　　)。

10. 在 Activity 中需要为一个 id 是 bookName 的 TextView 组件设置一个引用对象 tv，则正确的代码是(　　　　)。

11. Android 中有许多布局，它们均是用来容纳子组件和子布局的，这些布局均继承自(　　　　)类。

12. 在相对布局中，用于设置当前组件位于某组件左侧的属性是(　　　　)。

13. 相对布局的标签是(　　　　)。

14. 在 LinearLayout 中，如果希望一个视图占满布局中的空余空间，则可以使用(　　　　)属性进行设置。

15. Android 中提供了 4 种对话框，它们的名称分别是(　　　　)、(　　　　)、(　　　　)和(　　　　)。

16. 创建 AlertDialog 对话框的步骤是(　　　　)。

17. Android 项目中的布局文件放在(　　　)目录下。

二、简述题

简述 Android 中几种常用布局的特点。

三、上机题

1. 使用线性布局、文本框、编辑框、图像控件、单选框、复选框、按钮等组件设计一个"个人信息登记界面"，要求：

(1) 所有编辑框要有灰色的文字提示；

(2) 获得焦点的文本框的边框颜色为紫色；

(3) 上下组件对齐摆放，控件之间留有一定距离，布局合理；

(4) 单选框默认有一项被选中，复选框默认有两项被选中；

(5) "提交"按钮要有图片装饰。单击"提交"按钮后，按钮文字变为"您已提交!"，如图 4-72 所示。

(a) 登记前的界面　　　　　　　　　(b) 登记并提交后的界面

图 4-72　个人信息登记界面

2. 分别使用相对布局、网格布局和约束布局实现"个人信息登记界面"，要求同上。

第 5 章 UI 进 阶

本章介绍 Android APP UI 开发中的一些实用技术，包括 Fragment、菜单、工具和一些高级组件。应用这些技术可以更加灵活方便地进行用户界面开发。

5.1 Fragment

Fragment 是为了适应在大屏幕的平板电脑上进行 UI 设计，在 Andorid 3.0 以后开始引入的一个 API。可以想象，如果一个很大的界面，只用一个布局并且组件比较多，那么设计和管理都比较麻烦。

Fragment 又称为片段，利用 Fragment 我们可以根据需求将屏幕空间划分成几块，然后进行模块化管理，同时可以在程序运行的过程中动态地更新 Activity 的用户界面，这样可以极大地提高编程的灵活性。

5.1.1 Fragment 简介

实际上，Fragment 在手机界面开发中也是经常用到的，它在 UI 设计上很好地实现了代码重用。

在平板和手机界面中的布局和行为的差异如图 5-1(a)和图 5-1(b)所示。图 5-1(a)是程序运行在屏幕空间大的平板电脑上，在一个 Activity 中包含 FragmentA 和 FragmentB 两个片段，左边的 FragmentA 显示一个商品的分类列表，当单击一类商品时，右边会在 FragmentB 中显示对应的商品详情，这里 FragmentA 和 FragmentB 可以位于同一个 ActivityA 中；图 5-1(b)是程序运行在屏幕空间小的手机上，商品列表和商品详情无法在一个屏幕上显示，因此 FragmentA 和 FragmentB 分别放在 ActivityA 和 ActivityB 中，在用户单击 FragmentA 的商品分类的某一项时，它需要启动 ActivityB 来显示商品详情。从图 5-1 中可知，不同的设备在使用时布局可能不同，而且应用程序还应当能够根据不同的设备提供不同行为，也就是需要运行不同的 Java 代码。Fragment 可以在不同屏幕间重用，例如图 5-1 中可以使用 FragmentA 实现商品列表，使用 FragmentB 显示商品详情。FragmentA 和 FragmentB 可以被不同的布局共享，因此 Fragment 实际上实现了代码的重用，可以实现不同的环境有不同的用户界面和行为。

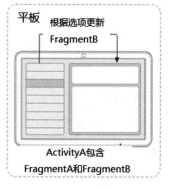
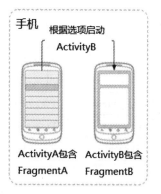

(a) 平板布局　　　　　　　　　(b) 手机布局

图 5-1　Fragment 在不同设备上的使用

Fragment 具有一定的独立性，可以认为是一个子 Activity，它具有如下特点：

(1) Fragment 具有生命周期。这体现在两个方面：一方面，可以在一个 Activity 中组合使用多个 Fragment，构成一个多窗口的界面；另一方面，可以在多个 Activity 中重复使用同一个 Fragment。

Fragment 的使用使得 UI 设计更加灵活，可以将 Fragment 看作是 Activity 的模块，在 Activity 运行过程中可以动态地增加或移除某些 Fragment。

(2) Fragment 必须委托在 Activity 中才能运行。Fragment 的生命周期受其宿主 Activity 的影响。当 Activity 生命周期处于暂停、销毁和结束状态时，Fragment 的生命周期也对应暂停、销毁和结束状态。

5.1.2　Fragment 的生命周期

Fragment 的生命周期和 Activity 的生命周期很类似，但由于 Fragment 是依赖于 Activity 而存在，所以它需要与宿主 Activity 的生命周期交互。图 5-2 所示是 Fragment 的生命周期方法以及与这些方法对应的 Activity 的状态。

图 5-2 中所示的 Fragment 生命周期回调方法会在应用程序的执行时自动被 Android 系统调用，回调的情况如表 5-1 所示。

表 5-1　Fragment 生命周期回调方法

序号	回调方法	系统回调的情况
1	onAttach( )	当 Fragment 被添加到它所在的 Context 时被回调(仅回调 1 次)
2	onCreate( )	创建 Fragment 时被回调(仅回调 1 次)
3	onCreateView( )	每次创建、绘制该 Fragment 的布局时被调用，该方法返回一个 View 组件
4	onActivityCreate( )	当 Fragment 所在的 Activity 启动完成后会调用该方法
5	onStart( )	启动 Fragment 时被回调，使 Fragment 让用户可见
6	onResume( )	恢复 Fragment 时会被回调，在 onStart( )方法后一定会回调该方法，Fragment 位于前台，且获得焦点
7	onPause( )	暂停 Fragment 时被回调。Fragment 依然可见，但是不能获得焦点

序号	回调方法	系统回调的情况
8	onStop()	有组件被遮挡，或者宿主 Activity 对象转为 onStop 时回调。Fragment 不可见，且失去焦点
9	onDestroyView()	Fragment 对象清理 View 资源时调用，即移除 Fragment 中的视图
10	onDestroy()	Fragment 对象完成对象清理 View 资源时调用(仅回调 1 次)
11	onDetach()	与 onAttach 相对应，Fragment 和 Activity 解除关联时调用

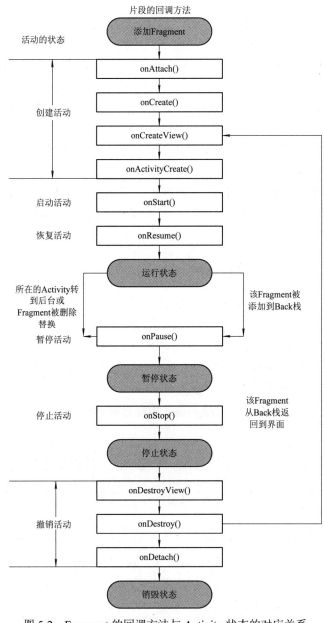

图 5-2　Fragment 的回调方法与 Activity 状态的对应关系

　　开发 Fragment 程序时，可以像开发 Activity 一样，根据需要选择性地重写指定的回调方法。Fragment 中最常见的就是重写 onCreateView()方法，该方法返回 Fragment 的 View 给所在的宿主 Activity，显示 Fragment 的视图。

　　使用 Fragment 编程时开发者可以根据需要重写 Fragment 的任意回调方法，通常会重写 onCreate()、onCreateView()和 onPause()这 3 个方法。最常用的是 onCreateView()方法，在该方法返回的 View 是该 Fragment 所对应显示的 View，当 Fragment 绘制界面组件时会回调该方法。

5.1.3　使用 Fragment

　　在程序中有两种加载 Fragment 的方式，分别是静态加载和动态加载。静态加载是指将 Fragment 作为一个视图固定地放在 Activity 中，动态加载是指在程序运行时根据需要在 Activity 中动态地添加、删除和替换或切换 Fragment。

1. 静态加载 Fragment

　　静态加载方式就是在 Activity 布局中，直接指定其所包含具体的 Fragment 类。静态加载 Fragment 的步骤如下：

　　(1) 在工程中创建一个 Fragment，包括：

　　① 修改 Fragment 的布局文件；

　　② 更新 Fragment 类。

　　(2) 在 Activity 的布局文件中加载 Fragment 类。

　　(3) 在 Activity 类中的 onCreate()方法中加载布局。

　　【例 5-1】　静态加载 Fragment。

　　在图 5-3 所示的运行图中，图 5-3(a)是程序运行后的初始状态，显示的矩形框包含一个以静态方式加载的 Fragment，该 Fragment 包含一个 TextView 和一个 Button 组件，单击 Fragment 的命令按钮，可改变 Fragment 中 TextView 的文本，如图 5-3(b)所示。

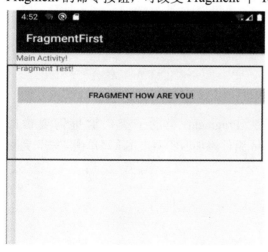

　　　(a) 程序运行后的初始状态　　　　　　　　　(b) 改变 Fragment 中 TextView 的文本

图 5-3　例 5-1 静态加载 Fragment

操作步骤如下：

(1) 创建一个名为 fragmentfirst 的工程，其中包含活动 MainActivity，MainActivity 对应的布局文件为 activity_main.xml。

(2) 向工程中增加一个 Fragment。将 Android Studio 左侧的浏览器工程视图显示方式切换为"Android"，选中 app/java/包名.fragmentfirst，单击鼠标右键，选择 New→Fragment→Fragment(Blank)，并为 Fragment 类及其布局分别命名为 BlankFragment1 和 fragment_blank1，单击"Finish"按钮。系统会自动生成 Fragment 对应的 Java 代码文件和布局文件。

(3) 系统自动生成的 Fragment 的布局与 MainActivity 的布局看上去很类似，修改 fragment_blank1.xml 布局文件，定义一个 TextView 和 Button 组件，各组件属性设置代码如下：

```
1.    <?xml version="1.0" encoding="utf-8"?>
2.    <LinearLayout xmlns:android="http://schemas.android.com/apk/res/android"
3.        xmlns:tools="http://schemas.android.com/tools"
4.        android:layout_width="match_parent"
5.        android:layout_height="match_parent"
6.        android:orientation="vertical"
7.        tools:context=".BlankFragment1">
8.        <!-- TODO: Update blank fragment layout -->
9.        <TextView
10.        android:id="@+id/TextView1"
11.        android:layout_width="match_parent"
12.        android:layout_height="40dp"
13.        android:text="Fragment Test!" />
14.        <Button
15.          android:id="@+id/btn"
16.          android:layout_width="match_parent"
17.          android:layout_height="40dp"
18.          android:text="Fragment How are you!" />
19.    </LinearLayout>
```

(4) 系统自动生成的 BlankFragment1 是 Fragment 类的子类，这里需要修改 BlankFragment1.Java 代码，为其布局中的 Button 组件添加监听器，并重写单击方法，完整的代码如下：

```
20.    package xsyu.jsj.fragmentfirst;
21.    import android.os.Bundle;
22.    import androidx.fragment.app.Fragment;
23.    import android.view.LayoutInflater;
24.    import android.view.View;
25.    import android.view.ViewGroup;
```

```
26.    import android.widget.Button;
27.    import android.widget.TextView;
28.    /**
29.     * A simple {@link Fragment} subclass.
30.     * Use the {@link BlankFragment1#newInstance} factory method to
31.     * create an instance of this fragment.
32.     */
33.    public class BlankFragment1 extends Fragment {
34.
35.        // TODO: Rename parameter arguments, choose names that match the fragment initialization
               parameters, e.g. ARG_ITEM_NUMBER
36.        // TODO: 重命名参数，选择匹配的片段初始化参数，例如 ARG_ITEM_NUMBER
37.        private static final String ARG_PARAM1 = "param1";
38.        private static final String ARG_PARAM2 = "param2";
39.
40.        // TODO: Rename and change types of parameters    // TODO: 重命名并更改参数类型
41.        private String mParam1;
42.        private String mParam2;
43.        private View root;
44.        private TextView testview;
45.        private Button button;
46.        public BlankFragment1() {
47.            // Required empty public constructor          // 必需的空公共构造函数
48.        }
49.
50.        /**
51.         * Use this factory method to create a new instance of
52.         * this fragment using the provided parameters.
53.         *
54.         * @param param1 Parameter 1.
55.         * @param param2 Parameter 2.
56.         * @return A new instance of fragment BlankFragment1.
57.         */
58.        // TODO: Rename and change types and number of parameters    // TODO: 重命名并更改参数类型
59.        public static BlankFragment1 newInstance(String param1, String param2) {
60.            BlankFragment1 fragment = new BlankFragment1();
61.            Bundle args = new Bundle();
62.            args.putString(ARG_PARAM1, param1);
```

```
63.              args.putString(ARG_PARAM2, param2);
64.              fragment.setArguments(args);
65.              return fragment;
66.          }
67.
68.          @Override
69.      public void onCreate(Bundle savedInstanceState) {
70.              super.onCreate(savedInstanceState);
71.              if (getArguments( ) != null) {
72.                  mParam1 = getArguments( ).getString(ARG_PARAM1);
73.                  mParam2 = getArguments( ).getString(ARG_PARAM2);
74.              }
75.          }
76.
77.          @Override
78.      public View onCreateView(LayoutInflater inflater, ViewGroup container,
79.                                  Bundle savedInstanceState) {
80.              // Inflate the layout for this fragment        // 加载此片段的布局文件
81.              if(root==null) {
82.                  root = inflater.inflate(R.layout.fragment_blank1, container, false);
83.              }
84.              testview=root.findViewById(R.id.TextView1);
85.              button=root.findViewById(R.id.btn);
86.              button.setOnClickListener(new View.OnClickListener( ) {
87.                  @Override
88.                  public void onClick(View v) {
89.                      testview.setText("I'm fine,and you?");
90.                  }
91.              });
92.              return root;
93.
94.          }
95.  }
```

对以上代码的几点说明：

（1）inflater.inflate( )方法加载 Fragment 的布局文件，该方法指明 BlankFragment1 类对应的布局资源是 fragment_blank1。从这里可以看出，Fragment 对其布局的解析位置不同，Fragment 是在 onCreateView( )中指明其对应的布局，而 Activity 则是在 onCreate( )中指明其布局的。

（2）在 Activity 的布局中加载 Fragment 类。在 MainActivity 的布局文件 activity_main.xml 中增加了一个<fragment>元素，其作用是在活动布局中为 Fragment 的对应布局"占位"，<fragment>元素是一个视图，它是由 name 属性特指的 Fragment 类对应的布局。在下面的 activity_main.xml 布局代码中，定义了一个<fragment>元素，其属性 android:name="xsyu.jsj. fragmentfirst.BlankFragment1"指明了 Fragment 类的完全限定名是"xsyu.jsj.fragmentfirst. BlankFragment1"，Android 在创建活动的布局时，会把这个<fragment>替换为 xsyu.jsj. fragmentfirst 包中的一个 View 对象，这个 View 对象是由 BlankFragment1 类的 onCreateView() 方法返回的 View 对象。需要说明的是，<fragment>元素必须为其指定 android:id 属性。 activity_main.xml 的布局代码如下：

```
1.    <?xml version="1.0" encoding="utf-8"?>
2.    <LinearLayout xmlns:android="http://schemas.android.com/apk/res/android"
3.        xmlns:app="http://schemas.android.com/apk/res-auto"
4.        xmlns:tools="http://schemas.android.com/tools"
5.        android:layout_width="match_parent"
6.        android:layout_height="match_parent"
7.        android:orientation="vertical"
8.        tools:context=".MainActivity">
9.        <TextView
10.           android:layout_width="wrap_content"
11.           android:layout_height="wrap_content"
12.           android:text="Main Activity!"
13.           android:id="@+id/TextView1" />
14.
15.       <fragment android:name="xsyu.jsj.fragmentfirst.BlankFragment1"
16.           android:layout_width="match_parent"
17.           android:layout_height="wrap_content"
18.           android:layout_weight="1"
19.           android:id="@+id/fragment1"
20.           />
21.   </LinearLayout>
```

（3）Activity 加载布局。系统生成的 MainActivity.java 在 onCreate()中会自动调用 setContentView(R.layout.activity_main)方法加载自身的布局。由于该布局中包含了 <fragment>元素，setContentView()方法会加载 Fragment 类返回的 View。例 5-1 中 BlankFragment1 的 onCreateView()方法返回的 View 是与 fragment_blank1.xml 对应的视图。

程序界面如图 5-3(a)所示。单击其中的 Button 后会将 Fragment 中的 TextView 组件的提示文本更新为"I'm fine, and you?"。

静态加载 Fragment 是将 Fragment 添加到 Activity 的布局文件中，使 Fragment 及其视

图与 Activity 的视图绑定在一起,在 Activity 的生命周期中无法灵活地切换 Fragment 视图。因此实际开发中,Fragment 常采用动态加载的方式。

2. 动态加载 Fragment

在运行时根据用户需要添加、删除和替换 Fragment 是动态加载 Fragment 的基本操作。Fragment 的动态加载通过 FramgmentManager 来实现,FragmentManager 对 Activity 视图中 Fragment 的每一次改变称为一个事务 FragmentTransaction。在 Activity 中对 Fragment 操作需要执行如下的链式操作:

(1) 通过 getFragmentManage()方法获得 FragmentManager 对象。每个 FragmentActivity 及其子类(如 AppCompatActivity)都可以通过 getSupportFragment Manager()方法访问 FragmentManager 对象。

(2) 获得 FragmentTransaction 对象,使 FragmentManager 开启一个事务。在布局容器中显示 Fragment 时,需要通过使用 FragmentManager 的 beginTransaction()方法创建 FragmentTransaction 对象。

(3) 在事务中添加操作。Fragment 的事务就是对 Activity 中 Fragment 的操作,可以通过调用表 5-2 中列出的 FragmentTransaction 的方法实现。

表 5-2　Fragment 的事务

方法名	操　　作
add( )	向 Activity 中添加一个 Fragment
replace( )	替换 Activity 中的 Fragment
remove( )	删除 Activity 中的 Fragment
show( )	在 Activity 中显示 Fragment
hide( )	隐藏 Activity 中的 Fragment
addToBackTrack( )	把本次事务的所有操作的压入堆栈中存储起来
popbackTrack	将回退栈中的最近的一次事务弹出

(4) 提交事务到主线程执行事务。提交事务是通过执行 FragmentTransaction.commit()方法实现的。例如,下面代码中在获得 FragmentManager 和 FragmentTransaction 后,用 replace 方法将 Activity 布局中的 id=R.id.fragment_Dynamic 的组件替换为新的 Fragment,并命名为 Fragment,然后提交。

```
FragmentManager fragmentManager=getSupportFragmentManager();
FragmentTransaction transaction=fragmentManager.beginTransaction();
transaction.replace(R.id.fragment_Dynamic,fragment);
transaction.commit();
```

【例 5-2】 动态加载 Fragment。

在图 5-4 所示的运行图中,主 Activity 的布局 activity_main.xml 中左侧有两个按钮,右侧的区域是放置 Fragment 视图的区域。程序运行单击这两个按钮时,会分别加载 fragment_1.xml 和 fragment_2.xml 片段。图 5-4 是要实现的单击"加载片段 1"(btn1)按钮后的显示结果。

图 5-4　动态加载 Fragment

操作步骤如下：

(1) 创建一个名为 fragment_dynamic 且包含活动名 MainActivity 的工程，MainActivity
对应的布局文件为 activity_main.xml，将其代码修改如下。布局中的水平线性布局分为左
右两部分：左侧是一个垂直线性布局，包含两个 Button；右侧是一个用于显示 Fragment
的 FrameLayout。

```
1.    <?xml version="1.0" encoding="utf-8"?>
2.    <LinearLayout xmlns:android="http://schemas.android.com/apk/res/android"
3.        xmlns:app="http://schemas.android.com/apk/res-auto"
4.        xmlns:tools="http://schemas.android.com/tools"
5.        android:layout_width="match_parent"
6.        android:layout_height="match_parent"
7.        android:orientation="horizontal"
8.        tools:context=".MainActivity">
9.
10.       <LinearLayout
11.           android:layout_width="100dp"
12.           android:layout_height="match_parent"
13.           android:orientation="vertical">
14.
15.           <Button
16.               android:id="@+id/btn1"
17.               android:layout_width="match_parent"
```

```
18.                 android:layout_height="40dp"
19.                 android:text="加载片段 1" />
20.
21.        <Button
22.                 android:id="@+id/btn2"
23.                 android:layout_width="match_parent"
24.                 android:layout_height="40dp"
25.                 android:text="加载片段 2" />
26.        </LinearLayout>
27.
28.        <FrameLayout
29.            android:id="@+id/fragment_Dynamic"
30.            android:layout_width="match_parent"
31.            android:layout_height="match_parent"
32.            android:layout_weight="1" />
33.
34.    </LinearLayout>
```

(2) 向工程中增加两个 Fragment。为了实现动态加载两个 Fragment 功能，新建两个 Fragment(Blank)，对应的 Fragment 类和布局文件名如表 5-3 所示。

表 5-3　例 5-2 的两个 Fragment 文件

类　名	布局文件名	包含的组件	其他属性设置
Fragment1	fragment_1.xml	1 个 TextView	布局背景色红色(#ff0000)
Framgment2	fragment_2.xml	1 个 TextView	布局背景色紫色(#ff00ff)

fragment_1.xml 文件的代码如下所示，fragment_2.xml 代码与 fragment_1.xml 的代码类似，差别只是布局的背景色和 TextView 中 text 的属性="Now in Framgment2"不同，此属性分别用中文或英文提示当前所加载的 Fragment 的名称。

```
1.     <?xml version="1.0" encoding="utf-8"?>
2.     <FrameLayout xmlns:android="http://schemas.android.com/apk/res/android"
3.          xmlns:tools="http://schemas.android.com/tools"
4.          android:layout_width="match_parent"
5.          android:layout_height="match_parent"
6.          android:background="#ff0000"
7.          tools:context=".Fragment1">
8.
9.          <!-- TODO: Update blank fragment layout -->
10.         <TextView
11.              android:layout_width="match_parent"
```

```
12.                 android:layout_height="40dp"
13.                 android:id="@+id/textview1"
14.                 android:text="你好，片段 1 已加载！" />
15.     </FrameLayout>
```

（3）在 Activity 类的 MainActivity.java 代码中动态加载两个 Fragment。Activity 是通过布局中的两个 Button 组件单击动作实现 Fragment 的动态加载，因此 MainActivity 类编程实现的主要功能是：

① 为 Activity 类中的两个 Button 组件设置监听器为 MainActivity 类自身。代码如下：

```
1.      protected void onCreate(Bundle savedInstanceState) {
2.              super.onCreate(savedInstanceState);
3.              setContentView(R.layout.activity_main);
4.              btn1=findViewById(R.id.btn1);
5.              btn2=findViewById(R.id.btn2);
6.              btn1.setOnClickListener(this);
7.              btn2.setOnClickListener(this);
8.      }
```

② MainActivity 类实现 View.OnClickListener 接口的 onClick(View v)。MainActivity 类定义的语句中声明实现 View.OnClickListener 接口，并在该类中实现了该接口的 onClick (View v)方法。代码如下：

```
9.      public class MainActivity extends AppCompatActivity implements View.OnClickListener {
10.     …
11.       @Override
12.         public void onClick(View v) {
13.     …
14.     }
```

在 onClick()方法中根据 Button 组件的 id 分别加载片段 Fragment1 和 Fragment2。代码中的 DynamicRepalceFragment()方法用于加载参数指定的片段。代码如下：

```
15.       @Override
16.         public void onClick(View v) {
17.             switch (v.getId()) {
18.                 case R.id.btn1:
19.                     DynamicRepalceFragment(new Fragment1());
20.                     break;
21.                 case R.id.btn2:
22.                     DynamicRepalceFragment(new Fragment2());
23.                     break;
24.             }
25.     }
```

（3）用 DynamicRepalceFragment( )方法实现了对两个 Fragment 的动态加载，这里有必要介绍一下 Android 中 Activity 对 Fragment 的管理和事务的概念。

Activity 对 Fragment 的管理是依靠 Fragment 的管理类 FragmentManager 进行的，FragmentManager 可以通过 getSupportFragmentManager( )获取。FragmentManager 可以对 Fragment 进行以下几个方面的管理：

- 获取指定的 Fragment：使用 findFragmentById( )或 findFragmentByTag( )；
- 对 Fragment 实现后台栈的进栈或出栈管理，调用 popBackStack( )将 Fragment 从后台栈中弹出，调用 addToBackStack(Null)将 Fragment 压入后台栈；
- 监听后台栈变化：通过注册 addOnBackStackChangeListener( )监听器实现。

Activity 对 Fragment 执行的改变操作，如增加、删除、替换 Fragment 等，需要借助于 FragmentTransaction 对象，FragmentTransaction 也称 Fragment 事务。可以通过 FragmentManager 的 beginTransaction( )方法开启一个 FragmentTransaction 事务，FragmentTransaction 代表 Activity 对 Fragment 执行多个改变，可通过 FragmentManager 来获得 FragmentTransaction，每个 FragmentTransaction 可以包含调用多个 add( )、remove( )和 replace( )操作，最后必须调用 commit( )方法提交事务。

完整的 DynamicRepalceFragment( )代码如下：

```
1.    private void DynamicRepalceFragment(Fragment fragment) {
2.        FragmentManager fragmentManager=getSupportFragmentManager();
3.        FragmentTransaction transaction=fragmentManager.beginTransaction();
4.        transaction.replace(R.id.fragment_Dynamic,fragment);
5.        transaction.commit();
6.    }
```

其中"transaction.replace(R.id.fragment_Dynamic,fragment)；"将主 Activity 中 id 为 fragment_Dynamic 的 Fragment 替换为参数 fragment 指示的片段，就实现了动态加载。

MainActivity.java 的完整代码如下：

```
1.    package xsyu.jsj.dynamic_fragment;
2.    import androidx.appcompat.app.AppCompatActivity;
3.    import androidx.fragment.app.Fragment;
4.    import androidx.fragment.app.FragmentManager;
5.    import androidx.fragment.app.FragmentTransaction;
6.
7.    import android.os.Bundle;
8.    import android.text.style.DynamicDrawableSpan;
9.    import android.view.View;
10.   import android.widget.Button;
11.
12.   public class MainActivity extends AppCompatActivity implements View.OnClickListener {
13.       private Button btn1,btn2;
14.       @Override
```

```
15.        protected void onCreate(Bundle savedInstanceState) {
16.            super.onCreate(savedInstanceState);
17.            setContentView(R.layout.activity_main);
18.            btn1=findViewById(R.id.btn1);
19.            btn2=findViewById(R.id.btn2);
20.            btn1.setOnClickListener(this);
21.            btn2.setOnClickListener(this);
22.        }
23.        @Override
24.        public void onClick(View v) {
25.            switch (v.getId()) {
26.                case R.id.btn1:
27.                    DynamicRepalceFragment(new Fragment1());
28.                    break;
29.                case R.id.btn2:
30.                    DynamicRepalceFragment(new Fragment2());
31.                    break;
32.            }
33.        }
34.        //动态添加 Fragment
35.        private void DynamicRepalceFragment(Fragment fragment) {
36.            FragmentManager fragmentManager=getSupportFragmentManager();
37.            FragmentTransaction transaction=fragmentManager.beginTransaction();
38.            transaction.replace(R.id.fragment_Dynamic,fragment);
39.            transaction.commit();
40.        }
41.    }
```

5.1.4　Fragment 与 Activity 通信

Fragment 和 Activity 是两个独立的类，两者都具有与用户交互的功能。Fragment 是依存于 Activity 的，因此两者之间一定存在通信，也就是数据交换。两者之间的通信可分成 3 种情况：从 Activity 向 Fragment 传输数据、从 Fragment 向 Activity 传输数据，以及在 Fragment 之间传输数据。

除了信息传输之外，Fragment 和 Activity 也可以访问对方的组件。Fragment 通过 getActivity().findViewById(R.id.list) 方 法 获 得 Activity 中 的 组 件；Activity 通 过 getFragmentManager.findFragmentByid(R.id.fragment1)方法获得 Fragment 中的组件。下面对 Fragment 和 Activity 之间的 3 种数据传输方式分别进行说明。

1. 从 Activity 向 Fragment 传输数据

Activitiy 向 Fragment 传输数据可以采用 Bundle 类实现。在 Activity 中需要做如下操作：

(1) 在 Activity 中创建 bundle 对象；

(2) 利用 bundle 的各种 putxx()向 bundle 中写入待传数据；

(3) 用 Fragment 对象的 setArguments(bundle)将 bundle 传输给 Fragment。Fragment 获取 Activity 的传入数据的步骤如下：

① 利用 getArguments()获取 bundle 对象；

② 利用 bundle 的 getxx()获取传入的数据。

下面按照这个步骤，在例 5-2 代码的基础上，实现从 MainActivity 向 Fragment1 中传送字符串，并在文本框 TextView1 中显示该字符串。

对 MainActivity.java 中的代码 onClick()做如下改动：

```
1.    @Override
2.    public void onClick(View v) {
3.        switch (v.getId()) {
4.          case R.id.btn1:
5.            Bundle bundle=new Bundle();
6.            bundle.putString("info","这是从 Activity 传递的信息");
7.            Fragment1   fg=new Fragment1();
8.          fg.setArguments(bundle);
9.          DynamicRepalceFragment(fg);
10.          break;
11.        case R.id.btn2:
12.            DynamicRepalceFragment(new Fragment2());
13.        break;     }
```

在 Fragment1.java 获取 Bundle 传入的数据，并在文本框中显示，修改的代码如下：

```
14.   @Override
15.   public View onCreateView(LayoutInflater inflater, ViewGroup container,Bundle
16.   savedInstanceState) {
17.       // Inflate the layout for this fragment           // 加载此片段的布局文件
18.       if(root==null)
19.         root=inflater.inflate(R.layout.fragment_1, container, false);
20.      textview1=root.findViewById(R.id.textview1);
21.    Bundle bundle=this.getArguments();
22.      String str=bundle.getString("info");
23.      textview1.setText(str);
24.    return   root;}
```

2. 从 Fragment 向 Activity 传输数据

Fragment 向 Activity 传输数据的最常用方式是利用接口。接口实际上就是给出了一个对象和另一个对象有效交互的最低需求。这样 Fragment 就可以实现与指定接口的任意活动进行交互。接口在两者之间的作用如图 5-5 所示。

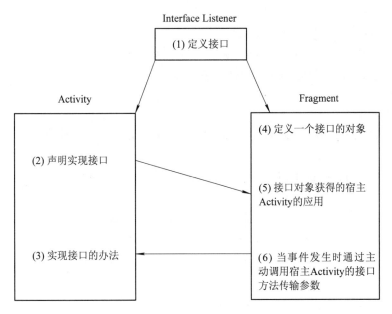

图 5-5　通过接口实现从 Fragment 向 Activity 传输数据示意图

图 5-5 中 Activity 和 Fragment 是利用接口 Listener 进行信息传递。从图 5-5 中可以看出，Activity 必须声明实现接口和实现该接口的所有方法。在 Fragment 中需要定义一个接口对象，并将该对象指向其所在的 Activity 引用，然后通过该引用调用 Activity 的接口方法。

【例 5-3】　从 Fragment 向 Activity 传输数据举例。

图 5-6 是例 5-3 的运行结果。单击图 5-6(a)中 Fragment 按钮，会传递一个字符串信息到 Activity，并在 Activity 中显示。程序的设计过程如下：

(1) 定义一个接口 IFragmentCallBack。

```
1.    package xsyu.jsj.fragmenttest;
2.    public interface IFragmentCallBack {
3.        void setMsgtoActivity(String msg);
4.        String getMsgFromActivity(String msg);
5.    }
```

(2) 在 Fragment 中定义接口对象 fragmentcallBack 并在 onAttach()对其初始化。

```
6.    @Override
7.    public void onAttach(@NonNull Context context) {
8.        super.onAttach(context);
9.        this.fragmentCallBack=(IFragmentCallBack)context;
10.   }
```

(3) 为了演示参数传输，在 Fragment 中定义一个 Btn，用于向 Activity 传输数据。

```
11.   <Button
12.        android:layout_width="wrap_content"
```

13.　　　　android:layout_height="wrap_content"

14.　　　　android:id="@+id/frgbtn1"

15.　　　　android:layout_gravity="center"

16.　　　　android:text="数据传递演示"/>

（4）改写 Fragment 中的 onCreateView()，且实现 Btn 的消息处理函数，在 Btn 的 onClick()中调用 Activity 实现的 IFragmentCallBack 接口方法。

17.　　@Override

18.　　@Override

19.　　　　public View onCreateView(LayoutInflater inflater, ViewGroup container,

20.　　　　　　　　　　　　　Bundle savedInstanceState) {

21.　　　　　　// Inflate the layout for this fragment　　// 加载此片段的布局文件

22.　　　　　　if(rootView==null)

23.　　　　　　　　rootView=inflater.inflate(R.layout.fragment_blank1, container, false);

24.　　　　　　btn=(Button) rootView.findViewById(R.id.frgbtn1);

25.　　　　　　btn.setOnClickListener(new View.OnClickListener() {

26.　　　　　　　　@Override

27.　　　　　　　　public void onClick(View v) {

28.　　　　　　　　　fragmentCallBack.setMsgtoActivity("Hello, A Message from Fragment");

29.　　　　　　　　}

30.　　　　　　});　　　　return rootView;

31.　　　　}

（5）在 MainActivity 中定义接口 IFragmentCallBack，并实现接口的两个方法。

32.　　public class MainActivity extends AppCompatActivity　　implements IFragmentCallBack

33.　　{

34.　　　　@Override

35.　　　　protected void onCreate(Bundle savedInstanceState) {

36.　　　　　　super.onCreate(savedInstanceState);

37.　　　　　　setContentView(R.layout.activity_main);

38.　　　　　　textView1=(TextView)findViewById(R.id.TV1);

39.　　　　}

40.　　　　@Override

41.　　　　public void setMsgtoActivity(String msg) {

42.　　　　　　textView1.setText(msg);

43.　　　　}

44.　　　　@Override

45.　　　　public String getMsgFromActivity(String msg) {

46.　　　　　　return null;

47.　　　　}

48.　　}

(a) 数据传输前　　　　　　　　　　　　(b) 数据传输后

图 5-6　例 5-3 运行效果图

3. 在 Fragment 之间传输数据

当一个 Fragment 被另一个 Fragment 替换时，两个 Fragment 之间可能会有数据传输。Fragment 之间的数据传输比较简单，只要找到需要接收数据的 fragment 对象，直接调用 setArguments()实现数据传输。被替换 Fragment 将数据传入新的 Fragment，新的 Fragment 在创建后通过 getArguments()方法获取传入的数据。

例如，有两个 Fragment，分别是 Fragment1 和 Fragment2。Fragment1 需要将一个字符串数据（"从 Fragment1 传输来的参数"）传输给 Fragment2。具体操作步骤如下：

(1) Fragment2 新建一个方法用于参数传入。在 Fragment2 中新建一个 newInstance()方法，在该方法中新建一个 Fragment2 实例，然后将参数通过 setArguments()实现数据保存。代码如下：

```
1.    public static Fragment2 newInstance(String text) {
2.        Fragment2 fragment = new Fragment2();
3.        Bundle args = new Bundle();
4.        args.putString("param", text);
5.        fragment.setArguments(args);
6.        return fragment;
7.    }
```

(2) 在 Fragment1 中创建 Fragment2 并传输参数。在 Fragment1 中，单击 Button 按钮组件(id = load_fragment2_btn)，加载 Fragment2。在 Fragment1 的 onCreateView()代码中，通过调用 Fragment2 的 newInstance()来创建实例并传输参数。代码如下：

```
8.    @Override
9.    public View onCreateView(LayoutInflater inflater, ViewGroup container,
10.                           Bundle savedInstanceState) {
11.        // Inflate the layout for this fragment        // 加载此片段的布局文件
```

```
12.          View view=inflater.inflate(R.layout.fragment_1, container, false);
13.          Button btn=(Button)view.findViewById(R.id.load_fragment2_btn);
14.          btn.setOnClickListener(new View.OnClickListener(){
15.              @Override
16.              public void onClick(final View view) {
17.                  Fragment2 fragment2 = Fragment2.newInstance("从 Fragment1 传来的参数");
18.                  FragmentTransaction transaction = getFragmentManager().beginTransaction();
19.                  transaction.add(R.id.main_layout, fragment2);
20.                  transaction.addToBackStack(null);
21.                  transaction.commit();
22.              }
23.          });
24.          return view ;
25.      }
26.  }
```

(3) Fragment2 获取传入的参数。

Fragment2 在执行 OnCreateView()方法中通过 getArguments()获取传入的参数并在文本框 TextView 中显示，代码如下：

```
27.  public View onCreateView(LayoutInflater inflater, ViewGroup container,
28.                              Bundle savedInstanceState) {
29.      // Inflate the layout for this fragment        // 加载此片段的布局文件
30.      View view=inflater.inflate(R.layout.fragment_2, container, false);
31.
32.      if (getArguments() != null) {
33.          String mParam1 = getArguments().getString("param");
34.          TextView tv =  (TextView)view.findViewById(R.id.textview);
35.          tv.setText(mParam1);
36.      }
37.      return view;
38.  }
```

如果是两个 Fragment 需要即时传输数据，需要先在 Activity 中获得从 Fragment1 传输过来的数据，再传输到 Fragment2，也就是 Activity 为中介传输数据。

5.2　菜　　单

菜单在 Android 应用中是常见且非常重要的。在手机应用中菜单默认是不可见的，只有当用户在特定区域或长按某些组件时才会显示关联的菜单。

从应用的角度可以把菜单分为三类，分别是选项菜单(OptionsMenu)、上下文菜单

(ContextMenu)和弹出菜单(PopupMenu)。这几种菜单的区别如下：

(1) OptionMenu：选项菜单是 Android 中最常见的菜单，是在 APP 顶部的 ActionBar 右上角出现的菜单。

(2) ContextMenu：上下文菜单是通过长按某个视图组件后出现的浮动菜单。这个菜单是根据不同的上下文环境出现不同的选项，从本质上说是该视图组件注册了上下文菜单。

(3) PopupMenu：弹出菜单显示垂直的列表项，与上下文菜单不同的是，在特定区域单击任何一个组件都弹出相同的菜单，类似于一个弹窗。

5.2.1　选项菜单

选项菜单是 Android 中最常见的菜单，是在 APP 顶部的标题栏，即 ActionBar 右上角出现的菜单。选项菜单的编程步骤如下：

(1) 构建 Menu 资源文件；

(2) 加载菜单资源；

(3) 处理菜单项单击事件。

下面给出选项菜单应用举例。

【例 5-4】　在一个 APP 中通过选项菜单中的三个选项，即"设置""退出""帮助"实现选项菜单的功能。"设置"菜单用于设置 TextView 文本颜色，"退出"菜单用于退出应用程序，"帮助"菜单显示程序功能。

创建一个工程 Samp_Menu，其中包含一个活动 main_activity.java 和一个布局 activity_main.xml。按照步骤建立并实现选项菜单的功能。

activity_main.xml 中包含 android:id="@+id/tvshow"的 TextView 组件。完整代码如下：

```
1.   <?xml version="1.0" encoding="utf-8"?>
2.   <androidx.constraintlayout.widget.ConstraintLayout xmlns:android="http://schemas.android.com/apk/
     res/android"
3.       xmlns:app="http://schemas.android.com/apk/res-auto"
4.       xmlns:tools="http://schemas.android.com/tools"
5.       android:layout_width="match_parent"
6.       android:layout_height="match_parent"
7.       tools:context=".MainActivity">
8.
9.       <TextView
10.          android:id="@+id/tvshow"
11.          android:layout_width="wrap_content"
12.          android:layout_height="wrap_content"
13.          android:text="Hello World!"
14.          android:textSize="20dp"
15.          app:layout_constraintBottom_toBottomOf="parent"
16.          app:layout_constraintLeft_toLeftOf="parent"
```

17.　　　　　　　app:layout_constraintRight_toRightOf="parent"

18.　　　　　　　app:layout_constraintTop_toTopOf="parent" />

1. 构建 Menu 资源文件

创建菜单的方式有两种：

(1) 通过编写菜单 XML 文件，调用 getMenuInflater().inflate(R.menu.menu_ main, menu) 加载菜单。

(2) 通过代码方式动态添加 onCreateOptionsMenu 的参数 menu，调用 add 方法添加菜单，该方法的常用原型为：

　　　　public abstract MenuItem add (int groupId, int itemId, int order, CharSequence title)

上面两种方式中，方式(2)通过编码的方式添加菜单项比较灵活，但是这种方式代码冗长，不利于程序维护；而方式(1)的 XML 文件形式的菜单更利于维护，菜单项 ID 的创建和管理全部由 Android 系统来完成，开发人员不必自定义菜单的常量 ID，而且程序代码的可读性更好，因此建议采用 XML 方式编写菜单。

2. 生成 XML 菜单资源的方法

(1) 创建 Menu 资源的*.XML 文件。在 res 目录中单击右键，在弹出的菜单中选择 "Android Resource File"，在 "Resource type" 中选择资源类型为 "Menu"，为菜单资源文件命名为 "menu_option"。单击 "完成" 按钮，工程浏览器会在 res 目录内生成一个 menu 子目录，并创建了一个 menu_option.xml 文件。在资源文件 drawable 目录下导入 exit.png、help.png 和 settings.png 3 个图标文件。

(2) 编辑 menu_option.xml 文件。要定义菜单，需在项目 res/menu/目录内创建一个 XML 文件，并使用以下元素构建菜单：

① <menu>标签：定义 Menu，即菜单项(MenuItem)的容器。<menu>元素必须是该文件的根节点，并且能够包含一个或多个<item>和<group>元素。

② <item>标签：是菜单项，用于创建 MenuItem。其中可能包含嵌套的<menu>元素，以便创建子菜单。

<item>标签中可以设置的常见属性如下：

• android:id：菜单项的唯一标识；

• android:title：菜单项的标题(必选)；

• android:icon：菜单项的图标(可选)，需要显示的图标；

• android:showAsAction：指定菜单项的显示方式，多个属性值之间可以使用 "|" 隔开。参数取值及含义见表 5-4。

• android:onClick:可以设置单击此菜单项时要调用的方法。该方法必须在 Activity 中声明为 public，并将 MenuItem 作为唯一参数，该参数指示单击项。此方法的优先级高于 OnOptionsItemSelected() 标准回调。

• android:numericModifiers：数字快捷键的修饰符，用法同上；

• android:checkable：是否可复选；

• android:checked：是否选中；

• android:visible：是否可见；

- android:enabled：是否启用。

表 5-4　菜单显示方式参数及含义

参数取值	含　　义
ifRoom	在空间足够时，菜单项会显示在 ActionBar 中，否则收纳入┊菜单中
always	菜单项永远不会被收纳到溢出菜单中，因此在菜单项过多的情况下可能超出菜单栏的显示范围
never	菜单项永远只会出现在溢出菜单中
withText	无论菜单项是否定义了 icon 属性，都只会显示它的标题，而不会显示图标。使用这种方式的菜单项默认会被收纳入溢出菜单中

采用上述标签和属性编写选项菜单的资源文件 menu_options.xml，代码如下：

```
1.   <?xml version="1.0" encoding="utf-8"?>
2.   <menu xmlns:android="http://schemas.android.com/apk/res/android"
3.       xmlns:app="http://schemas.android.com/apk/res-auto">
4.       <item
5.           android:id="@+id/menu_setting"
6.           android:icon="@drawable/settings"
7.           android:title="设置"
8.           app:showAsAction="always"
9.           />
10.      <item
11.          android:id="@+id/menu_exit"
12.          android:icon="@drawable/exit"
13.          android:title="退出"
14.          app:showAsAction="always"
15.          />
16.      <item
17.          android:id="@+id/menu_help"
18.          android:icon="@drawable/help"
19.          android:title="关于"
20.          app:showAsAction="never"
21.          />
22.  </menu>
```

3. 使用 MenuInflater 添加菜单资源

在 onCreateOptionMenu()中加载菜单资源。Inflater 为 Android 建立了从资源文件到对象的桥梁，MenuInflater 把菜单 XML 资源转换为对象并添加到 menu 对象中。

4. 加载菜单资源

在 main_activity.java 中重写 onCreateOptionMenu()方法，实现加载菜单资源。代码如下：

```
1.   @Override
2.   public boolean onCreateOptionsMenu(Menu menu) {
3.       MenuInflater menuInflater=getMenuInflater();
4.       menuInflater.inflate(R.menu.menu_options,menu);
5.       return super.onCreateOptionsMenu(menu);
6.   }
```

代码中，onCreateOptionMenu(Menu menu)方法为当前活动绑定菜单。

5. 处理菜单项单击事件

选项菜单的单击处理需要在 main_activity.java 中重写事件驱动方法 onOptionsItem-Selected()，该方法提供了一个 item 参数，可以通过这个参数获得选中菜单的 id，根据用户所选 id 执行响应的操作。

为了实现菜单项中"设置"选项对 UI 界面中 TextView 组件的控制，首先在 MainActivity 类增加一个类成员 TextView tvdemo，并在 protected void onCreate(Bundle savedInstanceState) 方法中初始化为 tvdemo=findViewById(R.id.tvshow)。

onOptionsItemSelected()方法的代码如下：

```
1.   @Override
2.   public boolean onOptionsItemSelected(@NonNull MenuItem item) {
3.       int itemID=item.getItemId();
4.       switch (itemID) {
5.           case R.id.menu_setting:
6.               String[] colors={"红","绿","蓝"};
7.               AlertDialog.Builder builder=new AlertDialog.Builder(this);
8.               builder.setIcon(R.drawable.settings);
9.               builder.setTitle("请选择一种颜色");
10.              //禁止单击对话框之外的区域
11.              builder.setCancelable(false);
12.              //内容区为单选项列表
13.              builder.setSingleChoiceItems(colors, 1, new DialogInterface.OnClickListener() {
14.                  @Override
15.                  public void onClick(DialogInterface dialog, int which) {
16.                      switch (which) {
17.                          case 0:
18.                              tvdemo.setTextColor(Color.rgb(255, 0, 0));
19.                              break;
20.                          case 1:
21.                              tvdemo.setTextColor(Color.rgb(0, 255, 0));
22.                              break;
23.                          case 2:
24.                              tvdemo.setTextColor(Color.rgb(0, 0, 255));
```

```
25.                             break;
26.                         }
27.                     }
28.                 });
29.                 builder.setPositiveButton("OK",null);
30.                 AlertDialog dialog=builder.create();
31.                 dialog.show();
32.
33.                 return true;
34.             case R.id.menu_exit:
35.                 android.os.Process.killProcess(android.os.Process.myPid());
36.                 System.exit(0) ;
37.                 return true;
38.             case R.id.menu_help:
39.                 Toast.makeText(this,"这是一个选项菜单的样例",Toast.LENGTH_SHORT).show();
40.                 return true;
41.             default:
42.         }
43.         return super.onOptionsItemSelected(item);
44. }
```

程序运行后的结果如图 5-7 所示，可以选择 ActionBar 中右边的 3 个图标，实现字体颜色设置、退出等操作。图 5-7(a)是单击设置图标后显示的颜色选择对话框，图 5-7(b)是字体颜色设置后的运行结果。

(a) 单击设置菜单后　　　　　　(b) 字体颜色设置后的效果

图 5-7　例 5-4 的运行效果

6. 在标题栏增加返回图标

在 APP 中经常会在其顶部的标题栏显示标题和 "←" 的返回图标，这个实现起来也非常简单，只需要在 main_activity.java 的 onCreate()方法中增加如下代码：

```
1.    protected void onCreate(Bundle savedInstanceState) {
2.        …
3.    //获取当前的 ActionBar
4.        ActionBar supportActionBar=getSupportActionBar( );
5.    //设置标题文字
6.    supportActionBar.setTitle("菜单应用举例");
7.    //在 ActionBar 中最左边显示 "←"
8.    supportActionBar.setDisplayHomeAsUpEnabled(true);
9.    }
```

程序运行的结果如图 5-8 所示。

图 5-8　在 ActionBar 增加 "←" 图标并改变标题

为了能够响应单击 "←" 的动作，还需要为返回箭头在 onOptionsItemSelected()中添加响应代码。代码 supportActionBar.setDisplayHomeAsUpEnabled(true) 添加的 "←" 图标是 Android 系统中自定义的，其 id=android.R.id.home，对应的代码如下：

```
1.    public boolean onOptionsItemSelected(@NonNull MenuItem item) {
2.        int itemID=item.getItemId( );
3.        switch (itemID) {
4.            …
5.            case android.R.id.home:        //返回图标 id
6.                this.finish( );
7.                break;
8.            default:
9.                break;
10.       }
11.       return super.onOptionsItemSelected(item);
12.   }
```

5.2.2 上下文菜单

上下文菜单是长按某个视图弹出的菜单。所谓的"上下文"就是与所处的环境有关，即上下文菜单是依附于某一个控件。不同的控件可以设置不同的上下文菜单。

上下文菜单与选项菜单最大的不同是：选项菜单的拥有者是 Activity，也就是说每个 Activity 有且只有一个选项菜单；上下文菜单的拥有者是 Activity 中的 View 对象，Activity 通常拥有多个 View，可以根据需要为某些特定的 View 通过调用 Activity 的 registerForContexMenu() 方法注册指定的上下文菜单。上下文菜单的编程步骤如下：

① 构建 Menu 资源；

② 调用 registerForContextMenu() 方法为指定 View 注册 ContextMenu；

③ 重写 onCreateContextMenu() 中加载菜单资源；

④ 重写 onContextItemSelected() 方法响应 ContextMenu 的单击事件的处理。

这里为例 5-4 中显示"HelloWorld！"TextView 文本控件添加一个上下文菜单改变字号的大小，长按这个文本控件时会显示上下文菜单，可以设置该控件中文本字号的大小为大、中和小。

1. 创建上下文菜单 menu_context.xml

代码如下：

```
1.    <?xml version="1.0" encoding="utf-8"?>
2.    <menu xmlns:android="http://schemas.android.com/apk/res/android"
3.        xmlns:app="http://schemas.android.com/apk/res-auto">
4.        <item
5.            android:id="@+id/menu_large"
6.            android:title="大号"
7.            />
8.        <item
9.            android:id="@+id/menu_mid"
10.           android:title="中号"
11.           />
12.       <item
13.           android:id="@+id/menu_small"
14.           android:title="小号"
15.           />
16.   </menu>
```

2. 为 TextView 文本控件注册上下文菜单

在 MainActivity 类中定义文本框控件对应的成员变量：

```
    TextView tvdemo;
```

在 main_activity.java 中的 onCreate()添加为该控件注册上下文菜单的语句：

17.　　protected void onCreate(Bundle savedInstanceState) {

18.　　…

19.　　　　registerForContextMenu(tvdemo);

20.　　　}

3. 在 onCreateContextMenu()方法中加载上下文菜单

上下文菜单的加载需要重写 onCreateContextMenu()方法。在该方法中将前述"1."中建立的 menu_context.xml 菜单资源加载到 MenuInflater 对象。

21.　　@Override

22.　　public void onCreateContextMenu(ContextMenu menu, View v, ContextMenu.ContextMenuInfo menuInfo) {

23.　　　　super.onCreateContextMenu(menu, v, menuInfo);

24.　　　　MenuInflater menuInflater=getMenuInflater();

25.　　　　menuInflater.inflate(R.menu.menu_context,menu);

26.　　}

4. 在 onContextItemSelected()方法中实现上下文菜单的消息处理

在 onContextItemSelected()方法中根据菜单的用户选择菜单的 id 值，改变 Activity 中 Textview 控件显示文本的字号。代码如下：

27.　　@Override

28.　　public boolean onContextItemSelected(@NonNull MenuItem item) {

29.　　　　int itemID=item.getItemId();

30.　　　　float f=30;

31.　　　　switch (itemID) {

32.　　　　　case R.id.menu_large:

33.　　　　　　tvdemo.setTextSize(f);

34.　　　　　　return true;

35.　　　　　case R.id.menu_mid:

36.　　　　　　tvdemo.setTextSize(f-10);

37.　　　　　　return true;

38.　　　　　case R.id.menu_small:

39.　　　　　　tvdemo.setTextSize(f-20);

40.　　　　　　return true;

41.　　　　　default:

42.　　　　　　break;

43.　　　　}

44.　　　　return super.onContextItemSelected(item);

45.　　}

5.2.3 弹出菜单

弹出菜单是单击任何一个组件时都可以弹出的菜单，类似于一个弹窗。弹出菜单的编程步骤如下：

(1) 构建 Menu 文件 menu_popup.xml。

(2) 在编程时可以直接使用如下代码段，就可以显示一个弹出菜单：

    new PopupMenu(this,view);

    popupMenu.inflate(R.menu.menu_popup);

    popupMenu.show( )

(3) 编写弹出菜单的事件驱动。为 PopupMenu 的对象注册菜单项单击监听器，并重写 onMenuItemClikc( )方法实现菜单的单击响应处理。

下面继续为例 5-4 中显示的"HelloWorld！"TextView 文本控件添加一个弹出菜单改变其背景颜色。当单击这个文本控件时会显示弹出菜单，可以设置该控件的背景色。

1. 创建一个弹出菜单 menu_popup.xml

代码如下：

```
1.   <?xml version="1.0" encoding="utf-8"?>
2.   <menu xmlns:android="http://schemas.android.com/apk/res/android"
3.        xmlns:app="http://schemas.android.com/apk/res-auto">
4.       <item
5.           android:id="@+id/menu_black"
6.           android:title="灰色"
7.           />
8.       <item
9.           android:id="@+id/menu_purple"
10.          android:title="玫红"
11.          />
12.      <item
13.          android:id="@+id/menu_yellow"
14.          android:title="黄色"
15.          />
16.  </menu>
```

2. 在 onCreate( )方法中为文本框控件设置监听器

代码如下：

```
17.  protected void onCreate(Bundle savedInstanceState) {
18.  …
19.      tvdemo=findViewById(R.id.tvshow);
20.  …
21.      tvdemo.setClickable(true);        //文本框可以响应单击事件
```

```
22.        tvdemo.setOnClickListener(new View.OnClickListener( ) {
23.            @Override
24.            public void onClick(View v) {
25.                showPopupMen(v);
26.            }
27.        });
28.
29.    }
```

3. 实现文本框单击事件的响应方法 showPopupMenu( )

首先加载并显示弹出菜单，然后为菜单注册监听器，并实现监听器中的单击响应方法 onMenuItemClick( )。代码如下：

```
30.    private   void showPopupMen(View view){
31.        PopupMenu popupMenu=new PopupMenu(this,view);
32.        popupMenu.inflate(R.menu.menu_popup);
33.        popupMenu.show( );
34.        popupMenu.setOnMenuItemClickListener(new PopupMenu.OnMenuItemClickListener( ) {
35.            @Override
36.            public boolean onMenuItemClick(MenuItem item) {
37.                int itemID=item.getItemId( );
38.                switch (itemID) {
39.                    case R.id.menu_black:
40.                        tvdemo.setBackgroundColor(Color.LTGRAY);
41.                        return true;
42.                    case R.id.menu_purple:
43.                        tvdemo.setBackgroundColor(Color.MAGENTA);
44.                        return true;
45.                    case R.id.menu_yellow:
46.                        tvdemo.setBackgroundColor(Color.YELLOW);
47.                        return true;
48.                    default:
49.                        break;
50.                }
51.                return false;
52.            }
53.        });
54.    }
```

上面通过例 5-4 说明了几种常用菜单的编程方法，其中选项菜单是界面设计中最常使用的菜单。

5.3　高 级 组 件

5.3.1　ListView 列表视图

在界面中显示少量数据可以采用 TextView 控件，如果需要显示的数据比较多，如微信或淘宝等 APP 中通常需要在一个应用界面显示多个条目，并且每个条目显示风格一致，则在程序中通过 ListView 控件来实现。

ListView 是 Android 中比较常用的控件，用垂直列表的形式显示数据内容，允许用户通过上下滑动的方式来查看数据。

ListView 控件不能直接接收显示的数据，而是需要借助适配器来完成。编程时需要先将数据源绑定到适配器，并将绑定后的适配器对象设置到 ListView 控件中，再由适配器负责将数据加载到 ListView 控件上。因此，我们可以把适配器理解成是一个连接数据源和 UI 控件的桥梁。通过它可以实现数据和控件的分离，这种技术使得控件和数据的绑定、修改更加便捷。Android 中提供的适配器实现类有 BaseAdapter、ArrayAdapter 和 SimpleAdapter。

ListView 控件显示信息的每一行都是一个 Item 子项，所有 Item 子项合起来就构成了一个 ListView。ListView 控件显示信息的步骤如下：

(1) 准备数据源；

(2) 为适配器绑定数据源；

(3) 将适配器与 ListView 组件进行关联；

(4) 为 ListView 组件编写单击事件响应方法。

ListView 组件可以设置单击事件的监听器，可以通过使用 setOnItemListener()方法为 ListView 注册监听器，并实现监听条目的单击事件。

这里以 ListView 和数组适配器 ArrayAdapter 结合使用为例说明 ListView 的编程过程。如果 ListView 的数据源来自数组，就需要使用数组适配器 ArrayAdapter。每一个 Item 子项既可以是一个字符串，也可以是其他多种控件的组合。

下面分别通过一个例子说明使用 ListView 实现文字显示和文字加图片显示的方法。

【例 5-5】采用两个 ListView 组件，一个显示运动项目名称，另一个显示运动项目名称及运动图片。

创建一个工程，名为 samp_listview。在 activity_main.xml 中加入两个 ListView 组件。

在系统创建的约束布局中用拖放的方式加入两个 ListView，一个用来显示文本(id = "@+id/lv_text")，一个用来显示文本加图片(id = "@+id/lv_image")，并为这两个 ListView 控件设置 4 个边的约束关系和 id 属性。

activity_main.xml 完整代码如下：

```
1.    <?xml version="1.0" encoding="utf-8"?>
2.    <androidx.constraintlayout.widget.ConstraintLayout xmlns:android="http://schemas.android.com/apk/
      res/android"
3.        xmlns:app="http://schemas.android.com/apk/res-auto"
```

```
4.      xmlns:tools="http://schemas.android.com/tools"
5.      android:layout_width="match_parent"
6.      android:layout_height="match_parent"
7.      android:layout_marginStart=" "
8.      android:layout_marginTop="20dp"
9.      android:layout_marginBottom="20dp"
10.     tools:context=".MainActivity">
11.     <ListView
12.     android:id="@+id/lv_text"
13.         android:layout_width="108dp"
14.         android:layout_height="match_parent"
15.         app:layout_constraintBottom_toBottomOf="parent"
16.         app:layout_constraintEnd_toEndOf="parent"
17.         app:layout_constraintHorizontal_bias="0.085"
18.         app:layout_constraintStart_toStartOf="parent"
19.         app:layout_constraintTop_toTopOf="parent"
20.         app:layout_constraintVertical_bias="0.59" />
21.     <ListView
22.         android:id="@+id/lv_image"
23.         android:layout_width="228dp"
24.         android:layout_height="match_parent"
25.         android:layout_marginEnd="8dp"
26.         app:layout_constraintBottom_toBottomOf="parent"
27.         app:layout_constraintEnd_toEndOf="parent"
28.         app:layout_constraintHorizontal_bias="0.804"
29.         app:layout_constraintStart_toEndOf="@+id/LV_text"
30.         app:layout_constraintTop_toTopOf="parent"
31.         app:layout_constraintVertical_bias="0.577" />
32.  </androidx.constraintlayout.widget.ConstraintLayout>
```

在 MainActivity.java 代码中编程实现在布局中 android:id="@+id/lv_text"的 ListView 组件显示多种运动的字符串，步骤如下：

(1) 准备数据源。运动名称的字符串存储在 dataarray 数组中，将该数组定义为 MainActivity.java 中的私有数组。

```
    private String[] dataarray = new String[]{"足球", "篮球", "排球", "羽毛球", "跨栏", "撑竿跳", "帆船", "单杠", "吊环", "鞍马", "跳水", "滑冰", "摔跤", "射击"};
```

在 MainActivity.java 中的 initView()方法中完成适配器的创建，通过适配器将数据源数组和 ListView 组件进行管理。

(2) 创建 ArrayAdapter 数组适配器并绑定数据源。ArrayAdapter 有 6 个构造函数，以数组为数据源常采用如下构造函数：

```
    public ArrayAdapter(Context context, int resource, T[] objects)
```

该构造函数中 3 个参数的含义分别是：

· context：上下文，是当前所在的位置 this，不能为 null。

· resource：是 ListView 中 Item 子项的布局的资源 id 号，即 ListView 中每个 Item 子项对应布局的资源 id 号，可以使用 Android 系统中提供的已经定义好的简单的文本布局。之前使用的自定义资源都是 R.id.xx，使用 Android SDK 系统中定义好的资源就需要使用 android.R.layout.xx。Android SDK 系统中提供的 ListView 可以使用的列表项资源的样式是以 android.R.layout.simple_list_xx 命名，如下所示：

android.R.layout.simple_list_item_1

android.R.layout.simple_list_item_2

android.R.layout.simple_list_activated_1

android.R.layout.simple_list_activated_2

android.R.layout.simple_list_checked

android.R.layout.simple_list_multiple_choice

这些布局资源可以在 ListView 中实现字符串、单选和多选等显示功能。

在这里可以使用纯文本样式的布局资源 android.R.layout.simple_list_item_1.xml，该文件的完整代码如下所示，该布局只包含了一个 TextView 文本框控件，用来显示字符串。

```
33.    <?xml version="1.0" encoding="utf-8"?>
34.    …
35.    <TextView xmlns:android="http://schemas.android.com/apk/res/android"
36.        android:id="@android:id/text1"
37.        android:layout_width="match_parent"
38.        android:layout_height="wrap_content"
39.        android:textAppearance="?android:attr/textAppearanceListItemSmall"
40.        android:gravity="center_vertical"
41.        android:paddingStart="?android:attr/listPreferredItemPaddingStart"
42.        android:paddingEnd="?android:attr/listPreferredItemPaddingEnd"
43.        android:minHeight="?android:attr/listPreferredItemHeightSmall" />
```

· T[]：在 ListView 中显示数据存放的泛型数组名称，该数组为列表项提供数据。具体来说，该泛型就是 string 类型，也就是之前建立的 dataarray 数组类型。

创建并绑定数据源的 ArrayAdapter 语句如下：

ArrayAdapter<String> adapter = new ArrayAdapter<String>(this, android.R.layout.simple_list_item_1, dataarray);

(3) 为 ListView 绑定 ArrayAdapter 适配器。将上一步的 adapter 通过 ListView 的 setAdapter()方法设置为 lv_text 的适配器。

MainActivity.java 代码如下：

```
44.    MainActivity
45.    import androidx.appcompat.app.AppCompatActivity;
46.    import android.os.Bundle;
47.    import android.widget.ArrayAdapter;
```

```
48.    import android.widget.ListView;
49.
50.    public class MainActivity extends AppCompatActivity {
51.        private ListView listView;
52.        private String[] dataarray = new String[]{"足球" "篮球" "排球" "羽毛球" "跨栏" "撑竿跳"
"帆船" "单杠" "吊环" "鞍马" "跳水" "滑冰" "摔跤" "射击"};
53.        @Override
54.        protected void onCreate(Bundle savedInstanceState) {
55.            super.onCreate(savedInstanceState);
56.            setContentView(R.layout.activity_main);
57.            initView();
58.        }
59.
60.        public void initView() {
61.            listView = findViewById(R.id.lv_text);
62.            //将数组适配器绑定提供数据源的数组
63.            ArrayAdapter<String> adapter = new ArrayAdapter<String>(this,android.R.layout.simple_
list_ item_1, dataarray);
64.            //将 ListVIew 和数组适配器关联起来
65.    listView.setAdapter(adapter);
66.        }
67.    }
```

运行后的结果如图 5-9 所示。

图 5-9　在 ListView 中显示文本信息

(4) 在 ListView 显示字符串和图片。在 activity_main.xml 的另一个 android:id =

"@+id/lv_image" 的 ListView 组件中显示运动的名称和运动图片。整个编程的过程和 lv_text 中显示文本的过程相同，所不同的是需要自定义 ListView 的 Item 子项布局、数据类和适配器类。然后再用这些布局、数据和适配器控制 ListView 组件。具体过程如下：

① 为 ListView 的 Item 子项定义布局资源。在工程管理器中选中 "res-layout"，然后单击鼠标右键，在弹出的菜单项中选中 "New→Layout Resource File" 新建一个资源文件，名为 "Sport_item.xml"，选择其父布局是线性布局 "LineLayout"。让 ListView 组件的每一个 Item 子项都水平显示运动的名称和一张运动图片，因此在这个布局文件中只需在水平布局中加入一个 TextView 和一个 image 控件即可。

Sport_item.xml 的代码如下：

```
1.    <?xml version="1.0" encoding="utf-8"?>
2.    <LinearLayout xmlns:android="http://schemas.android.com/apk/res/android"
3.        android:orientation="horizontal"
4.        android:layout_width="match_parent"
5.        android:layout_height="match_parent"
6.        android:layout_margin="10dp">
7.        <TextView
8.          android:id="@+id/sport_name"
9.          android:layout_width="60dp"
10.         android:layout_height="wrap_content"
11.         android:layout_gravity="center_horizontal"/>
12.       <ImageView
13.         android:id="@+id/sport_image"
14.         android:layout_width="wrap_content"
15.         android:layout_height="wrap_content"/>
16.   </LinearLayout>
```

② 定义 Item 子项的数据类，也就是 ListView 列表项的实际数据内容。在定义 ArrayAdapter 类型适配器时，需要提供泛型是字符串的参数，即 ListView 的 Item 子项显示的字符串，因此需要准备一个字符串数组。新建一个 Sport 类，从下面给出的代码可以看到提供了一个构造方法和两个 Get 方法。

```
1.    package xsyu.jsj.samp_listview;
2.    public class Sport {
3.        private String name;
4.        private int image_id;
5.        public Sport(String name, int image_id) {
6.          this.name = name;
7.          this.image_id = image_id;
8.        }
9.        public String getName( ) {
10.         return name;
```

```
11.        }
12.        public int getImage_id() {
13.             return image_id;
14.        }
15.    }
```

③ 自定义一个适配器类。Android 提供了一些适配器的实现类，如 BaseAdapter、ArrayAdapter 和 SimpleAdapter 等，可以自定义一个适配器类继承自这些实现类，重载这些类中的方法。自定义的适配器类 SportAdapter 继承自抽象类 ArrayAdapter。重点是定义构造函数和重写基类 ArrayAdapter 的 getView()方法。代码如下：

```
16.    package xsyu.jsj.samp_listview;
17.    import android.annotation.SuppressLint;
18.    import android.content.Context;
19.    import android.view.LayoutInflater;
20.    import android.view.View;
21.    import android.view.ViewGroup;
22.    import android.widget.ArrayAdapter;
23.    import android.widget.ImageView;
24.    import android.widget.TextView;
25.    import androidx.annotation.NonNull;
26.    import androidx.annotation.Nullable;
27.    import java.util.List;
28.    public class SportAdapter extends ArrayAdapter <Sport>{
29.        private int resourceid;
30.        public SportAdapter(@NonNull Context context, int resource, @NonNull List<Sport> objects) {
31.             super(context, resource, objects);
32.             resourceid=resource;
33.        }
34.        @NonNull
35.        @Override
36.        public View getView(int position, @Nullable View convertView, @NonNull ViewGroup parent) {
37.        //获取信息显示在列表项的位置
38.        Sport sport=getItem(position);
39.             View view= LayoutInflater.from(getContext()).inflate(resourceid,parent,false);
40.        //将 ListView 中位置在 position 子项的显示数据和图片
41.        ImageView sportimage=view.findViewById(R.id.sport_image);
42.        TextView   sportname=view.findViewById(R.id.sport_name);
43.        sportimage.setImageResource(sport.getImage_id());
44.        sportname.setText(sport.getName());
45.        return view;
46.    }}
```

ListView 组件的每个 Item 子项显示都会调用一次 getView()，直到 ListView 的屏幕被占满。当拖动界面时，新移入屏幕的一个条目就会调用一次 getView()方法，当 ListView 的屏幕空间被装满时，移进一个条目的同时就要移除一个条目，移进的条目对象被创建，移除的条目对象被销毁。getView()的第 2 个参数 convertView 就是移除的条目对象。也就是说，ListView 条目的显示是有缓冲区的，一开始缓冲区是空的，缓冲区的大小是 ListView 中可以显示的条目的数量，当向下翻滚的时候实际上使用的是原有移除条目的缓冲区。可以重复利用移除条目对象，而不是频繁地执行创建和销毁对象操作。

优化后的 getView()方法的代码：

```
1.    public View getView(int position, @Nullable View convertView, @NonNull ViewGroup parent) {
2.        //优化后的
3.        Sport sport=getItem(position);
4.        View view;
5.        ViewHolder viewHolder;
6.        if(convertView==null) {
7.            view = LayoutInflater.from(getContext()).inflate(resourceid, parent, false);
8.            viewHolder   =new ViewHolder();
9.            viewHolder.ivsportimage=view.findViewById(R.id.sport_image);
10.           viewHolder.tvsportname=view.findViewById(R.id.sport_name);
11.           //保存 viewHolder 类对象作为一个 tag 数据保存在 view 视图中
12.           view.setTag(viewHolder);
13.       }
14.       else {
15.           view = convertView;
16.           //获取保存在 view 视图中的 viewHolder 类对象
17.           viewHolder = (ViewHolder) view.getTag();
18.       }
19.       viewHolder.ivsportimage.setImageResource(sport.getImage_id());
20.       viewHolder.tvsportname.setText(sport.getName());
21.       return view;
22.   }
```

第 5 行代码中的 ViewHolder 类型定义如下。它是为了在 View 缓冲区利用 Tag 标签暂存 ListView 组件条目包含的 TextView 和 ImageView 组件引用建立的。它的目的是暂存 ListView 组件中的数据，在 ListView 滚动的时候快速设置，进而提升性能。代码第 12 行和第 17 行分别是向 View 中存入和从 View 中取出 ViewHolder 型对象数据。

```
23.   public class ViewHolder {
24.           ImageView ivsportimage;
25.           TextView tvsportname;
26.   }
```

优化后 getView()，程序的运行结果虽然没有发生变化，但是这些操作背后是执行效率的提高和内存资源的节省。

④ 为 ListView 完成 ArrayAdapter 适配器绑定并显示字符串及图片，具体步骤如下：

a. 在 MainActivity 类中定义一个 ArrayList 类型的成员 sportarray。数据源是在②中定义的 Sport 类型的，并存储在一个 ArrayList 类型的 sportarray 成员，定义如下：

　　　　private ArrayList<Sport>sportarray=new ArrayList<Sport>();

b. 导入运动图片。Sport 类型包含一个运动项目名称的字符串和一个该运动的示意图片，因此先将一组与运动名称对应的运动图片复制到 res→drawable 资源文件夹下。

c. 在 MainActivity 类中新建一个图片资源数组 imageIDarray。运动图片资源对应的是一个整型值，将其存放在 imageIDarray 数组中，定义如下：

　　　　private int[] imageIDarray=new int[]{R.drawable.football, R.drawable.basketball, R.drawable.volleyball, R.drawable.badminton, R.drawable.hurdle, R.drawable.polevault, R.drawable.sailing, R.drawable.horizontalbar, R.drawable.rings, R.drawable.pommelhorse, R.drawable.diving, R.drawable.skating, R.drawable.wrestling, R.drawable.shooting};

d. 初始化 sportarray 数据。可以在 MainActivity 类中新建 initSportslist()方法，完成 sportarray 数据的初始化。

```
1.    private   void initSportslist(){
2.        for(int i=0;i<11;i++)
3.            sportarray.add(new port(dataarray[i],imageIDarray[i]));
4.    }
```

e. 为 activity_main.xml 中的 id="@+id/lv_image"的 ListView 绑定适配器。在 MainActivity 类中加入 ListView 类型的成员：

　　　　private ListView listView2;

在 initView()中添加如下代码，为 ListView2 绑定适配器。

```
5.    public void initView() {
6.        …
7.        listView2=findViewById(R.id.lv_image);
8.        SportAdapter myadapter=new
9.        SportAdapter(MainActivity.this,R.layout.sport_item,sportarray);
10.       listView2.setAdapter(myadapter);
11.   }
```

⑤ 为 ListView2(字符串+图片显示)列表项添加单击事件。

为了响应单击 ListView 列表项时的动作，需要为 ListView 组件注册监听器并实现 onItemClick()方法。下面代码的功能是单击界面右侧的 ListView2 列表项时 Toast 显示所在的位置和运动项目名称。

```
12.   listView2.setOnItemClickListener(new AdapterView.OnItemClickListener() {
13.       @Override
14.       public void onItemClick(AdapterView<?> parent, View view, int position, long id) {
15.           TextView sportname=view.findViewById(R.id.sport_name);
16.           String showmsg="位置:"+position+"        name:"+sportname.getText().toString();
```

17.　　　　　　　　　　　　Toast.makeText(MainActivity.this,showmsg,Toast.LENGTH_SHORT).show();

18.　　　}

19.　});

程序运行结果如图 5-10 所示。

图 5-10　例 5-5 中两个 ListView 的显示效果

如果在 ListView 的 Item 子项还有其他信息要显示，则只要在 Item 子项的布局中添加相应的控件即可，操作过程类似。

5.3.2　RecyclerView 视图

RecyclerView(回收视图)是 ListView 的升级版本，能够提供一种包含大量视图并延伸到屏幕之外的外观，具有更大的灵活性，更能契合界面设计的需求，可以高效管理少量的视图。与 ListView 不同的是，RecyclerView 不使用 Andorid 内置的类似数组适配器，需要编写自己的适配器。编程的过程包括指定数据类型、创建视图并把数据绑定到视图。

另外，RecyclerView 还利用一个布局管理器 LayoutManager 来设置每一项 View 在 RecyclerView 中的位置布局以及控件显示属性(显示或隐藏)。当 View 重用或回收时，LayoutManager 都会向 Adapter 请求新的数据替换原来的数据内容。这种回收重用的机制可以提高性能，避免创建很多的 View 或频繁调用 findViewById()方法。

RecyclerView 有 3 种布局管理器，分别是：

(1) LinearLayoutManager：线性布局，横向或者纵向滑动列表。

(2) GridLayoutManager：表格布局。

(3) StaggeredGridLayoutManager：流式布局，如瀑布流效果。

RecyclerView 可以通过使用这 3 种布局管理器，只用简单的几条语句就可以呈现出不同的显示效果。

RecyclerView 的应用非常灵活，表 5-5 给出了与 RecyclerView 相关的类及其说明。

表 5-5　与 RecyclerView 相关的类

类 名	说 明
RecyclerView.Adapter	可以托管数据集合，为每一项 Item 创建视图并且绑定数据
RecyclerView.ViewHolder	承载 Item 视图的子布局
RecyclerView.LayoutManager	负责 Item 视图的布局的显示管理
RecyclerView.ItemDecoration	给每一项 Item 视图添加子 View，例如可以画分隔线等
RecyclerView.ItemAnimator	负责处理数据增加或者删除时的动画效果

这里介绍表中最常用的前 3 个类的编程方法。RecyclerView 的编程步骤与 ListView 比较相似，步骤如下：

(1) 为 RecyclerView 设置 LayoutManager；

(2) 定义数据源；

(3) 为 RecyclerView 的 Item 设置布局文件；

(4) 定义 RecyclerView 的适配器；

(5) 为 RecyclerView 绑定适配器。

【例 5-6】　使用 RecyclerView 显示运动项目图片及名称。

(1) 创建一个工程，名为 samp_Recyclerview。

(2) 在 activity_main.xml 中加入一个 RecyclerView 组件。RecyclerView 不能像 ListView 那样直接使用，而是需要在工程中导入一个依赖包。导入依赖包需要在 Android 工程浏览器下选择 "Android" 显示模式，然后在图 5-11 所示的图中选择 build.gradle 文件，在该文件中的 dependencies { } 中加入语句：

　　　　implementation 'androidx.recyclerview:recyclerview:1.1.0'

recyclerview:1.1.0 的版本可以根据需要进行选择。

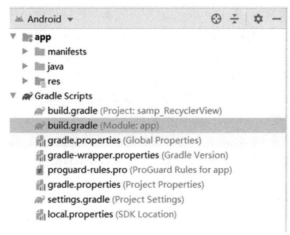

图 5-11　导入 RecyclerView 依赖包

(3) 导入完成后需要单击工具栏右上角的 图标同步工程的 Gradle 文件，然后就可以在 activity_main.xml 布局文件中加入 RecyclerView 组件。

完整的 activity_main.xml 代码如下：

```
1.    <?xml version="1.0" encoding="utf-8"?>
2.    <androidx.constraintlayout.widget.ConstraintLayout
3.    xmlns:android="http://schemas.android.com/apk/res/android"
4.        xmlns:app="http://schemas.android.com/apk/res-auto"
5.      xmlns:tools="http://schemas.android.com/tools"
6.        android:layout_width="match_parent"
7.        android:layout_height="match_parent"
8.        tools:context=".MainActivity">
9.    <androidx.recyclerview.widget.RecyclerView
10.            android:id="@+id/recycler_view"
11.        android:layout_width="match_parent"
12.      android:layout_height="match_parent"
13.        android:layout_marginStart="8dp"
14.        android:layout_marginTop="8dp"
15.          android:layout_marginEnd="8dp"
16.         android:layout_marginBottom="8dp"
17.          app:layout_constraintBottom_toBottomOf="parent"
18.         app:layout_constraintEnd_toEndOf="parent"
19.          app:layout_constraintStart_toStartOf="parent"
20.         app:layout_constraintTop_toTopOf="parent"
21.         app:layout_constraintVertical_bias="0.51" />
22.    </androidx.constraintlayout.widget.ConstraintLayout>
```

需要说明的是，RecyclerView 组件来自第三方库，因此在类型声明时使用语句：

```
<androidx.recyclerview.widget.RecyclerView
```

（4）为 RecyclerView 设置 LayoutManager。在 MainActivity.java 中为 MainActivity 类定义如下成员变量：

```
private RecyclerView recyclerView;
```

并在 onCreate()中加入代码：

```
recyclerView=findViewById(R.id.recycler_view);
```

然后新建一个初始化视图的函数 initView()，在其中为 RecyclerView 设置其 LayoutManager 为 LinearLayoutManager，并设置排列方向为水平，代码如下：

```
23.   void initView(){
24.      //为 RecyclerView 设置线性 LayoutManager
25.      LinearLayoutManager layoutManager=new LinearLayoutManager(this);
26.       layoutManager.setOrientation(layoutManager.HORIZONTAL);
27.       recyclerView.setLayoutManager(layoutManager);
28.       }
```

(5) 定义 RecyclerView 的 Item 子项数据类。Item 子项的数据与例 5-5 中的 Sport 相同。Sport 是为 RecyclerView 提供数据源的数据类型，这里使用一个 List 作为数据源。

在 MainActivity.java 中为 MainActivity 类定义如下成员变量：

```
private List<Sport>    sportList=new ArrayList<>();
```

然后在下面自定义的 initdata()中实现对 List 中的数据(运动图片 id 和名称)添加代码。自定义函数 initdata()的代码如下：

```
29.    void initdata(){
30.              int[] imageIDarray=new
31.    int[]{R.drawable.football,R.drawable.basketball,R.drawable.volleyball,
32.    R.drawable.badminton,
33.
34.    R.drawable.hurdle,R.drawable.polevault,R.drawable.sailing,R.drawable.horizontalbar,R.d
35.    rawable.rings,
36.
37.    R.drawable.pommelhorse,R.drawable.diving,R.drawable.skating,R.drawable.wrestling,R.
38.    drawable.shooting};
39.              String[] sportname=new String[]{"football","basketball ","volleyball", "badminton",
40.                  "hurdle","polevault","sailing","horizontalbar","rings",
41.                  "pommelhorse","diving","skating","wrestling","shooting"};
42.              int n=imageIDarray.length;
43.              for(int i=0;i<n;i++){
44.                  sportList.add(new Sport(sportname[i],imageIDarray[i]));
45.              }
46.    }
```

(6) 为 RecyclerView 的 Item 子项定义布局资源。例子中的每一个 Item 是运动图片和名称文字，分别对应 ImageView 和 TextView 组件，放置在一个垂直的线性布局中。完整的 sport_item.xml 的代码如下：

```
1.    <?xml version="1.0" encoding="utf-8"?>
2.    <LinearLayout xmlns:android="http://schemas.android.com/apk/res/android"
3.        android:orientation="vertical"
4.        android:layout_width="100dp"
5.        android:layout_height="100dp"
6.        android:layout_margin="10dp">
7.        <ImageView
8.            android:id="@+id/sport_image"
9.            android:layout_width="match_parent"
10.           android:layout_height="50dp"
11.           android:scaleType="fitCenter" />
12.       <TextView
```

```
13.              android:id="@+id/sport_name"
14.              android:layout_width="match_parent"
15.              android:layout_height="20dp"
16.              android:gravity="center"/>
17.  </LinearLayout>
```

(7) 自定义 RecyclerView 适配器。RecyclerView 需要自定义一个继承自 RecyclerView.
Adapter<>的适配器，其编程步骤如下：

① 定义 ViewHolder 类。ViewHolder 类的实质就是获得 RecyclerView 中 Item 子项对应各控件的引用。在下面的代码中 ViewHolder 是定义在适配器内部的一个静态内部类。

② 为适配器定义构造方法。构造方法在新建适配器对象时传入数据源和 RecyclerView 每个 Item 的布局资源 id。

实现 RecyclerView.Adapter 接口的 3 个抽象方法如下：

- public ViewHolder onCreateViewHolder(ViewGroup parent, int viewType)；
- public void onBindViewHolder(@NonNull ViewHolder holder, int position)；
- public int getItemCount()。

其中，onCreateViewHolder()和 onBindViewHolder()这两个方法分别实现类似于在 ListView 的 getView()方法中获取 ListView 条目和给 ListView 的 Item 填充数据的功能。

完整的 RecyclerView 的自定义适配器代码如下：

```
18.  package xsyu.jsj.samp_recyclerview;
19.
20.  import android.view.LayoutInflater;
21.  import android.view.View;
22.  import android.view.ViewGroup;
23.  import android.widget.ImageView;
24.  import android.widget.TextView;
25.
26.  import androidx.annotation.NonNull;
27.  import androidx.recyclerview.widget.RecyclerView;
28.  import java.util.List;
29.
30.  public class myRecyclerAdaper extends RecyclerView.Adapter<myRecyclerAdaper.ViewHolder> {
31.
32.      private List<Sport> sportlist;
33.      private int resource;
34.
35.      public myRecyclerAdaper(List<Sport> sportlist, int resource) {
36.          this.sportlist = sportlist;
37.          this.resource = resource;
38.      }
```

```
39.
40.        @NonNull
41.        @Override
42.        //生成 ViewHolder
43.        public ViewHolder onCreateViewHolder(@NonNull ViewGroup parent, int viewType) {
44.            View itemView= LayoutInflater.from(parent.getContext()).inflate(resource,parent,false);
45.            ViewHolder holder= new ViewHolder(itemView);
46.            return holder;
47.        }
48.
49.        @Override
50.        public void onBindViewHolder(@NonNull ViewHolder holder, int position) {
51.            Sport sport=sportlist.get(position);
52.            holder.sportImage.setImageResource(sport.getImage_id());
53.            holder.sportName.setText(sport.getName());
54.        }
55.
56.        @Override
57.        public int getItemCount() {
58.            return sportlist.size();
59.        }
60.
61.        static    class ViewHolder extends RecyclerView.ViewHolder{
62.            ImageView sportImage;
63.            TextView sportName;
64.
65.            public ViewHolder(@NonNull View itemView) {
66.                super(itemView);
67.                sportImage = itemView.findViewById(R.id.sport_image);
68.                sportName = itemView.findViewById(R.id.sport_name);
69.            }
70.        }
71.    }
```

③ 为适配器绑定数据源。

完整的 initView()的代码如下：

```
72.        void initView(){
73.            //为 RecyclerView 设置线性 LayoutManager
74.            LinearLayoutManager layoutManager=new LinearLayoutManager(this);
```

75.　　　　　LayoutManager.setOrientation(layoutManager.HORIZONTAL);

76.　　　　　//为 RecyclerView 设置网格 LayoutManager

77.　　　　　/*GridLayoutManager layoutManager=new GridLayoutManager(this,3);

78.　　　　　recyclerView.setLayoutManager(layoutManager);*/

79.　　　　　//为 RecyclerView 设置瀑布 LayoutManager

80.　　　　　/*StaggeredGridLayoutManager layoutManager=new StaggeredGridLayoutManager(2,
StaggeredGridLayoutManager.VERTICAL);*/

81.　　　　　recyclerView.setLayoutManager(layoutManager);

82.　　　　　//为适配器设置 item 项和数据源

83.　　　　　myRecyclerAdapter adapter=new myRecyclerAdapter(sportList,R.layout.sport_item);

84.　　　　　//为 RecyclerView 绑定适配器

85.　　　　　recyclerView.setAdapter(adapter);

86.　　　　}

在 MainActivity.java 的视图初始化函数 initView()中添加适配器定义和绑定数据源的
代码：

  myRecyclerAdapter adapter=new myRecyclerAdapter(sportList,R.layout.sport_item);

  recyclerView.setAdapter(adapter);

水平布局显示的 RecyclerView 可以左右滑动，非常方便将其显示模式用 LayoutManager
设置为网格方式或瀑布方式，可以参考上面注释部分的代码，RecyclerView 的 3 种显示模式的
运行效果如图 5-12 所示。

(a) 使用 LinearLayoutManager 的　　　(b) GridLayoutManager 的　　(c) StaggeredGridLayoutManager 的
  显示效果　　　　　　　　　　　　显示效果　　　　　　　　　显示效果

图 5-12　例 5-6 RecyclerView 的 3 种布局管理器的效果

在 MainActivity.java 的 onCreate()中调用上述 RecyclerView 的视图初始化方法和数据

源初始化方法，就可以实现在 RecyclerView 中的水平布局显示。

```
1.      protected void onCreate(Bundle savedInstanceState) {
2.          super.onCreate(savedInstanceState);
3.          setContentView(R.layout.activity_main);
4.          recyclerView=findViewById(R.id.recycler_view);
5.          initdata();
6.          initView();
7.
8.      }
```

（8）为 RecyclerView 增加事件响应。RecyclerView 组件没有提供直接单击条目的事件响应方法，可以在适配器中实现事件处理。RecyclerView 组件的消息响应要在获取 Activity 中 RecyclerView 条目后实现 setOnClickListener()方法。编程步骤如下：

① 在 RecyclerView 条目的布局文件中为条目的父容器设置一个 id，在 sport_item.xml 布局文件中为 RecyclerView 的 item 容器 Linearlayout 设置 id 属性，代码为：

```
1.      <LinearLayout xmlns:android="http://schemas.android.com/apk/res/android"
2.          android:orientation="vertical"
3.          android:layout_width="100dp"
4.          android:layout_height="100dp"
5.          android:layout_margin="10dp"
6.          android:id="@+id/rlitem_container">
7.      …
```

② 在 ViewHolder 类中增加成员变量 rltimeContainer，并将其指向 RecyclerView 的条目布局文件的父容器。更新后的 ViewHolder 类为：

```
8.      static   class ViewHolder extends RecyclerView.ViewHolder{
9.          ImageView sportImage;
10.         TextView sportName;
11.         LinearLayout rltimeContainer;
12.
13.         public ViewHolder(@NonNull View itemView) {
14.             super(itemView);
15.             sportImage = itemView.findViewById(R.id.sport_image);
16.             sportName = itemView.findViewById(R.id.sport_name);
17.             this.rltimeContainer=itemView.findViewById(R.id.rlitem_container);
18.         }
```

③ 在适配器类中 myRecyclerAdaper.xml 文件的 onBindViewHolder()方法中调用 setOnClickListener()为条目容器的对象引用设置一个单击事件监听器，并实现该监听器接口的 onClick()方法。

```
19.     public class myRecyclerAdapter extends RecyclerView.Adapter<myRecyclerAdapter.ViewHolder> {
20.
```

```
21.        private List<Sport> sportlist;
22.        private int resource;
23.        private Context mcontext;
24.
25.        public myRecyclerAdapter(Context context,List<Sport> sportlist, int resource) {
26.            this.sportlist = sportlist;
27.            this.resource = resource;
28.            mcontext=context;
29.        }
30.        @Override
31.        //生成 ViewHolder
32.        public ViewHolder onCreateViewHolder(@NonNull ViewGroup parent, int viewType) {
33.            View itemView= LayoutInflater.from(parent.getContext()).inflate(resource,parent,false);
34.            ViewHolder holder= new ViewHolder(itemView);
35.            return holder;
36.        }
37.
38.        @Override
39.        public void onBindViewHolder(@NonNull ViewHolder holder, final int position) {
40.            Sport sport=sportlist.get(position);
41.            holder.sportImage.setImageResource(sport.getImage_id());
42.            holder.sportName.setText(sport.getName());
43.            holder.rltimeContainer.setOnClickListener(new View.OnClickListener() {
44.                @Override
45.                public void onClick(View v) {
46.                Toast toast = Toast.makeText(mcontext,"单击的位置"+position,Toast.LENGTH_LONG);
47.                    toast.show();
48.                }
49.            });
50.        }
51.
52.        @Override
53.        public int getItemCount() {
54.            return sportlist.size();
55.        }
56.
57.        static    class ViewHolder extends RecyclerView.ViewHolder{
58.            ...
59.        }
```

　　上面的代码中，在 RecyclerView 的单击响应方法中使用 Toast 显示了单击条目的位置，为了提供 Toast 所需的上下文参数 Context，在 myRecyclerAdapter 类中增加了成员变量 mcontext，并改造构造函数完成 mcontext 的初始化。

本 章 小 结

　　本章以示例的形式介绍了 Fragment、菜单及高级组件。在 Fragment 中主要介绍了其生命周期、使用方法及与 Activity 的交互。在菜单中主要介绍了选项菜单、上下文菜单和弹出菜单的编程步骤。在高级组件中主要介绍了 ListView 列表视图和 RecyclerView 视图信息显示的方法。通过本章的学习，有助于读者使用 Fragment、菜单和高级组件进行 Android 应用程序的设计及开发。

习　　题

一、单选题

1. 下列关于 Fragment 的描述，错误的是(　　)。

A. Fragment 可以应用多个 Activity 中

B. Activity 运行时可以动态添加或删除 Fragment

C. Fragment 可以被用作非 UI 交互型的组件

D. Fragment 拥有完整的生命周期，可以脱离 Activity 单独运行

2. 下列关于 Fragment 的说法，正确的是(　　)。

A. 当 Fragment 停止时，与它关联的 Activity 也会停止

B. Fragment 有自己的界面和生命周期，可以完全替代 Activity

C. 每次启动 Fragment 都会执行其 onGreate()方法

D. Fragment 的状态跟随它所关联的 Activity 的状态改变而改变

3. 自定义的 Fragment 类需要继承 Fragment，并重写(　　)方法。

A. onCreateView()　　B. onCreates()　　C. onView()　　　　D. onCreate()

4. 当 Fragment 和 Activity 建立关联时，调用的方法是(　　)。

A. onCreateView()　　B. onActivityCreate()　　C. onAttach()　　D. onDestroyView()

5. Fragment 创建时，在(　　)方法中进行视图的加载。

A. initView()　　　　B. onCreate()　　C. onCreateView()　　D. onLoadView()

6. 下列适配器中，不是 ListView 的适配器的是(　　)。

A. ArrayAdapter　　B. SimpleAdapter　　C. BaseAdapter　　　D. PageAdapter

7. 以下类中，用于构造数组类型数据的适配器的是(　　)。

A. CursorAdapter　　B. ArrayAdapter　　C. Adapter　　　　D. SimpleAdapter

8. 关于 ListView 的说法，错误的是(　　)。

A. ListView 可以通过 ConvertView 的复用机制来减少内存的占用

B. ListView 属于 ViewGroup，因此可以通过代码调用 addView()方法添加控件

C. ListView 通过 Adapter 显示内容，需要 Adapter 指定显示的视图

D. ListView 可以通过 Adapter 的刷新来更新数据

9. 下面方法中，实现 ListView 条目单击事件的方法是(　　　)。

A. OnKeyListener　　B. OnClick　　C. OnClickListener　　D. OnItemClick

二、判断题

1. Fragment 生命周期方法中 onActivityCreated()方法是当 Fragment 和 Activity 解除关联时调用。(　　)

2. 使用 Fragment 时只需要将 Fragment 作为一个控件在 Activity 的布局文件中进行引用即可。(　　)

3. onDestroyView()方法是在该 Fragment 的视图被移除时调用的。(　　)

4. Fragment 与 Acitivity 相似，它们的生命周期也相同。(　　)

5. 当一个 Activity 进入暂停状态时，与它相关联的可见 Fragment 将会继续处于运行状态。(　　)

6. 如果想增加、删除、替换 Fragment，则需要借助 FragmentManager。(　　)

7. 菜单 XML 文件存放的位置是 res/menu 目录。(　　)

8. 加载选项菜单、上下文菜单和弹出菜单的方法是不同的。(　　)

9. RecyclerView 可以通过使用不同的布局管理器，呈现出不同的显示效果。(　　)

10. 使用 BaseAdapter 控制 ListView 显示条目的总数是通过 getView()方法设置。(　　)

11. getCount()是得到 item 条目的总数。(　　)

12. 创建 ListView 的布局界面必须通过 id。(　　)

13. 使用 ListView 显示较为复杂的数据时最好用 ArrayAdapter 适配器。(　　)

14. 在使用 ListView 展示数据时，需要创建对应的 Item 条目显示每条数据。(　　)

15. ListView 通常用于在界面上显示一个垂直滚动的列表。(　　)

16. ListView 会增加代码量，因此尽量不使用优化。(　　)

17. 在使用 ListView 显示大量数据时，如果不进行优化会大大增加内存的消耗，甚至会由于内存溢出导致程序崩溃。(　　)

18. 当滑动 ListView 时，顶部的 Item 会滑出屏幕，同时释放它所使用的 ConvertView。(　　)

19. Android 中数据适配器 ArrayAdapter 显示数组的内容非常方便。(　　)

三、上机题

用 Fragment 和 ListView 实现例 5-5 中的效果图 5-9。用一个 Layout 实现该界面，其中布局左侧的运动项目名称用一个包含在 Fragment 中的 ListView 控件实现，当用户在 ListView 中单击一项运动的名称时，在右侧中的 TextView 控件中用文字简单介绍该项运动并显示运动图片。请为 APP 设置两个选项菜单，包括"设置背景色"和"退出"，实现相应的功能。

第 6 章　数　据　存　储

Android 中有 3 种存储方式，分别是文件存储、SharedPreferences 存储和数据库存储。文件存储主要用于存储资源文件，如日记等。SharedPreferences 存储主要用于程序中的少量数据存储，如应用程序登录界面中的用户名和密码等数据。数据库存储主要用于程序中有大量的数据需要存储，在 Android 中内置了 SQLite 数据库。

6.1　文　件　存　储

基于文件流的读取与写入是 Android 平台上的数据存取方式之一。如果使用 Java 语言开发 Android 程序，就可以将 Java 提供的一整套完整的 I/O 流操作应用于程序开发，如 FileInputStream、FileOutputStream 等。Android 同样支持以流的方式来访问手机存储器上的文件。

6.1.1　使用 I/O 流操作文件的常用方法

在 Android 应用程序中，文件进行操作前需要获得文件的输入和输出流，使用 I/O 流操作文件。在 Android 应用程序中，可以通过 android.content.ContextWrapper 包中提供的上下文环境 Context 对象的两个方法，即 openFileInput 和 openFileOutput 来分别获取 FileInputStream 和 FileOutputStream。然后就可以使用 Java 提供的方法直接对文件进行读写操作。

1. FileInputStream openFileInput (String name)

打开应用程序私有目录下由参数 fileName 指定的私有文件以读入数据，返回一个 FileInputStream 对象。

2. FileOutputStream openFileOutput (String name, int mode)

打开应用程序私有目录下由参数 fileName 指定私有文件并以 mode 参数指定的方式写入数据，返回一个 FileOutputStream 对象，如果文件不存在就创建这个文件。

参数 mode 的含义如表 6-1 所示。

应用程序的私有目录是指在本机或模拟器的"Device File Explore"视图下的/data/data/<package name>/files 目录。

表 6-1   mode 常量及其含义

常 量	含 义
MODE_PRIVATE	默认模式，表示该文件是私有数据文件，只能被应用自身访问，写入内容会覆盖原文件内容
MODE_APPEND	该模式会检查文件是否存在，如果文件已存在就向该文件的末尾继续写入数据，否则创建文件
MODE_WORLD_READABLE	所有的应用程序对该文件具有读的权限(出于安全不建议使用)
MODE_WORLD_WRITEABLE	所有的应用程序对该文件具有写的权限(出于安全不建议使用)

Android 的 Context 上下文对象还提供了对应用程序文件夹操作的常用方法，如表 6-2 所示。

表 6-2   应用程序文件夹操作的常用方法

方 法	说 明
File getDir( )	在 APP 的 data 目录下获取或创建 name 对应的子目录,并将该目录的属性置为 mode
File getFilesDir( )	获得 APP 的 data 文件夹下 file 目录的绝对路径
String[] fileList( )	返回在 APP 的 data 文件夹下的全部文件名
deleteFile( )	删除 APP 的 data 文件夹下的 filename 参数指定文件

6.1.2   文件操作举例

通过一个记事本的例子说明 openFileInput 和 openFileOutput 方法在文件存储中的使用。

【例 6-1】 利用本地文件存储和加载记事本信息，运行效果如图 6-1 所示。屏幕下方的"保存"按钮可以将输入的信息存储到本地文件"note.txt"中,"加载"按钮可以将之前保存到文件的信息加载到文本框中显示。

图 6-1   例 6-1 运行效果图

新建一个空白工程，包含一个布局文件 activity_main.xml 和一个 Activity 文件

MainActivity.java。布局文件 activity_main.xml 代码如下：

```
1.   <?xml version="1.0" encoding="utf-8"?>
2.   <LinearLayout xmlns:app="http://schemas.android.com/apk/res-auto"
3.       xmlns:tools="http://schemas.android.com/tools"
4.       xmlns:android="http://schemas.android.com/apk/res/android"
5.       android:layout_width="match_parent"
6.       android:layout_height="match_parent"
7.       tools:context=".MainActivity"
8.       android:orientation="vertical">
9.       <TextView
10.      android:layout_width="match_parent"
11.      android:layout_height="wrap_content"
12.      android:textAlignment="center"
13.        android:textSize="20dp"
14.        android:text="记事本"/>
15.      <EditText
16.      android:id="@+id/et_msg"
17.      android:layout_width="match_parent"
18.      android:layout_height="match_parent"
19.      android:gravity="left|top"
20.    android:hint="请在这里输入信息"
21.            android:background="@color/colorAccent"
22.          android:layout_weight="1"
23.          android:inputType="textMultiLine"
24.         android:layout_margin="10dp" />
25.        <LinearLayout
26.      android:layout_width="match_parent"
27.     android:layout_height="wrap_content"
28.     android:orientation="horizontal">
29.        <Button
30.        android:id="@+id/bnt_save"
31.       android:layout_width="wrap_content"
32.       android:layout_height="wrap_content"
33.      android:layout_marginLeft="40dp"
34.        android:layout_gravity="left"
35.      android:text="保存"
36.      android:onClick="savefile"/>
37.        <Button
38.      android:id="@+id/bnt_open"
```

```
39.        android:layout_width="wrap_content"
40.      android:layout_height="wrap_content"
41.       android:layout_marginLeft="150dp"
42.       android:layout_gravity="right"
43.       android:text="加载"
44.      android:onClick="loadfile"/>
45.    </LinearLayout>
46.    </LinearLayout>
```

Activity 文件 MainActivity.java 代码如下：

```
47.    package xsyu.jsj.samp_file;
48.
49.    import androidx.appcompat.app.AppCompatActivity;
50.
51.    import android.content.Context;
52.    import android.os.Bundle;
53.    import android.view.View;
54.    import android.widget.Button;
55.    import android.widget.EditText;
56.    import android.widget.Toast;
57.
58.    import java.io.BufferedOutputStream;
59.    import java.io.BufferedReader;
60.    import java.io.BufferedWriter;
61.    import java.io.FileInputStream;
62.    import java.io.FileNotFoundException;
63.    import java.io.FileOutputStream;
64.    import java.io.IOException;
65.    import java.io.InputStreamReader;
66.    import java.io.OutputStreamWriter;
67.
68.    public class MainActivity extends AppCompatActivity {
69.        Button btnsave,btnopen;
70.        EditText etmsg;
71.
72.
73.        @Override
74.        protected void onCreate(Bundle savedInstanceState) {
75.            super.onCreate(savedInstanceState);
76.            setContentView(R.layout.activity_main);
```

```
77.              initView();
78.          }
79.          private void initView()
80.          {
81.              btnsave=findViewById(R.id.bnt_save);
82.              btnopen=findViewById(R.id.bnt_open);
83.              etmsg=findViewById(R.id.et_msg);
84.
85.          }
86.          public void savefile(View view) {
87.              //保存输入信息到文件中
88.              save2file(etmsg.getText().toString());
89.          }
90.
91.          public    void save2file(String str) {
92.              FileOutputStream fileOutputStream = null;
93.              BufferedWriter bufwriter = null;
94.              try {
95.                  fileOutputStream = openFileOutput("note.txt", Context.MODE_PRIVATE);
96.                  bufwriter = new BufferedWriter(new OutputStreamWriter(fileOutputStream));
97.                  //写入的目录是：/data/data/packagename/files/note.txt
98.                  bufwriter.write(str);
99.              } catch (FileNotFoundException e) {
100.                 e.printStackTrace();
101.             } catch (IOException e) {
102.                 e.printStackTrace();
103.             } finally {
104.                 if (bufwriter != null)
105.                     try {
106.                         bufwriter.close();
107.                     } catch (IOException e) {
108.                         e.printStackTrace();
109.                     }
110.                 if (fileOutputStream != null){
111.                     try {
112.                         fileOutputStream.close();
113.                     }catch (IOException e){
114.                         e.printStackTrace();
115.                     }
```

```
116.                }
117.            }
118.        }
119.      //将已保存的文件信息读取并在 EditView 中显示
120.      public   void loadfile(View view){
121.            Toast.makeText(this,"in load",Toast.LENGTH_SHORT).show();
122.             FileInputStream fileInputStream=null;
123.          BufferedReader reader=null;
124.          StringBuilder strs=new StringBuilder();
125.          try {
126.              fileInputStream=openFileInput("note.txt");
127.              reader=new BufferedReader(new InputStreamReader(fileInputStream));
128.
129.              String str;
130.              while((str=reader.readLine())!=null) {
131.                  strs.append(str);
132.              }
133.          } catch (FileNotFoundException e) {
134.              e.printStackTrace();
135.          }catch (IOException e){
136.              e.printStackTrace();
137.          }finally {
138.              if (reader != null)
139.                  try {
140.                      reader.close();
141.                  } catch (IOException e) {
142.                      e.printStackTrace();
143.                  }
144.              if (fileInputStream != null){
145.                  try {
146.                      fileInputStream.close();
147.                  }catch (IOException e){
148.                      e.printStackTrace();
149.                  }
150.              }
151.          }
152.      etmsg.setText(strs.toString());
153.    }
154. }
```

　　上面代码中，save2file(String str)用于将输入参数 str 保存到文件中，loadfile(View view) 是"加载"按钮单击事件的响应方法。特别需要注意的是，文件的打开和访问操作在编程中必须要进行异常捕获和处理，在操作完成后还应当进行相应的关闭操作。

6.2　SharedPreferences 存储

　　在应用程序中通常会有保存用户使用偏好设置的需求，如各种聊天、游戏或金融 APP 在登录时会自动显示上次登录的账号或密码，又如某些应用是否只在 WiFi 环境下才能下载等。这些偏好的设置信息需要存储的数据量并不大，在 Android 中通常采用一个轻量级的文件存储类——SharedPreferences(共享偏好)将信息保存在本机的应用程序包名 \shared_prefs 目录下的特定文件中。

　　SharedPreferences 是用 xml 文件存放数据。文件存放在/data/data/<package name>/ shared_prefs 目录下，使用键–值对 (Key-Value) 形式来存储数据。在编程时调用 SharedPreferences 的 getXxx(name)就可以方便地读取文件中的数据。getXxx(key)方法名后的"Xxx"是数据类型，支持的类型有 int、boolean、float、long、string、stringSet。例如 getint(name)可以获取 key=name 的 int 类型的 Value 值。

6.2.1　SharedPreferences 接口

　　SharedPreferences 是 android.content 包提供的接口，常用方法如表 6-3 所示。

表 6-3　SharedPreferences 接口的常用方法

方 法 名	功 能 说 明
boolean contains(String key)	检查是否包含指定 key 的数据
SharedPreferences.Editor edit()	返回 SharedPreferences.Editor 编辑对象
Map<String, ?> getAll()	获取 SharedPreferences.Editor 中所有键-值对，返回类型为 Map
boolean getXxx(String key, Xxx defValue)	返回 SharedPreferences 中指定 key 的数据，如果 key 不存在，则返回默认值 defValue。Xxx 是数据类型，支持 boolean、float、int、long、string 和 stringSet

　　SharedPreferences 接口不能直接完成数据写入，需通过其内部接口 SharedPreferences.Editor 编辑对象完成对 SharedPreferences 文件的写入和清空等操作。SharedPreferences.Editor 提供的常用方法如表 6-4 所示。

表 6-4　SharedPreferences.Editor 接口的常用方法

方 法 名	功 能 说 明
SharedPreferences.Editor clear()	清空 SharedPreferences 中的所有数据
SharedPreferences.Editor remove(String key)	删除 SharedPreferences 中 key 指定的数据

方 法 名	功 能 说 明
SharedPreferences.Editor putXxx(String key, Xxx value)	将指定 key 的数据保存到 SharedPreferences 对象中，Xxx 是数据类型，支持 boolean、float、int、long、string 和 stringset
boolean commit()	Editor 数据写入完成后使用该方法将数据直接存储到文件中，如果成功则返回 true，否则返回 false
void apply()	与 commit()方法类似，差别是没有返回值，且只实时更新 SharedPreferences 内存中的数据，对 Shared-Preferences 文件的更新是异步的

SharedPreferences 的读取数据方法 getXxx()和 SharedPreferences.Editor 的保存数据方法 putXxx()都需要根据数据的类型调用响应的方法。例如读取一个 int 型数据时，使用 GetInt()方法；保存一个 int 型数据时，使用 putInt()方法。

6.2.2 SharedPreferences 操作步骤

1. 数据保存的步骤

SharedPreferences 本身未提供数据写入功能，数据写入需要通过 SharedPreferences.Editor 接口完成，使用 SharedPreferences 进行数据写入的步骤如下：

(1) 获得 SharedPreferences 对象。SharePreferences 本身是一个接口，不能直接实例化，可以通过 Context 环境上下文对象提供的 getSharedPreferences()方法来获取 SharePreferences 对象实例，该方法的原型为：

SharedPreferences getSharedPreferences (String name, int mode)

其中：

- name：是 sharedpreferences 的文件名。
- mode：是文件的模式，与表 6-1 中相同。

此外，也可以使用 android.preference 包中的 PreferenceManager 类提供的如下两个方法获取缺省的 SharePreferences 对象。

① SharedPreferences getDefaultSharedPreferences (Context context)

② getSharedPreferences()获得 SharedPreferences.Editor 对象。

(2) 通过 Editor 对象的 putXxx 方法保存键-值对。

(3) 通过 Editor 对象的 commit()方法将数据提交到 SharedPreferences 文件中。

2. 数据读取的步骤

SharedPreferences 的数据读取可以直接通过 SharedPreferences 对象完成。步骤如下：

(1) 获得 SharedPreferences 对象；

(2) 通过 SharedPreferences 对象的 getXxx 方法获取数据。

6.2.3 SharedPreferences 应用举例

【例 6-2】 利用 SharedPreferences 存储 APP 登录页面的账号和密码。运行效果如图

6-2 所示。用户单击"登录"按钮前，如果勾选了"记住密码"复选框，则本次用户输入的账户和密码键–值对将被存储到本机的 SharedPreferences 文件中，下次用户登录时就直接显示存储的账号和密码信息了。

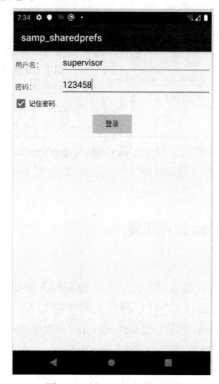

图 6-2　例 6-2 运行效果图

1. 新建工程

新建工程名为 xsyu.jsj.samp_sharedprefs 的空白工程。工程中包含两个布局文件和两个 Activity 文件，分别对应登录页面(activity_login.xml 和 LoginActivity.java)和登录后的主页面(activity_main.xml 和 MainActivity.java)。主页面比较简单，只显示一个文本欢迎信息。下面主要介绍利用 SharedPreferences 实现登录页面数据保存和加载的过程。

2. 实现登录页面的布局文件

登录页面布局如图 6-2 中所示，包含两个 TextView、两个 EditView、1 个 CheckBox 和 1 个 Button 组件。

文件 activity_login.xml 代码如下：

```
1.    <LinearLayout xmlns:android="http://schemas.android.com/apk/res/android"
2.        xmlns:tools="http://schemas.android.com/tools"
3.        android:layout_width="match_parent"
4.        android:layout_height="match_parent"
5.        android:orientation="vertical"
6.        tools:context=".LoginActivity">
7.        <LinearLayout
```

```
8.          android:layout_width="match_parent"
9.          android:layout_height="wrap_content">
10.     <TextView
11.             android:layout_width="0dp"
12.             android:layout_height="wrap_content"
13.             android:layout_weight="1"
14.             android:layout_margin="4dp"
15.             android:text="用户名：" />
16.         <EditText
17.             android:id="@+id/et_username"
18.             android:layout_width="40dp"
19.             android:layout_height="wrap_content"
20.             android:layout_weight="3"                  />
21.     </LinearLayout>
22.     <LinearLayout
23.          android:layout_width="match_parent"
24.          android:layout_height="wrap_content">
25.     <TextView
26.             android:layout_width="0dp"
27.             android:layout_height="wrap_content"
28.             android:layout_weight="1"
29.             android:layout_margin="4dp"
30.             android:text="密码：" />
31.     <EditText
32.             android:id="@+id/et_pwd"
33.             android:layout_width="40dp"
34.             android:layout_height="wrap_content"
35.             android:layout_weight="3"
36.             />
37.     </LinearLayout>
38.     <CheckBox
39.          android:id="@+id/cb_remember"
40.          android:layout_width="wrap_content"
41.          android:layout_height="wrap_content"
42.          android:checked="false"
43.          android:text="记住密码"/>
44.     <Button
45.          android:id="@+id/btn_login"
46.          android:layout_width="wrap_content"
```

```
47.                android:layout_height="wrap_content"
48.                 android:layout_gravity="center"
49.                android:onClick="login"
50.                android:text="登录" />
51.    </LinearLayout>
```

3. 定义成员变量并绑定组件

在 LoginActivity.java 文件中，首先为 LoginActivity 类增加下面 3 个成员变量。EditText etusername,etpwd、CheckBox cbremember 和 SharedPreferences sharedPreferences，然后编写 initView()方法实现组件成员变量的绑定，并在 onCreate()方法中调用该方法。代码如下：

```
52.    private   void initView()
53.    {
54.     etusername=findViewById(R.id.et_username);
55.     etpwd=findViewById(R.id.et_pwd);
56.     cbremember=findViewById(R.id.cb_remember);
57.    }
```

4. 利用 SharedPreferences 文件保存账号和密码

activity_login.xml 已经为登录页面中的"登录"按钮设置了组件的 onClick 单击事件的方法名 login()，该方法的功能是根据用户对"记住密码"CheckBox 组件的设置情况来决定是否将用户输入的账号和密码保存在本机应用程序包目录\shared_prefs\account.xml 文件中。如果用户勾选了"记住密码"就按照 6.2.2 节中的数据保存步骤操作，将账号和密码的键-值对保存在 account.xml 文件中，否则就清空该文件中的键-值对。特别需要注意的是保存数据后，必须用调用 SharedPreferences.Editor 类的 commit()方法提交后才能将数据保存到文件中。

login(View view)的完整代码如下：

```
1.     public void login(View view) {
2.         //此处省去账户和密码的判断和比较
3.         //获取 sharedPreferences 实例对象
4.         sharedPreferences=getSharedPreferences("account", MODE_PRIVATE);
5.         //获取 sharedPreferences.Editor 实例对象
6.         SharedPreferences.Editor editor=sharedPreferences.edit();
7.         if(cbremember.isChecked()){
8.             String username,password;
9.             boolean recorder;
10.            username=etusername.getText().toString();
11.            password=etpwd.getText().toString();
12.            //更新数据
13.            editor.putString("username",username);
14.            editor.putString("pwd",password);
```

```
15.            editor.putBoolean("record",true);
16.            //提交数据到 sharedPreferences 文件
17.            editor.commit( );
18.            Toast.makeText(this,"信息以保存",Toast.LENGTH_LONG);
19.
20.
21.        }
22.        else
23.        {
24.            editor.clear( );
25.            editor.commit( );
26.        }
27.        Intent intent=new Intent(this,MainActivity.class);
28.        startActivity(intent);
29.
30.    }
```

程序运行后，生成的 account.xml 文件会保存到本机中，具体位置如图 6-3 所示。

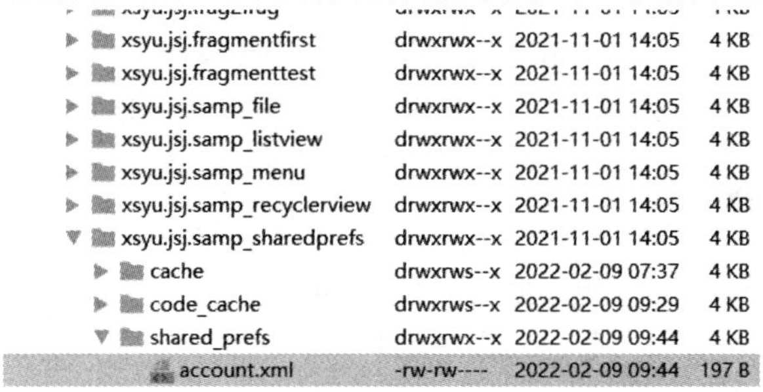

图 6-3　例 6-2 SharePreferences 文件存放的位置

保存账号密码键–值对的 account.xml 文件内容如下：

```
31.    <?xml version='1.0' encoding='utf-8' standalone='yes' ?>
32.    <map>
33.        <boolean name="record" value="true" />
34.        <string name="pwd">123458</string>
35.        <string name="username">supervisor</string>
36.    </map>
```

5. 读取保存在 SharedPreferences 文件中的账号和密码

如果用户上一次登录时勾选了"记住密码"，那么下一次在登录时就应当将存储在 account.xml 文件中的账号和密码读取并显示在登录界面中。

accountread()方法实现了数据的读取并将数据填充到组件中。数据读取的过程比较简单，可以通过直接调用 SharedPreferences 的 getXxx()方法来实现。

accountread()代码如下：

```
37.    private void accountread(){
38.            String username0,password0;
39.            boolean recorder;
40.            sharedPreferences=getSharedPreferences("account", MODE_PRIVATE);
41.            recorder=sharedPreferences.getBoolean("record",false);
42.            username0=sharedPreferences.getString("username","");
43.            password0=sharedPreferences.getString("pwd","");
44.            etusername.setText(username0);
45.            etpwd.setText(password0);
46.            cbremember.setChecked(recorder);
47.        }
```

在 onCreate()方法中通过调用 accountread()方法就实现了登录页面启动时的数据加载和显示。

6.3　SQLite 数据库存储

应用程序都需要存储数据，前面介绍的文件存储可以保存一些简单的数据，SharedPreferencs 只适用与保存键-值对类型的数据。当需要保存的数据量较大，且结构复杂的关系型数据时，需要使用数据库，在 Android 中存储数据的主要方法就是使用 SQLite 数据库。

6.3.1　SQLite 简介

SQLite 是 Android 中内置的数据库，为 Android 提供一个轻量级的关系型数据库，具有运算速度块、资源占用少、稳定高效、支持标准的 SQL 语法的特点。在 Android 的层级架构中由原生 C/C++ 库提供 SQLite，可以通过框架层的 Java API 访问。Android 原生数据库支持 SQLite，为此提供了以下的 3 个类：

(1) SQLiteOpenHelper：负责数据库的创建和升级。

(2) SQLiteDatabase：负责接入数据库，实现对数据的增加、删除、修改和查询操作。

(3) Cursor：负责读写数据库。

Android 会自动为应用程序创建一个文件夹来存储应用的数据库，数据库存储在手机 FlashROM 的/data/data/包名/database 文件夹中。每个数据库由两个文件组成：

(1) 与数据库同名的数据库文件：存放所有的数据；

(2) "数据库名-journal" 文件：这个文件是数据库的日志文件，记录了对数据库的所有修改，如果出现问题，Android 就可以通过这个文件撤销最近的修改。

SQLite 没有用户名和密码，需要通过文件访问的权限来保证数据安全。

6.3.2　数据库的创建和删除

为了让用户能够更加方便地管理数据库，Android 提供了基于 SQLiteDatabse 的 SQLiteOpenHelper 帮助类，用来管理数据库的创建和版本更新。

1. SQLiteOpenHelper 简介

SQLiteOpenHelper 管理数据库体现在以下三个方面：

(1) 新建数据：第一次安装 APP 时，数据库文件不存在，SQLiteOpenHelper 会创建数据库文件并建立表。

(2) 便于访问数据库：SQLiteOpenHelper 可以返回一个易于使用的数据库对象，程序通过它访问数据库，而非直接读取数据库文件。

(3) 数据库格式升级维护：当数据库表结构或表的数据发生变化时，SQLiteOpenHelper 可在 APP 升级时，安全地转换数据库结构。

SQLiteOpenHelper 是一个抽象类，使用时需要创建一个类去继承。为了实现对数据库进行管理，SQLiteOpenHelper 类提供了两个重要的方法，分别是 onCreate() 和 onUpgrade()。

(1) onCreate() 方法在初次生成数据库时才会被调用，因此可以在 onCreate() 方法里添加生成数据库表结构及一些应用程序会使用到的初始化数据。当调用 SQLiteOpenHelper 的 getWritableDatabase() 或者 getReadableDatabase() 方法获取用于操作数据库的 SQLiteDatabase 实例时，如果数据库不存在，Android 系统会自动生成一个数据库，接着调用 onCreate() 方法；如果数据库文件已经存在，则直接返回数据库引用。

(2) onUpgrade() 方法在数据库的版本发生变化时会被调用，一般在软件升级时才需改变版本号。假设数据库现在的版本是 1，由于业务的变更，修改了数据库表结构，新的数据库版本变为 2，这时就需要升级软件。升级软件时，如果希望更新用户手机里的数据库表结构，就可以对数据库的版本号进行判断，并且在 onUpgrade() 方法中实现表结构的更新。

2. 新建 SQLiteOpenHelper 子类数据库创建的流程

SQLiteOpenHelper 是一个抽象类，因此在实例化前需要定义一个 SQLiteOpenHelper 类的子类，该子类需要实现两个抽象方法和构造函数。

1) 实现构造函数

SQLiteOpenHelper 类无默认的构造方法，只提供了下面 3 个有参方法，因此在子类中必须要提供构造方法，并使用 super 显式调用父类的有参构造方法。子类至少需要提供一个构造方法，通过调用父类的构造方法指定数据库的名称 name 和版本号 version。

可以定义如下构造方法完成对数据库名和版本的设置。

(1) SQLiteOpenHelper(Context context, String name, SQLiteDatabase.CursorFactory factory, int version)；

(2) SQLiteOpenHelper(Context context, String name, SQLiteDatabase.CursorFactory factory, int version, DatabaseErrorHandler errorHandler)；

(3) SQLiteOpenHelper(Context context, String name, int version, SQLiteDatabase.OpenParams openParams)。

第一个构造方法形参数量较少，是常用的构造方法。输入 4 个参数，分别是：

- Context context：上下文环境；
- String name：数据库名称；
- SQLiteDatabase.CursorFactory factory：查询数据库时返回的游标结果集；
- int version：数据库的版本号。

在子类中定义表示数据库名称和版本号的两个成员变量，然后再定义传入上下文参数的构造方法，在其中调用父类的构造方法。代码如下：

```
public class MyDBHelper    extends SQLiteOpenHelper {
    private    static    final    String    DB_NAME="Mydatabase.db";
    private    static    final    int DB_VERSION=1;
    public MyDBHelper(@Nullable Context context) {
        super(context, DB_NAME, null, DB_VERSION);
    }
    …
}
```

2) 实现 SQLiteOpenHelper 类的两个抽象方法

SQLiteOpenHelper 类的两个抽象方法分别是 onCreate(SQLiteDatabase db)和 onUpgrade (SQLiteDatabase db, int oldVersion, int newVersion)方法。

(1) onCreate(SQLiteDatabase db)：负责数据库的创建。这个方法在程序执行 SQLite-OpenHelper 的 getReadableDatabase()和 getWritableDatabase()方法获取操作数据库的实例时，如果数据库不存在，Android 系统才会自动生成一个构造函数指定的数据库，然后自动执行 onCreate()方法。需要注意的是，该方法只有在数据库创建时才会被调用一次。重写 onCreate()方法时可以生成数据库表结构，也可以在表中添加一些初始化的数据记录。

(2) onUpgrade(SQLiteDatabase db, int oldVersion, int newVersion)：负责数据库的升级。该方法用于在软件升级时更新数据库中的表。此方法是在数据库的版本发生变化时被调用，该方法中的两个参数 oldVersion 和 newVersion 分别代表数据库的老版本和新版本，只有新版本号高于指定的版本号，系统会自动触发 onUpgrade()方法执行。重载的 onUpgrade()可以对数据库的版本号进行判断，对数据库中表的结构或数据进行更新。

完整定义的 SQLiteOpenHelper 子类 MyDBHelper 的代码框架如下：

```
1.    public class MyDBHelper    extends SQLiteOpenHelper {
2.      private    static    final    String    DB_NAME="Mydatabase.db";
3.        private    static    final    int DB_VERSION=1;
4.        public MyDBHelper(@Nullable Context context) {
5.          super(context, DB_NAME, null, DB_VERSION);
6.        }
7.    //创建数据库
8.        @Override
9.        public void onCreate(SQLiteDatabase db) {
10.       }
11.   //升级数据库
12.       @Override
13.       public void onUpgrade(SQLiteDatabase db, int oldVersion, int newVersion) {
14.       }
15.   }
```

3) 使用 SQLiteOpenHelper 创建数据库通常的步骤是:

(1) 子类继承自 SQLiteOpenHelper;

(2) SQLiteOpenHelper 的子类必须提供构造方法;

(3) 数据库第一次被访问时新建,需要指定文件名和版本号;

(4) 子类必须覆盖 SQLiteOpenHelper 类的两个抽象方法:onCreate()和 onUpgrade();

(5) onCreate()在数据库被新建时调用;

(6) onUpgrade()在数据库升级时被调用;

(7) 生成的数据库文件和日志文件位于本机的/data/data/包名/database 文件夹下。

3. SQLiteOpenHelper 类的常用方法

SQLiteOpenHelper 提供的主要方法如表 6-5 所示。创建好的数据库可以利用 getReadableDatabase()和 SQLiteDatabase getWritableDatabase()方法打开数据库链接,给 SQLiteDatabase 对象返回一个数据库的引用和读写权限,即可使用这个 SQLiteDatabase 对象对数据库中的表进行增加、删除、修改、查询的各种操作。

表 6-5　SQLiteOpenHelper 类的常用方法

常 用 方 法	作 用
abstract voidonCreate(SQLiteDatabase db)	创建数据库
abstract voidonUpgrade(SQLiteDatabase db, int oldVersion, int newVersion)	升级数据库
public void onDowngrade (SQLiteDatabase db, int oldVersion, int newVersion)	降级数据库
SQLiteDatabase getReadableDatabase()	以只读方式打开数据库
SQLiteDatabase getWritableDatabase()	以写方式打开数据库
public void close()	关闭所有打开的 SQLiteDatabase 对象

6.3.3　数据库中表的操作

1. SQLiteDatabase 类简介

SQLiteDatabase 代表一个数据库,对应了一个数据库文件。程序在获得 SQLiteDatabase 对象后就可以通过该对象管理和操作数据库。

数据库使用表 table 存储数据。表中包含多行,每一行分为多列,一列包含一种数据。使用 SQL 语句新建表,SQLite 支持的数据类型有 5 种,如表 6-6 所示。

表 6-6　SQLite 数据库支持的数据类型

数 据 类 型	说 明
INTEGER	整数型
VARCHAR	字符型
REAL	浮点型
NUMBERIC	布尔型、日期型或日期时间型
BLOB	二进制大数据

程序在获取了 SQLiteDatabase 对象后就可以调用表 6-7 所示的 SQLiteDatabase 类方法操作数据库。SQLiteDatabase 类的作用有点类似 JDBC 的 Connection 接口，但是 SQLiteDatabase 提供的操作方法更多。

表 6-7　SQLiteDatabase 类提供的数据库操作方法

操 作 方 法	功　　能
void execSQL (String sql)	执行 SQL 语句
void public void execSQL (String sql, Object[] bindArgs)	执行带占位符的 SQL 语句
int insert (String table, String nullColumnHack, ContentValues values)	指定表插入数据
int update (String table,ContentValues values, String whereClause, String[] whereArgs)	更新指定表的数据
int delete (String table, String whereClause, String[] whereArgs)	删除指定表中满足条件的数据
Cursor query (String table, String[] columns, String selection, String[] selectionArgs, String groupBy, String having, String orderBy)	对指定数据表进行查询
Cursor query (String table, String[] columns, String selection, String[] selectionArgs, String groupBy, String having, String orderBy, String limit)	对指定数据表进行查询，LIMIT 子句限制查询返回的行数
Cursor query (boolean distinct, String table, String[] columns, String selection, String[] selectionArgs, String groupBy, String having, String orderBy, String limit)	对指定数据表进行查询，第一个参数控制是否去除重复值
Cursor rawQuery (String sql, String[] selectionArgs, cancellationSignal)	执行带占位符的 SQL 查询
void beginTransaction()	开始事务
void endTransaction()	结束事务

表 6-7 中 execSQL()方法可以执行无返回值的 SQL 语句，如果要执行有返回值的 SQL 语句时，则可以使用 SQLiteDatabase 提供的其他方法，如 insert()、update()、delete()和 query() 方法对表中的数据进行操作。

表 6-7 中的查询方法返回的 Cursor(游标)对象是一个查询结果，Cursor 类提供的表 6-8 中的方法可以将游标导航到某条记录，然后对该记录的数据访问。这些定位方法的返回值都是逻辑类型，如果有记录就返回 true，无记录就返回 false。

表 6-8　Cursor 类游标导航定位的方法

导航定位方法	功　　　能
boolean move (int offset)	将记录指针移动到指定位置
boolean moveToFirst( )	将记录指针移动到第一行
boolean moveToLast( )	将记录指针移动到最后一行
boolean moveToNext( )	将记录指针移动到下一行
boolean moveToPosition(int position)	将记录指针移动到指定行
boolean moveToPrevious( )	将记录指针移动到上一行

将记录指针移动至指定行后，即可调用 Cursor 的 getXxx()方法获取该记录的数据。 getXxx()中的 Xxx 对应的是数据类型，可以是 boolean、short、int、long、float、double、 string 等。

2. 创建表和删除表

在 SQLiteOpenHelper 子类完成数据库的创建后，对数据库的操作就转化为对数据库中表的操作。

SQLiteOpenHelper 提供的 execSQL()方法可以执行所有的 SQL 命令。

1) 新建表

新建表可以通过 SQLiteDatabase.execSQL()方法执行 SQL 语句来完成。

Android 在新建数据库时会自动回调 SQLiteOpenHelper 的 onCreate()方法。Android 将 SQLiteDatabase 对象作为参数传入 onCreate()，因此在 onCreate()中可以调用 SQLiteDatabase. execSQL()方法完成表的创建。

【例 6-3】 创建一个数据库 MyDatabase.db，建立一个学生信息表，包含学号、姓名、性别、出生日期、专业和院系等信息。

在 6.3.2 节的 MyDBHelper 类的 onCreate()的代码中加入如下内容：

```
1.    @Override
2.    public void onCreate(SQLiteDatabase db) {
3.        db.execSQL("create table stu_info(ID integer primary key autoincrement,SNO
4.    varchar(10) ,NAME varchar(10) ,SEX varchar(2) ,PROFESSION
5.    varchar(10) ,DEPARTMENT varchar(20) )");
6.    }
```

就会在构造函数返回的数据库 Mydatabase.db 中，建一个名为 stu_info 的表。

如果在应用程序中执行如下的 MyDBHelper 类的实例化代码，则执行 MyDBHelper 类方法。Android SQLiteOpenHelper 决策流程：如果数据库文件已经存在，则跳过回调 onCreate()直接返回数据库引用；如果不存在则需要生成数据库，然后调用该类的 onCreate() 方法建立表。

在 AS 中，可以在 View→Tool Windows→Device File Explore 下查看生成的数据库和日志文件，如图 6-4 所示。

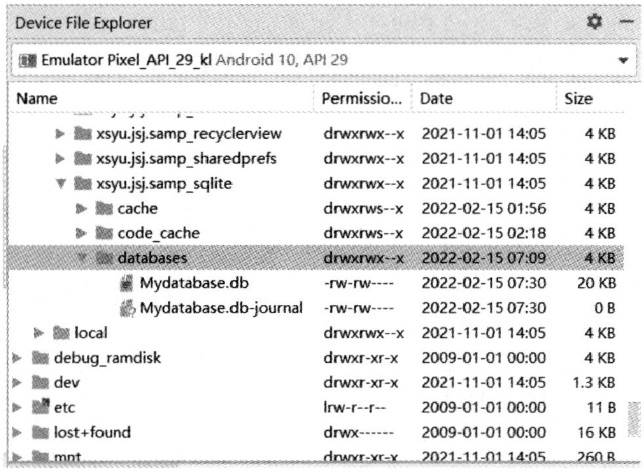

图 6-4   在 Device File Explore 中观察新建的数据库文件

表的结构和数据利用 SQLiteBrowser 程序进行查看。图 6-5 是利用 SQLiteBrowser 程序查看 Mydatabase.db 数据库新建 stu_info 表的结构。

图 6-5   利用 SQLiteBrowser 程序查看 Mydatabase.db 数据库新建 stu_info 表的结构

2) 删除表

删除表的操作是通过调用 SQLiteDatabase 类提供的 execSQL()方法，执行删除表的 SQL 语句来实现。

例如，执行下面的语句就可以删除 SQLiteDatabase 类型对象 db 中的 stu_info 表。

    String sql = "drop table stu_info";

    db.execSQL(sql);

3. 数据操作

数据表中的数据操作有增加、修改、删除和查询 4 种。

1) 增加数据

增加数据可以使用 SQLiteDatabase 的 insert()方法和 execSQL()方法，使用 execSQL() 在方法中提供 SQL 命令的字符串参数。

insert()方法的原型是：

    public long insert (String table, String nullColumnHack, ContentValues values)

方法中的参数说明如下：

- table：表名。
- nullColumnHack：某些为空的列自动赋值 null。
- values：ContentValues 类型的数据，键是列名，值是列值。

使用 insert()方法向表中插入记录数据分两个步骤：

(1) 准备数据。定义 ContentValues 对象，然后调用 ContentValues 对象的 put()方法输入键-值对(只需要加入非主键的键-值对)。

(2) 在表中插入一行。用 SQLiteDataBase 的 insert()方法插入非空数据，第 1 个参数是表名，第 2 个参数为 null，第 3 个参数是数据。

例如：执行下面的代码就会在表 stu_info 中增加一条如图 6-6 所示的数据记录。

```
1.    private   void insertdata(){
2.        ContentValues stu_values=new ContentValues();
3.       stu_values.put("SNO","001" );
4.        stu_values.put("NAME","王红");
5.        stu_values.put("SEX","女");
6.        stu_values.put("PROFESSION","软件工程");
7.        stu_values.put("DEPARTMENT","计算机学院");
8.        long result=db.insert("stu_info",null,stu_values);
9.    }
```

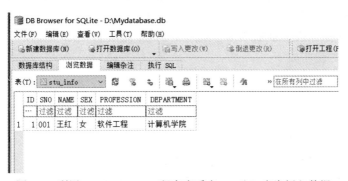

图 6-6　利用 SQLiteBrowser 程序查看在 stu_info 表中插入数据

2）修改数据

与增加数据类似，修改数据的方法可以使用 SQLiteDatabase 的 update()方法和 execSQL()方法。

update()方法的原型是：

    int update (String table,ContentValues values, String whereClause, String[] whereArgs)

方法中的参数说明如下：

- table:表名。
- values：ContentValues 类型的数据，键是列名，值是列值。
- whereClause：更新条件。
- whereArgs：更新条件所需的参数数组。

返回值是 int 型被更新记录的数量。

使用 SQLiteDatabase 的 update()方法更新记录的步骤是：

(1) 准备数据：在 ContentValues 中 put()写入键-值对；

(2) 更新数据：设置配置条件，更新符合条件的记录。

使用 update()方法修改图 6-6 中学生"王红"的专业和学院，代码如下：

```
1.      String [] args= new String[]{"王红"};
2.              stu_values.put("PROFESSION","音乐");
3.              stu_values.put("DEPARTMENT","艺术学院");
4.      int result=db.update("stu_info",stu_values,"NAME= ? ", args);
```

代码中 update()方法的第 3 个参数是更新记录的匹配条件，"NAME=?"表示 NAME 等于某个值。"？"是占位符，会被最后一个参数 args 赋值。update()方法可以匹配多个条件，需要按指定值相同的顺序来指定条件，每个占位符"？"被 String 数组中的一项替换。

例如：用下面的代码替换 stu_info 表中 NAME="王红"并且 SEX="男"的记录。

```
5.      String [] args= new String[]{"王红"，"男"};
6.              stu_values.put("PROFESSION","音乐");
7.              stu_values.put("DEPARTMENT","艺术学院");
8.              int result=db.update("stu_info",stu_values,"NAME= ? and SEX=? ", args);
```

3）删除数据

删除数据的方法可以使用 SQLiteDatabase 的 delete()方法和 execSQL()方法。

delete()方法的原型是：

    int delete (String table, String whereClause, String[] whereArgs)

方法中的参数说明如下：

- table：表名。
- whereClause：更新条件。
- whereArgs：更新条件所需的参数数组。

返回值是 int 型被删除记录的个数。

使用下面的代码会删除 stu_info 表中 NAME="王红"的信息。

```
    int result=db.delete("stu_info","NAME= ? ", new String[]{"王红"});
```

4) 查询数据

SQLiteDatabase 提供的数据查询方法 query()有 3 个，用 Cursor 返回查询的结果集。常用的 query()方法的原型为：

　　public Cursor query (String table, String[] columns, String selection, String[] selectionArgs, String groupBy, String having, String orderBy)

方法中参数的含义为：

· table：数据表的名称。

· columns：返回记录信息的列名。

· selection：查询条件。

· selectionArgs：查询参数。

· groupBy：根据一个或多个列对结果集进行分组，null 表示不分组。

· having：在 SQL 语句中的 HAVING 子句，null 表示不计算。

· orderBy：根据指定的列对结果集进行排序，格式为 SQL ORDER BY，当为 null 时使用默认排序。

使用如下语句查询 stu_info 中 DEPARTMENT="计算机学院"所有学生的全部信息。

　　Cursor cursor=db.query("stu_info", null, "DEPARTMENT=?", new String[] {"计算机学院"}, null, null, null);

数据查询的编程步骤：

(1) 使用 query()方法。

(2) 将游标导航至某条记录。使用表 6-8 中列出的 Cursor 游标类的方法将游标导航到到某一条记录。

(3) 获取游标的值。Cursor 的 getXxx()获取 Cursor 中的列数据。

(4) 关闭游标。

(5) 关闭数据库。

例如，执行下面的代码可查询 stu_info 中 DEPARTMENT="计算机学院"学生信息，并将第一个学生的信息显示出来。

```
1.    Cursor cursor=db.query("stu_info",null,"DEPARTMENT=?",new String[] {"计算机学院"},null,
null,null);
2.    int n=cursor.getCount();
3.    Toast.makeText(InsertActivity.this,"查询数量"+n,Toast.LENGTH_SHORT).show();
4.    if (cursor.moveToFirst()) {
5.            String sno = cursor.getString(cursor.getColumnIndex("SNO"));
6.            String name = cursor.getString(cursor.getColumnIndex("NAME"));
7.            String sex = cursor.getString(cursor.getColumnIndex("SEX"));
8.            String profession= cursor.getString(cursor.getColumnIndex("PROFESSION"));
9.            String department =cursor.getString(cursor.getColumnIndex("DEPARTMENT"));
10.           //将获取的信息显示到布局中
11.           etsn.setText(sno);
12.           etname.setText(name);
```

```
13.                etsex.setText(sex);
14.                etproclass.setText(profession);
15.                etdepartment.setText(department);
16.            }
17.            cursor.close();
```

4. SimpleCursorAdapter 简单游标适配器

数据库中的数据使用 ListView 显示，只需要将 CursorAdapter 适配器绑定到 ListView，为 ListView 提供数据源即可。CursorAdapter 连接数据库与 ListView 的关系如图 6-7 所示。

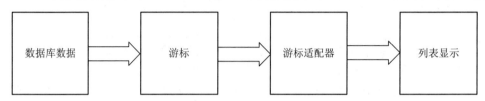

图 6-7　CursorAdapter 连接数据库与 ListView 的关系示意图

SimpleCursorAdapter 是 CursorAdapter 的子类，可以将游标的数据在 ListView 中显示，其继承关系如图 6-8 所示。

java.lang.Object
　↳　android.widget.BaseAdapter
　　　↳　android.widget.CursorAdapter
　　　　　↳　android.widget.ResourceCursorAdapter
　　　　　　　↳　android.widget.SimpleCursorAdapter

图 6-8　SimpleCursorAdapter 的继承关系

从图 6-7 可以看出，在 ListView 中显示数据的过程是：

(1) ListView 向 SimpleCursorAdapter 请求数据；

(2) SimpleCursorAdapter 向游标 Cursor 请求数据；

(3) Cursor 向数据库请求数据；

(4) 数据库给 Cursor 提供数据；

(5) Cursor 给 SimpleCursorAdapter 提供数据；

(6) SimpleCursorAdapter 给 ListView 提供数据。

SimpleCursorAdapter 的构造方法如下：

```
public SimpleCursorAdapter (Context context,      //上下文环境
                int layout,                       //列表中每一行的布局
                Cursor c,                         //游标，注意必须包含_id列，否则会报错
                String[] from,                    //Cursor 中的列
                int[] to,                         //布局中 View 与 from 参数的对应关系
                int flags)                        //定义游标的行为
```

例如实例化 SimpleCursorAdapter，首先定义了一个 Cursor，其次构建了一个 SimpleCursorAdapter，将 Cursor 中的 Name 列与 ListView 的 item 布局中的 text1 组件相对

应，最后为 ListView 类型的 lvstudent 绑定一个 SimpleCursorAdapter。

```
1.    cursorlist=db.query("stu_info",new String[]{"_id","NAME"},null,null,null,null,null);
2.    listadapter=new SimpleCursorAdapter(this,
3.                                    android.R.layout.simple_list_item_1,cursorlist,
4.                                    new String[]{"NAME"},
5.                                    new int[]{android.R.id.text1},
6.                                    0);
7.    lvstudent.setAdapter(listadapter);
```

特别要注意的是，查询到的数据中必须有一列是 _id，否则会报错。因此，在建表时就应该建立这一列。_id 列可以显示也可以不显示。

使用 ListView 显示数据库中的数据时，SimpleCursorAdapter 的编程步骤如下：

(1) 使用 SQLiteOpenHelper 的 getWritableDatabase 获得可写数据库引用。

(2) 使用 SQLiteDatabase 类的 query 方法新建游标，执行 SQL SELECT。

(3) 使用 CursorAdapter 及其子类 SimpleCursorAdapter 将数据库绑定到 ListView 控件中。

(4) 与 SimpleCursorAdapter 关联的游标为其提供数据，当用户滚动 ListView 组件的数据条目时 SimpleCursorAdapter 会向游标请求新的数据，因此游标只能在 onDestroy() 中关闭。

```
protected void onDestroy() {
    super.onDestroy();
    cursorlist.close();        //关闭游标
    db.close();                //关闭数据库
    myhelper.close();          //关闭数据库帮助器
}
```

6.3.4　SQLite 应用举例

【例 6-4】 设计一个如图 6-8 所示的学生信息管理界面。左边是一个 ListView，显示学生表中所有学生的学号和姓名信息。右边的可以完成学生信息的增加、删除、修改和查询功能。学生数据表 stu_info 中的学号 SNO 列不能重复且不能为空。增加、删除、修改和查询时学号均不能为空。

图 6-8　例 6-4 运行效果示意图

（1）新建工程名为 xsyu.jsj.samp_sqlite 的空白工程。工程中包含 1 个布局文件 activity_sqlite.xml 和 1 个 Activity 文件 sqliteActivity.java。

（2）实现主页面的布局文件。图 6-8 所示的界面对应的代码 activity_sqlite.xml 如下：

```
1.    <?xml version="1.0" encoding="utf-8"?>
2.    <LinearLayout xmlns:android="http://schemas.android.com/apk/res/android"
3.        xmlns:tools="http://schemas.android.com/tools"
4.        android:layout_width="match_parent"
5.        android:layout_height="match_parent"
6.        android:orientation="horizontal"
7.        tools:context=".SqliteActivity">
8.        <LinearLayout
9.            android:orientation="vertical"
10.           android:layout_width="200dp"
11.           android:layout_height="match_parent">
12.
13.           <TextView
14.               android:layout_width="match_parent"
15.               android:layout_height="20dp"
16.               android:layout_gravity="center"
17.               android:gravity="center"
18.               android:layout_margin="5dp"
19.               android:text="学生信息"
20.               android:textSize="15sp" />
21.           <ListView
22.               android:background="@color/colorAccent"
23.               android:id="@+id/lv_student"
24.               android:layout_width="match_parent"
25.               android:layout_height="match_parent"/>
26.       </LinearLayout>
27.       <LinearLayout
28.           android:orientation="vertical"
29.           android:layout_width="match_parent"
30.           android:layout_height="match_parent">
31.           <TextView
32.               android:layout_width="200dp"
33.               android:layout_height="wrap_content"
34.               android:layout_gravity="center"
35.               android:layout_margin="20dp"
36.               android:text="信息添加页面"
```

```
37.                android:textColor="#000000"
38.                android:textSize="30sp"
39.                android:textStyle="bold" />
40.
41.          <Button
42.                android:id="@+id/btn_clear"
43.                android:layout_width="wrap_content"
44.                android:layout_height="wrap_content"
45.                android:layout_gravity="right"
46.                android:layout_marginTop="5dp"
47.                android:text="清空"
48.                android:textSize="20sp" />
49.          <EditText
50.                android:id="@+id/et_sn"
51.                android:layout_width="match_parent"
52.                android:layout_height="wrap_content"
53.                android:hint="学号"
54.                android:textSize="20sp"/>
55.          <EditText
56.                android:id="@+id/et_name"
57.                android:layout_width="match_parent"
58.                android:layout_height="wrap_content"
59.                android:hint="姓名"
60.                android:textSize="20sp"/>
61.          <EditText
62.                android:id="@+id/et_sex"
63.                android:layout_width="match_parent"
64.                android:layout_height="wrap_content"
65.                android:hint="性别"
66.                android:textSize="20sp"/>
67.          <EditText
68.                android:id="@+id/et_profclass"
69.                android:layout_width="match_parent"
70.                android:layout_height="wrap_content"
71.                android:hint="专业班级"
72.                android:textSize="20sp"/>
73.          <EditText
74.                android:id="@+id/et_department"
75.                android:layout_width="match_parent"
```

```
76.          android:layout_height="wrap_content"
77.          android:hint="所属系部"
78.          android:textSize="20sp"/>
79.
80.      <LinearLayout
81.          android:layout_width="match_parent"
82.          android:layout_height="wrap_content"
83.          android:orientation="horizontal">
84.          <Button
85.              android:id="@+id/btn_add"
86.              android:layout_width="wrap_content"
87.              android:layout_height="wrap_content"
88.              android:text="添加"
89.              android:textSize="20sp"
90.              android:layout_margin="5dp"
91.              android:layout_weight="1"/>
92.          <Button
93.              android:id="@+id/btn_modify"
94.              android:layout_width="wrap_content"
95.              android:layout_height="wrap_content"
96.              android:text="修改"
97.              android:textSize="20sp"
98.              android:layout_margin="5dp"
99.              android:layout_weight="1"/>
100.         <Button
101.             android:id="@+id/btn_del"
102.             android:layout_width="wrap_content"
103.             android:layout_height="wrap_content"
104.             android:text="删除"
105.             android:textSize="20sp"
106.             android:layout_margin="5dp"
107.             android:layout_weight="1"/>
108.
109.         <Button
110.             android:id="@+id/btn_query"
111.             android:layout_width="wrap_content"
112.             android:layout_height="wrap_content"
113.             android:layout_weight="1"
114.             android:text="查询"
```

```
115.                    android:layout_margin="5dp"
116.                    android:textSize="20sp" />
117.               </LinearLayout>
118.               <Button
119.                    android:id="@+id/btn_return"
120.                    android:layout_width="wrap_content"
121.                    android:layout_height="wrap_content"
122.                    android:text="关闭"
123.                    android:textSize="20sp"
124.                    android:layout_gravity="right"
125.                    android:layout_marginTop="10dp"/>
126.          </LinearLayout>
127.          </LinearLayout>
```

（3）自定义 SQLiteOpenHelper 的子类。子类的功能是创建数据库，这是数据文件的名称和版本号，需要实现构造函数、onCreate()方法和 onUpgrade()方法。MyDBHelper.java代码如下：

```java
128.     package xsyu.jsj.samp_sqlite;
129.
130.     import android.content.Context;
131.     import android.database.sqlite.SQLiteDatabase;
132.     import android.database.sqlite.SQLiteOpenHelper;
133.
134.     import androidx.annotation.Nullable;
135.
136.     public class MyDBHelper extends SQLiteOpenHelper {
137.     private   static   final   String   DB_NAME="Mydatabase.db";
138.     private   static   final   int DB_VERSION=1;
139.
140.     public MyDBHelper(@Nullable Context context) {
141.          super(context, DB_NAME, null, DB_VERSION);
142.     }
143.     //创建数据库
144.     @Override
145.     public void onCreate(SQLiteDatabase db) {
146.          db.execSQL("create table stu_info(_id integer primary key autoincrement,SNO varchar
     (10), NAME varchar(10),SEX varchar(2),PROFESSION varchar(10),DEPARTMENT varchar(20))");
147.     }
148.     //升级数据库
149.     @Override
```

```
150.        public void onUpgrade(SQLiteDatabase db, int oldVersion, int newVersion) {
151.
152.        }
153. }
```

（4）为 ListView 的 Item 项自定义布局。ListView 只显示学号和姓名，定义一个水平布局，包含两个 TextView 组件。mylistitem.xml 代码如下：

```
154.        <?xml version="1.0" encoding="utf-8"?>
155.        <LinearLayout xmlns:android="http://schemas.android.com/apk/res/android"
156.            android:layout_width="match_parent"
157.            android:layout_height="match_parent"
158.            android:orientation="horizontal">
159.
160.            <TextView
161.                android:id="@+id/tv_sno"
162.                android:layout_width="0dp"
163.                android:layout_height="wrap_content"
164.                android:layout_margin="8dp"
165.                android:layout_weight="1" />
166.            <TextView
167.                android:id="@+id/tv_name"
168.                android:layout_width="0dp"
169.                android:layout_height="wrap_content"
170.                android:layout_margin="8dp"
171.                android:layout_weight="1" />
172.        </LinearLayout>
```

（5）实现 Activity 类。sqliteActivity.java 类的完整代码如下：

```
1.        package xsyu.jsj.samp_sqlite;
2.        import androidx.appcompat.app.AppCompatActivity;
3.        import android.content.ContentValues;
4.        import android.database.Cursor;
5.        import android.database.sqlite.SQLiteDatabase;
6.        import android.os.Bundle;
7.        import android.util.Log;
8.        import android.view.View;
9.        import android.widget.AdapterView;
10.       import android.widget.Button;
11.       import android.widget.EditText;
12.       import android.widget.ListView;
13.       import android.widget.SimpleAdapter;
```

```
14.    import android.widget.SimpleCursorAdapter;
15.    import android.widget.TextView;
16.    import android.widget.Toast;
17.    public class SqliteActivity extends AppCompatActivity implements    View.OnClickListener {
18.         private    MyDBHelper myhelper;
19.         private SimpleCursorAdapter listadapter;
20.         private SQLiteDatabase db;
21.         private    Cursor cursorlist;
22.         private EditText etsn,etname,etsex,etproclass,etdepartment;
23.         private Button btnadd,btnmodify,btndel,btnquery,btnreturn,btnclear;
24.         private ListView lvstudent;
25.
26.         @Override
27.         protected void onCreate(Bundle savedInstanceState) {
28.             super.onCreate(savedInstanceState);
29.             setContentView(R.layout.activity_sqlite);
30.             initView();
31.             initList();
32.             btnadd.setOnClickListener(this);
33.             btnmodify.setOnClickListener(this);
34.             btndel.setOnClickListener(this);
35.             btnquery.setOnClickListener(this);
36.             btnclear.setOnClickListener(this);
37.             btnreturn.setOnClickListener(this);
38.             lvstudent.setOnItemClickListener(new AdapterView.OnItemClickListener() {
39.         @Override
40.             public void onItemClick(AdapterView<?> parent, View view, int position, long id) {
41.                 TextView textview=view.findViewById(R.id.tv_sno);
42.                 String sno=textview.getText().toString();
43.                 //sno=etsn.getText().toString();
44.                 Cursor cursor=db.query("stu_info",null,"SNO=?",new String[] {sno},null,null, null);
45.                 if (cursor.moveToFirst()) {
46.                     sno = cursor.getString(cursor.getColumnIndex("SNO"));
47.                     String name = cursor.getString(cursor.getColumnIndex("NAME"));
48.                     String sex = cursor.getString(cursor.getColumnIndex("SEX"));
49.                     String profession=cursor.getString(cursor.getColumnIndex("PROFESSION"));
50.                     String department=cursor.getString(cursor.getColumnIndex("DEPARTMENT"));
51.                     etsn.setText(sno);
52.                     etname.setText(name);
```

```
53.                      etsex.setText(sex);
54.                      etproclass.setText(profession);
55.                      etdepartment.setText(department);
56.                  }
57.
58.              }
59.          });
60.
61.      }
62.
63.      @Override
64.      protected void onDestroy( ) {
65.          super.onDestroy( );
66.          cursorlist.close( );              //关闭游标
67.          db.close( );                      //关闭数据库
68.          myhelper.close( );                //关闭数据库帮助器
69.      }
70.
71.      private void initList( ) {
72.          cursorlist=db.query("stu_info",new String[]{"_id","SNO","NAME"},null,null,null,null, null);
73.          listadapter=new SimpleCursorAdapter(this,
74.                          R.layout.mylistitem,cursorlist,
75.                          new String[]{"SNO","NAME"},
76.                          new int[]{R.id.tv_sno,R.id.tv_name},
77.                          0);
78.          lvstudent.setAdapter(listadapter);
79.      }
80.
81.      //绑定成员变量
82.      private void initView( ) {
83.          MyDBHelper myDBHelper = myhelper = new MyDBHelper(this);
84.          db=myhelper.getWritableDatabase( );
85.          etsn=findViewById(R.id.et_sn);
86.          etname=findViewById(R.id.et_name);
87.          etsex=findViewById(R.id.et_sex);
88.          etproclass=findViewById(R.id.et_profclass);
89.          etdepartment=findViewById(R.id.et_department);
90.          btnadd=findViewById(R.id.btn_add);
91.          btnclear=findViewById(R.id.btn_clear);
```

```
92.          btnreturn=findViewById(R.id.btn_return);
93.          btnmodify=findViewById(R.id.btn_modify);
94.          btndel=findViewById(R.id.btn_del);
95.          btnquery=findViewById(R.id.btn_query);
96.          lvstudent=findViewById(R.id.lv_student);
97.        }
98.

99.     private void UpdataAdapter( ) { // 更新数据库的 Cursor 对象
100.    // cursorlist=db.query("stu_info",new String[]{"_id","NAME"},null,null,null,null,null);
101.        cursorlist=db.query("stu_info",new String[]{"_id","SNO","NAME"},null,null,null,null,null);
102.        listadapter.changeCursor(cursorlist);
103.      }
104.

105.    @Override
106.    //Button 的单击事件处理
107.    public void onClick(View v) {
108.        ContentValues stu_values=new ContentValues( );
109.        Cursor cursor;
110.        String sno;
111.        int n;
112.        int id=v.getId( );
113.        switch (id){
114.        case R.id.btn_add:    //添加学生信息
115.            sno=etsn.getText( ).toString( );
116.            cursor=db.query("stu_info",null,"SNO=?",new String[] {sno},null,null,null);
117.            n=cursor.getCount( );
118.            if(n==0) {
119.                Toast.makeText(SqliteActivity.this, "查询数量"+n,Toast.LENGTH_SHORT).
                    show( );
120.                stu_values.clear( );
121.                stu_values.put("SNO", etsn.getText( ).toString( ));
122.                stu_values.put("NAME", etname.getText( ).toString( ));
123.                stu_values.put("SEX", etsex.getText( ).toString( ));
124.                stu_values.put("PROFESSION", etproclass.getText( ).toString( ));
125.                stu_values.put("DEPARTMENT", etdepartment.getText( ).toString( ));
126.                long result = db.insert("stu_info", null, stu_values);
127.                Toast.makeText(SqliteActivity.this,"插入成功！",Toast.LENGTH_SHORT).show( );
128.              }
129.          else
```

```
130.              Toast.makeText(SqliteActivity.this,"学号为空或已存在!!! ",Toast.LENGTH_
     SHORT).show( );
131.              cursor.close( );
132.              break;
133.          case R.id.btn_query:    //按学号查询学生信息
134.              Toast.makeText(SqliteActivity.this,"in 查询",Toast.LENGTH_LONG).show( );
135.              sno=etsn.getText( ).toString( );
136.              cursor=db.query("stu_info",null,"SNO=?",new String[] {sno},null,null,null);
137.              if (cursor.moveToFirst( )) {
138.                     sno = cursor.getString(cursor.getColumnIndex("SNO"));
139.                     String name = cursor.getString(cursor.getColumnIndex("NAME"));
140.                     String sex = cursor.getString(cursor.getColumnIndex("SEX"));
141.                     String profession= cursor.getString(cursor.getColumnIndex("PROFESSION"));
142.                     String department=cursor.getString(cursor.getColumnIndex("DEPARTMENT"));
143.                     etsn.setText(sno);
144.                     etname.setText(name);
145.                     etsex.setText(sex);
146.                     etproclass.setText(profession);
147.                     etdepartment.setText(department);
148.                 }
149.              cursor.close( );
150.              Toast.makeText(SqliteActivity.this,"查询结束",Toast.LENGTH_SHORT).show( );
151.              break;
152.          case R.id.btn_del:    //按学号删除学生信息
153.              sno=etsn.getText( ).toString( );
154.              if(sno.length( )>0)
155.              {
156.                  String[] args = new String[]{sno};
157.                  int result1 = db.delete("stu_info", "SNO= ? ", args);
158.                  Toast.makeText(SqliteActivity.this, "删除记录数量：" + result1, Toast.LENGTH_
     LONG).show( );
159.              }
160.              else
161.                  Toast.makeText(SqliteActivity.this, "学号不能为空", Toast.LENGTH_LONG).
     show( );
162.              clearinfo( );
163.              break;
164.          case R.id.btn_modify: //按学号修改学生信息
165.              sno=etsn.getText( ).toString( );
```

```
166.              stu_values.clear();
167.              stu_values.put("SNO", etsn.getText().toString());
168.              stu_values.put("NAME", etname.getText().toString());
169.              stu_values.put("SEX", etsex.getText().toString());
170.              stu_values.put("PROFESSION", etproclass.getText().toString());
171.              stu_values.put("DEPARTMENT", etdepartment.getText().toString());
172.              long result1=db.update("stu_info",stu_values,"SNO= ? ",new String[] {sno});
173.              Toast.makeText(SqliteActivity.this,"修改数量："+result1,Toast.LENGTH_SHORT).
     show();
174.              break;
175.           case R.id.btn_clear:    //清空输入文本框内容
176.              clearinfo();
177.              break;
178.         default:
179.                  throw new IllegalStateException("Unexpected value: " + id);
180.         }
181.         UpdataAdapter();
182.
183.      }
184.    private    void clearinfo(){
185.         etsn.setText("");
186.         etname.setText("");
187.         etsex.setText("");
188.         etproclass.setText("");
189.         etdepartment.setText("");
190.      }
191. }
```

对 sqliteActivity 类的代码作如下说明：

(1) 定义类的成员变量。代码第 18～21 行定义了数据库帮助类、数据库、游标和游标适配器变量，第 22～24 行是 activity_sqlite 布局中各组件对应的引用。

(2) 成员变量的初始化。在 initView()方法(第 82～97 行)中完成成员变量的初始化，并在 onCreate()方法中调用。

(3) 为 ListView 绑定 SimpleCursorAdapter 适配器。在 initList()方法(第 71～78 行)中完成列表视图 lvstudent 和游标适配器 listadapter 的绑定，在 onCreate()方法中调用。

(4) 在 onCreate()方法中为组件注册事件监听器。代码第 64～69 行各 Button 组件单击事件的处理方法均为该类自身实现的 View.OnClickListener 接口，即执行 onClick(View v)处理。

代码第 38～59 行使用内部类为显示学生学号和姓名的 ListView 组件注册了 ItemClick 事件的监听器，并实现 onItemClick()方法。该方法在用户单击 ListView 组件的子项后会将对应学生的详细信息用 Cursor 取出，并显示在布局右边各文本框中。

(5) 实现各 Button 组件的单击事件的响应。为了简化程序结构，提高程序的可读性，代码中第 17 行的语句 SqliteActivity 定义时声明实现了 View.OnClickListener 接口。

　　public class SqliteActivity extends AppCompatActivity implements　View.OnClickListener …

在第 107～183 行中实现 View.OnClickListener 的 onClick(View v)方法，对各 Button 的单击事件进行处理。

(6) 动态更新 ListView 列表视图中的数据。添加、删除和修改操作都会使数据库中的数据发生变化，为了让 ListView 组件中的数据能够及时反应出数据库的变化，需要为其更新游标中的数据。第 99～103 行定义的 UpdataAdapter()方法实现了该功能。

(7) 重写 onDestroy()方法。在 onDestroy()方法(第 64～69 行)中释放数据库和游标资源。

本 章 小 结

本章介绍了 Android 应用程序的 3 种存储模式，分别为文件存储、SharedPreferences 存储和 SQLite 数据库存储。文件存储中主要介绍了 I/O 流操作文件的常用方法并举例说明。SharedPreferences 存储中主要介绍了 SharedPreferences 接口、操作步骤并举例说明。SQLite 数据库存储中主要介绍了数据库的创建和删除操作、对表的操作并举例说明。通过本章的学习，有助于读者按需设计 Android 应用程序存储模式。

习 题

一、填空题

1. SharedPreferences 所存储的数据是以(　　　)的格式保存在 xml 文件中。
2. Android 提供了标准的 java 文件以(　　　)方式来对文件数据进行读写。
3. Context 类的(　　　)方法可以获得文件输入流对象。
4. 关闭文件输入/输出流的方法是(　　　)。
5. 使用(　　　)类可以创建、管理数据库。
6. 实例化一个 SQLiteOpenHelper 时必须给出(　　　)和(　　　)这两个抽象方法的具体实现，其中(　　　)方法负责创建数据库，需要提供数据库的(　　　)信息。
7. 使用 SQLiteOpenHelper 的(　　　)方法可以返回数据库类(　　　)的对象。
8. 如果数据库已经存在，Android 就不会回调(　　　)类的 onCreate(　　　)方法。
9. 检索数据库时，使用 db 的(　　　)方法取出所有符合要求的记录，这些方法的返回类型是(　　　)。
10. 导航至游标的第一项记录可以使用 Cursor 的(　　　)方法。
11. CursorAdapter 可以为(　　　)提供数据。
12. Activity 仅在(　　　)方法被调用时才查询游标。
13. 列表的(　　　)方法用于获得它的适配器。

14. 在列表的引用上调用( )方法可以更新游标。

15. 由于列表随时要向 Cursor 请求数据，应该在( )方法里关闭游标。

16. 从 Cursor 中获取当前位置中某整型数据列的方法是( )。

二、上机题

1. 在例 6-2 的基础上，实现如下功能：

(1) 为程序增加登录界面。登录用户信息保存到 SP 文件中并进行逻辑判断，密码正确才能登录主界面。

(2) 为备忘录标题。主界面中单击某个备忘录标题，可以对内容进行修改和保存。

(3) 为备忘录标题增加搜索、查询功能。

2. 在例 6-3 的基础上完成如下功能：

(1) 增加一个学生成绩表，表格中包含学生的学号和 3 门功课的成绩。

(2) 按要求写出查询语句：在 stu_info 表中，检索 DEPARTMENT 为"计算机学院"的所有学生的基本信息和成绩单，按顺序写出实现该功能的方法。

(3) 将查询结果按学号升序在左侧的 ListView 中显示学号和姓名。

(4) 在右边的布局中增加"上一条"和"下一条"按钮，依次显示学生的详细信息。

第 7 章　Intent 与 BroadcastReceiver

Intent 是一个将要执行动作的抽象描述，主要解决 Android 应用的各组件之间的通信。通过 Intent，程序可以向 Android 表达某种请求或者意愿，Android 会根据意愿的内容选择适当的组件来完成请求。Intent 提供 Activity、Service、BroadcastReceiver 以及底层应用之间的相互触发和数据交互(运行时绑定)。Intent 专门提供组件相互协调的相关信息，起着媒介的作用，实现调用者与被调用者之间的解耦。

BroadcastReceiver(广播接收器)是一个专注于接收广播通知信息并做出对应处理的组件。很多广播源自于系统代码，如时区改变、电池电量低、拍摄一张照片或用户改变语言选项。应用程序也可以进行广播，如通知其他应用程序下载数据完成并处于可用状态。应用程序可以拥有任意数量的广播接收器，以对它所感兴趣的通知信息予以响应，所有的接收器均继承自 BroadcastReceiver 基类。广播接收器启动一个 Activity 来响应收到的信息。一般来说，在状态栏放置一个持久的图标，用户可以打开它并获取信息。Android 中的广播时间有两种：一种是系统广播事件，如 ACTION_BOOT_COMPLETED(系统启动完成后触发)、ACTION_TIME_CHANGED(系统时间改变时触发)、ACTION_BATTERY_LOW(电量低时触发)等等；另一种是自定义广播事件。

7.1　Intent

7.1.1　Intent 原理与用途

1. Intent 的原理

Intent 负责对应用中一次操作的动作、动作涉及的数据、附加数据进行描述，Android 则根据此 Intent 的描述，负责找到对应的组件，将 Intent 传递给调用的组件，并完成组件的调用。

2. Intent 的用途

(1) 启动 Activity：可以将 Intent 对象传递给 startActivity()方法或 startActivityForResult()方法以启动一个 Activity。该 Intent 对象包含了要启动的 Activity 的信息及其他必要的数据。

(2) 启动 Service：可以将 Intent 对象传递给 startService()方法或 bindService()方法以启动一个 Service。该 Intent 对象包含了要启动的 Service 的信息及其他必要的数据。

(3) 发送广播：广播是一种所有 APP 都可以接收的信息。Android 系统会发布各种类型的广播,比如发布开机广播或手机充电广播等。也可以给其他的 APP 发送广播,可以将 Intent 对象传递给 sendBroadcast( )方法、sendOrderedBroadcast( )方法或 sendStickyBroadcast( ) 方法以发送自定义广播。

7.1.2　Intent 分类

1. Intent 分类

Intent 可以分为两组,分别为显式 Intent 和隐式 Intent。

1) 显式 Intent

显式 Intent 通过名字指定目标组件。显式 Intent 通常用于应用程序内部消息,如一个活动启动从属的服务或启动一个姐妹活动。

下面给出一段代码,通过显式调用打开一个网页,具体代码如下:

```
1.    Intent it=new Intent( );//创建一个 Intent 对象
2.    it.setAction(Intent.ACTION_VIEW);              //设置一个 Intent 动作
3.    it.setData(uri.parse("http://baidu.com"));      //设置数据
4.    startActivity(it);                            //启动活动页面
```

当创建了一个显式 Intent 去启动 Activity 或 Service 时,系统会立即启动 Intent 中所指定的组件。

2) 隐式 Intent

隐式 Intent 并不指定目标的名字(组件名字字段为空)。隐式 Intent 通常用于激活其他应用程序中的组件。例如,可以直接通过 Intent 调用系统相机拍照,而不必因为拍照创建一个拍照程序,下面给出一段具体代码:

```
5.    //创建一个打开相机的 Intent
6.    Intent intent=new Intent(MediaStore.ACTION_IMAGE_CAPTURE);
7.    startActivityForResult(intent,0);              //启动一个需要返回值的活动页面照出照片可以
      使用下面这段代码
8.    Bundle extras=intent.getExtras( );            //设置 Bundle 对象
9.    Bitmap bitmap=bitmap.extras.get("data");      //从 Bundle 中取出数据还原成位图对象
```

当创建了一个隐式 Intent 去使用时,Android 系统会将该隐式 Intent 所包含的信息与设备上其他所有 APP 中 manifest 文件中注册的组件的 Intent Filters 进行对比过滤,从中找出满足能够接收处理该隐式 Intent 的 APP 和对应的组件。如果有多个 APP 中的某个组件都符合条件,那么 Android 会弹出一个对话框让用户选择需要启动哪个 APP。

2. Intent 过滤器

一个组件可以包含 0 个或多个 Intent Filter(过滤器)。Intent Filter 写在 APP 的 manifest 文件中,其通过设置 action 或 uri 数据类型等指明了组件能够处理接收的 Intent 的类型。如果 Activity 设置了 Intent Filter,那么这就使得其他的 APP 有可能通过隐式 Intent 启动这个 Activity。反之,如果 Activity 不包含任何 Intent Filter,那么该 Activity 只能通过显式 Intent 启动,由于一般不会暴露出组件的完整类名,所以这种情况下,其他的 APP 基本就不可能

通过 Intent 启动 Activity 了(因为无法获取该 Activity 的完整类名)，只能由自己的 APP 通过显式 Intent 启动。

需要注意的是，为了确保 APP 的安全性，应该总是使用显式 Intent 去启动 Service 并且不要为该 Service 设置任何的 Intent Filter。通过隐式 Intent 启动 Service 是有风险的，因为不确定最终哪个 APP 中的哪个 Service 会启动以响应隐式 Intent，同时，由于 Service 没有 UI 在后台运行，所以用户也不知道哪个 Service 运行。从 Android 5.0 (API level 21)开始，用隐式 Intent 调用 bindService()方法，Android 会抛出异常，但是也有相应技巧，将一个隐式 Intent 转换为显式 Intent，然后用显式 Intent 去调用 bindService()方法。

7.1.3　Intent 属性

Intent 对象主要有 6 个属性，分别是 ComponentName(组件名称)、Action(动作)、Category(类别)、Data(数据)、Extras(额外)、Flags(标记)。下面将对这 6 个属性进行详细讲解。

1. ComponentName

ComponentName 是指要处理这个 Intent 的组件的名字。组件名字是可选的，如果被设置了，则这个 Intent 对象将被传递到指定的类。如果没有设置，则在 Androidmanifest.xml 中，通过使用 IntentFilter 来寻找与该 Intent 最合适的组件。

组件名称可以通过 setComponent、setClass 或 setClassName 方法设置，并通过 getComponent 方法读取，下面分别对上面提到的几个方法进行介绍：

(1) setComponent 方法。setComponent 方法用来为 Intent 设置组件，其语法格式如下：

```
public Intent setComponent(ComponentName component)
```

其中：component 表示要设置的组件名称；返回值为 Intent 对象。

(2) setClass 方法。setClass 方法用来为 Intent 设置要打开的 Activity 的 class 对象，其语法格式如下：

```
public Intent setClass(Context packageContext, Class<?> cls)
```

返回值为 Intent 对象。

(3) setClassName 方法。setClassName 方法用来为 Intent 设置要打开的 Activity 名称，其语法格式如下：

```
public Intent setClassName(Context packageContext, String className)
```

其中：packageContext 表示当前 Activity 的 this 对象；className 表示要打开的 Activity 的类名称；返回值为 Intent 对象。

(4) getComponent 方法。getComponent 方法用来获取与 Intent 相关的组件，其语法格式如下：

```
public ComponentName getComponent()
```

返回值为与 Intent 有关的组件名称。

例如，使用 Intent 对象的 setClass 方法设置组件名称，代码如下：

```
Intent intent=new Intent();                              //创建 Intent 对象
Intent.setClass(IntentExamActivity.this,LinkActivity.class)    //为 Intent 对象设置组件
```

2. Action

Action 规定了 Intent 要完成的动作，是一个字符串常量。开发者应使用 setAction()来设置 Action 属性，使用 getAction()来获得 Action 属性。开发者既可以使用系统内置的 Action，也可以自己定义。系统自定义的 Action 包括 ACTION_VIEW、ACTION_EDIT 和 ACTION_MAIN 等等。

Intent 类指定了一些动作常量，如表 7-1 所示。

表 7-1　Intent 类的常量和功能

常　　量	功　　能
ACTION_CALL	使用提供的数据给某人打电话
ACTION_SEND	向某人发送信息，接收者未指定
ACTION_ANSWER	接听电话
ACTION_EDIT	将数据显示给用户用于编辑
ACTION_VIEW	将数据显示给用户
ACTION_TIME_TICK	每分钟通知一次当前时间改变
ACTION_POWER_CONNECTED	通知设备已经连接外置电源
ACTION_SHUTDOWN	通知设备已经被关闭

说明：Intent 类有很多动作常量，上述只是列举出一些常用的动作常量，关于 Intent 类的其他动作对象，可参考 Android 官方帮助文档的 Intent 类。另外，开发人员还可以定义自己的动作字符串。自定义动作字符串应包含应用程序包名的前缀，如"com.xiao. project.SHOW_COLOR"。

一个 Intent 对象的动作通过 setAction 方法设置，通过 getAction 方法读取。下面分别对 setAction 和 getAction 方法进行介绍：

(1) setAction 方法。setAction 方法用来为 Intent 设置动作，其语法格式如下：

　　　　public Intent setAction(String action)

其中：action 表示要设置的动作名称，通常设置为 Android API 提供的动作常量；返回值为 Intent 对象。

(2) getAction 方法。getAction 方法用来获取 Intent 的动作名称，其语法格式如下：

　　　　public String getAction()

返回值为 String 字符串，表示 Intent 的动作名称。

例如，使用 Intent 对象的 setAction 方法设置 Intent 对象的动作拨打电话，代码如下：

```
Intent intent=new Intent()                 //创建 Intent 对象
intent.setAction(Intent.ACTION_CALL);      //设置动作为拨打电话
```

3. Data

数据(Data)作用于 Intent 上的数据 URI 和数据 MIME 类型，不同的动作有不同的数据规格。例如：如果动作字段是 ACTION_EDIT，则数据字段应该包含将显示用于编辑的文档的 URI；如果动作是 ACTION_CALL，则数据字段应该是一个含呼叫电话号码的

URI；如果动作是 ACTION_VIEW，则数据字段应该是根据用户需求设置数据类型打开相应的 Activity。

使用 setData 方法可以显示数据的 URI，使用 setType 方法可以指定数据的 MIME 类型，使用 setDataAndType 方法可以指定数据的 URI 和 MIME 类型。通过 getData 方法可以读取数据的 URI，通过 getType 方法可以读取数据的类型，下面分别对上面提到的方法进行介绍：

(1) setData 方法。setData 方法用来为 Intent 设置 URI 数据，其语法格式如下：

　　　　public Intent setData(Uri data)

其中：data 表示要设置的数据的 URI；返回值为 Intent 对象。

(2) setType 方法。用来为 Intent 数据设置 MIME 类型，其语法格式如下：

　　　　public Intent setType(String type)

其中：type 表示要设置的数据的 MIME 类型；返回值为 Intent 对象。

(3) setDataAndType 方法。setDataAndType 方法用来为 Intent 设计数据及 MIME 类型，其语法格式如下：

　　　　public Intent setDataAndType(Uri data, String type)

其中：data 表示要设计的数据 URI；type 表示要设置的数据的 MIME 类型；返回值为 Intent 对象。

(4) getData 方法。getData 方法用来获取与 Intent 相关的数据，其语法格式如下：

　　　　public Uri getData()

返回值为 URI 类型，表示获取到与 Intent 相关数据的 URI。

(5) getType 方法。getType 方法用来获取与 Intent 相关的数据的 MIME 类型，其语法格式如下：

　　　　public String getType()

返回值为 String 字符串，表示获取到的 MIME 类型。

【例 7-1】 Intent 设置动作和数据实现拨打电话和发送短信的功能应用举例。

(1) 创建一个工程名为 samp7_1、包名为 xsyu.jsj.samp7_1 的空白工程。修改项目的 res/layout 目录下的布局文件 activity_main.xml，在其中添加两个 Button 组件 btn1 和 btn2 分别为它们设置文本为拨打电话和发送短信，代码如下：

```
1.    <Button
2.    android id="@id+btn1"
3.    android layout_width="60dp"
4.      android:layout_height="40dp"
5.    android:text="拨打电话"
6.    android id="@id+btn1"
7.    android layout_width="60dp"
8.    android:layout_height="40dp"
9.      android:text="拨打电话"/>
```

(2) 打开 MainActivity.java 文件，在 OnCreate()方法中，获取布局文件中的 Button 按钮，并为其设置单击监听事件，代码如下：

```
1.    public void onCreate(Bundle savedInstenceState){
2.        super.onCreate(savedInstenceState)
3.        setOnContentView(R.layout.main)
4.        Button btnButton1=(Button)findViewById(R.id.btn1)   //获取 btn1 为 btn1 组件设置监听事件
5.        Button btnButton2=(Button)findViewById(R.id.btn2)   //获取 btn12 为 btn2 组件设置监听事件
6.        btnButton1.setOnClickListener( );
7.        btnButton2.setOnClickListener( );
8.    }
```

上面的代码中用到了 listener 对象，该对象为 OnClickListener 类型，因此在 Activity 中创建该对象，并重载其 OnClick()方法，在该方法中通过判断单击的按钮 id，分别为两个 Button 按钮设置拨打电话和发送短信的动作及数据，代码如下：

```
1.   public android.view.View.OnclickListener listener=new   android     view.View.OnClickListener(){
2.   public void OnClick(View v){
3.   Intent intent=new Intent            //创建 Intent 对象
4.   Button button=button(v);            //将 view 强制转换为 Button 对象
5.   switch （button.getId()){           //根据 Button 的 id 进行判断
6.   case.id.btn1:
7.   intent.setAction(Intent.ACTION_CALL);        //如果是 btn1 设置动作为打电话
8.   intent.setData(Uri.parse（"tel:19809883345"）;   //设置要拨打的电话号码
9.   case.id.btn2:
10.  intent.setAction(Intent.ACTION_SENDTO);      //如果是 btn2 设置动作为发送短信
11.  intent.setData(Uri.parse（"tel:19809883345"）;   //设置要发送短信的电话号码
12.  startActivity(intent);              //启动 Activity
13.  break；
14.  }
15.  }
16.  }
```

（3）打开 AndroidManifest.xml 文件，在其中为当前的 Android 程序设置拨打电话和发送短信的权限，代码如下：

```
14.  <uses-permission
15.  android:name="android.permission.CALL_PHONE"/>
16.  <uses-permission
17.  android:name="android.permission.SEND_SMS"/>
```

4. Category

通过 Action，配合 Data 或 Type 属性就可以准确地表达出一个完整的 Intent 了。但为了使 Intent 更加精确，需要给 Intent 添加一些约束，这个约束由 Intent 的 Catagory 属性实现。一个 Intent 只能指定一个 action 属性，但是可以添加一个或多个 Catagory 属性。Category 属性可以自定义字符串实现，但为了方便不同应用之间的通信还可以设置系统预定义的

Category 常量。开发者通过调用方法 addCategory()为 Intent 添加一个 Category；调用方法 removeCategory()来移除一个 Category；调用 getCategories 方法返回已定义的 Category。

常用的常量如表 7-2 所示。

表 7-2　Category 类的常量和功能

常　　量	功　　能
CATEGORY_DEFAULT	按照默认方式执行
CATEGORY_HOME	设置为 Home Activity
CATEGORY_LAUNCHER	设置优先级最高的 Activity
CATEGORY_BROWSABLE	设置可以使用浏览器启动
CATEGORY_APP_MARKET	允许用户浏览和下载新应用

5. Extras

Extras 用于向 Intent 组件添加附加信息，采用键-值对的形式保存附加信息。例如，一个 ACTION_TIMEZONE _CHANGE 动作有一个“time-zone”的附加信息，标识新的时区；ACTION_HEADSET_PLUG 动作有一个“state”附加信息，标识头部是否塞满或未塞满，还有一个“name”附加信息，标识头部的类型。Intent 对象中有系列的 put...()方法用于插入各种附加数据，一系列的 get...()方法用于读取数据，这些方法与 Bundle 对象的方法类似。实际上，附加信息可以作为一个 Bundle 对象使用 putExtras 方法和 getExtras 方法安装和读取，下面分别对 putExtras 方法和 getExtras 方法进行介绍。

1) putExtras 方法

putExtras 方法用来为 Intent 添加附加信息，该方法有多种重载形式，其常用的一种重载形式如下：

　　　　public Intent putExtra (String name, String value)

其中：name 表示附加信息的名称；value 表示附加信息的值；返回值为 Intent 对象。

2) getExtras 方法

getExtras 方法用来获取 Intent 中的附加信息，其语法格式如下：

　　　　public Bundle getExtras()

返回值为 Bundle 对象，用来存储获取到的 Intent 附加信息。

6. Flags

Flags 属性用于指示 Android 程序如何启动一个 Activity(例如，Activity 属于哪个 Task)以及启动后如何处理。标志都定义在 Intent 类中，如 FLAG_ACTIVITY_SINGLE_TOP 相当于加载模式中的 singleTop 模式。

注意：默认的系统不包含 Task 管理功能，因此，尽量不要使用 FLAG_ACTIVITY_ MULTIPLE_TASK 标志，除非能够提供一种可以返回到已经启动的 Task 的方式。

7.1.4　使用 Intent 启动 Activity 实例

【例 7-2】创建 Android 项目，主要使用 putExtras()方法和 getExtras()方法实现为 Intent

添加附加信息和读取附加信息的功能。

(1) 创建一个工程名为 samp7_2、包名为 xsyu.jsj.samp7_2 的空白工程。创建一个 Activity，命名为 AcceptdataActivity，并在 AndroidManifest.xml 文件中进行配置。

(2) 在布局文件 main.xm1 中添加一个 Button 组件 btn，并设置其文本为"跳转"。代码如下：

```
1.   <Button
2.      android:id="@id/btn"
3.      android:1ayout_ width= "60dp"
4.      android:1ayout_ height= "40dp"
5.      android:text="跳转"/>
```

(3) 在 res/layout 目录下创建个 link.xml 文件，用来作为 Activity 的布局文件，在该布局文件中添加一个 TextView 组件代码如下：

```
6.   <?xml versicm="1. 0" encoding="utf-8" ?>
7.   <LinearLayout xmlns:adroid="http://schemas.android.com/apk/res/
8.   android"
9.      android:orientation="vertical"
10.     android:layout_width="fill_parent"
11.     android:layout_height="fill parent"/>
12.     <TextView
13.       ardroid:id="@id/txt"
14.       android:layout_ width= "fill_parent"
15.       android:layout_height= " wrap_content"
16.       andiroid:text="链按页面"/>
17.  </LinearLayout>
```

(4) 打开 MainActivity.java 文件，定义一个 int 类型常量，用来作为请求标识，代码如下：

private final static int REQUEST CODE=1；//声明请求标识

在 MainActivity.java 文件的 OnCreate()方法中，获取布局文件中的 Button 按钮，并为其设置单击监听事件，代码如下：

```
1.   public void onCreate (Bundle savedInstanceState) {
2.      super.onCreate (savedInstanceState);
3.      setContentView(R.layout.main);
4.      Button btnButtom = (Button) findViexById(R.id.btn);  //获取 Button 按钮
5.      btnButton.setOnClickListener (listener);         //为 Button 按钮设置监听事件
6.   }
```

上面代码中的 listener 对象为 OnClickListener 类型，因此在 Activity 中创建该对象，并重写其 OnClick()方法。在该方法中，首先创建一个 Intent 对象，并设置要打开的 Activity，然后使用 Intent 对象 putExtra()方法设置附加信息，最后使用 startActivityForResult()方法启动 Activity。主要代码如下：

```
1.   private OnClickListener listener=new OnClickListener(){
```

2.   //创建监听对象

3.   public void onClick(View v) {

4.   Intent intent=new Intent( );   //创建 Intent 对象

5.   //设置要访问的 Activity

6.   intent.setClass(MainActivity.this,Acoeptdataictivity.class);

7.   intent.putExtra("str","第一个 Activity 传过来的值"):   //设置附加信

8.   startActivityForResult(intent: REQUEST_CODE):   //启动 Activity

9.   }

10.   }

(5) 打开 AcceptdataActivity.java 文件，在 OnCreate( )方法中，使用 Intent 对象的 getExtras( )方法获取附加信息，并显示到 TextView 组件中。OnCreate( )方法代码如下：

1.   protected void onCreate(Bundle savedInstanceState) {

2.   super.onCreate(savedInstanceState);

3.   setContentView(R.layout.link.link);

4.   Intent intent=igetIntent( );   //创建 Intent 对象

5.   Bundle bundle=intent.getExtras( );   //获取附加信息，并用 Bundle 接收

6.   String str=bundle.getString("str");   //获取传递的字 符串值

7.   txt=(TextView)findViewById(R.id.txt)   //获取 TextViem 组件

8.   txt.setText(str);   //设置文本

说明：

AcceptdataActivity.java 文件使用 link.xml 作为布局文件。运行代码，将显示如图 7-1 所示的主 Activity 初始页面，单击“跳转”按钮，进入第二个 Activity，该 Activity 窗口中 显示在第一个 Activity 中设置的附加信息，如图 7-2 所示。

图 7-1   主 Activity 初始页面

图 7-2   获取到的附加信息

7.2   BroadcastReceiver

7.2.1   广播机制及 BroadcastReceiver 原理

在 Android 中有各种各样的广播，比如电池的使用状态、电话的接收和短信的接收都 会产生一个广播，应用程序开发者也可以监听这些广播并做出程序逻辑的处理。广播作为 Android 组件间的通信方式，可以使用的场景如下：

(1) 同一 APP 内部的同一组件内的消息通信(单个或多个线程之间)；

(2) 同一 APP 内部的不同组件之间的消息通信(单个进程)；

(3) 同一 APP 具有多个进程的不同组件之间的消息通信；

(4) 不同 APP 之间的组件之间消息通信;

(5) Android 系统在特定情况下与 APP 之间的消息通信。

Android 广播分为两个方面:广播发送者和广播接收者,通常情况下,BroadcastReceiver
是指广播接收者(广播接收器)。

BroadcastReceiver 和事件处理机制类似,不同的是事件处理机制是应用程序组件级别
的,比如一个按钮的 OnClickListener()事件,只能够在一个应用程序中处理。而广播事件
处理机制是系统级别的,不同的应用程序都可以处理广播事件。

创建广播接收器以及注册广播接收器来使系统的广播意图配合广播接收器工作。当其
他应用程序发出广播消息之后,所有注册了 BroadcastReceiver 的应用程序将会检测注册时
的过滤器 IntentFilter 是否与发出的广播消息相匹配,若匹配则会调用 BroadcastReceiver 的
onReceive()方法进行处理。因此,开发 BroadcastReceiver 应用,主要是对 onReceive()方法
的实现。

7.2.2　BroadcastReceiver 分类

BroadcastReceiver 主要有以下两种类型:

(1) 普通广播。普通广播对于多个接收者来说是完全异步的,通常每个接收者都无需
等待即可以接收到广播,接收者相互之间不会有影响。对于这种广播,接收者无法终止广
播,即无法阻止其他接收者的接收动作。

(2) 有序广播。有序广播比较特殊,它每次只发送到优先级较高的接收者,然后由优
先级高的接收者再传播到优先级低的接收者,优先级高的接收者有能力终止这个广播。

7.2.3　BroadcastReceiver 注册

BroadcastReceiver 注册分为两种注册方式:静态注册和动态注册方式。下面分别讲解
两种注册方式,并对两种注册方式进行一个对比。

1. 静态注册

静态注册需要在 AndroidManifest.xml 清单文件中进行注册,代码如下:

```
1.    <receiver
2.        android:name="com.example.mytest.BroadcastReceiverTest"
3.        android:enabled="true"
4.        android:exported="true">
5.    <intent-filter>
6.    <action android:name="android.intent.action.REBOOT" /><!-- 设备重启广播 -->
7.    </intent-filter>
8.    </receiver>
```

其中:

"android: name= " 注册一个广播类(其中 name 后需写出要注册的文件路径);

android:enabled="true" 代表是否允许该广播接收器接收本程序以外的广播;

android:exported="true" 代表是否启用这个广播接收器;

在 receiver 下加上 intent-filter 标签，设置其 action。若想监听多条广播，则添加多个 intent-filter 标签即可，代码如下。

```
1.   <receiver
2.       android:name="com.example.mytest.BroadcastReceiverTest"
3.       android:enabled="true"
4.       android:exported="true">
5.   <intent-filter>
6.   <action android:name="android.intent.action.ACTION_ACL_CONNECTED" /><!-- 设备重启 -->
7.   </intent-filter>
8.   <intent-filter>
9.   <action android:name="android.intent.action.BOOT_COMPLETED" /><!-- 在系统完成启动后广
     播一次 -->
10.  </intent-filter>
11.  <intent-filter>
12.  <action android:name="android.intent.action.DATE_CHANGED" /><!-- 日期发生改变 -->
13.  </intent-filter>
14.  </receiver>
```

2. 动态注册

动态注册只需要在 java 文件中进行注册即可，代码如下：

```
IntentFilter intentFilter = new IntentFilter( );
BroadcastReceiverTest broadcastReceiverTest = new BroadcastReceiverTest( );
intentFilter.addAction("com.example.mytest.BroadcastReceiverTest");   //这是一条自定义的广播
registerReceiver(broadcastReceiverTest, intentFilter);
```

其中：

创建一个广播接收器类的对象 "broadcastReceiverTest"；

创建一个 IntentFilter 类的对象 "intentFilter"；

调用 intentFilter 的.addAction( )方法存入广播"频道"；

调用 context.registerReceiver(broadcastReceiverTest, intentFilter)方法注册，其中，第 1 个参数为广播接收器的对象，第 2 个参数为 IntentFilter 类的对象。

此时，BroadcastReceiver 就动态注册成功了。动态注册成功的 BroadcastReceiver 使用完毕后需要取消注册，否则可能会引起内存泄漏，在 onDestroy()函数中取消注册代码如下：

```
1.   protected void onDestroy( ) {
2.       super.onDestroy( );
3.       unregisterReceiver(broadcastReceiverTest);
4.   }
```

7.2.4　使用 BroadcastReceiver 实现短信拦截功能实例

【例 7-3】　创建 Android 项目，使用 BroadcastReceiver 实现短信拦截。

（1）创建一个空白的 Android 项目，修改 MainActivity.xml 布局文件中的内容，代码如下：

```
1.    <?xml version="1.0" encoding="utf-8"?>
2.    <LinearLayout xmlns:android="http://schemas.android.com/apk/res/android"
3.        android:orientation="vertical" android:layout_width="match_parent"
4.        android:layout_height="match_parent">
5.        <TextView
6.            android:layout_width="wrap_content"
7.            android:layout_height="wrap_content"
8.            android:textStyle="bold"
9.            android:textSize="25sp"
10.           android:text="需要拦截的号码"/>
11.       <EditText
12.           android:id="@+id/phoneNum"
13.           android:layout_width="match_parent"
14.           android:layout_height="wrap_content" />
15.       <Button
16.           android:id="@+id/sure"
17.           android:layout_width="wrap_content"
18.           android:layout_height="wrap_content"
19.           android:textSize="18sp"
20.           android:text="确认"/>
21.   </LinearLayout>
```

（2）在 MainActivity.java 文件中引用此布局文件，对按钮、文本框进行绑定，并对保存成功的电话号码使用 Toast 输出保存成功，代码如下：

```
1.    package com.quotes.lanjie;
2.    import android.content.Context;
3.    import android.content.SharedPreferences;
4.    import android.os.Bundle;
5.    import android.view.Menu;
6.    import android.view.View;
7.    import android.widget.Button;
8.    import android.widget.EditText;
9.    import android.widget.Toast;
10.   import androidx.appcompat.app.AppCompatActivity;
11.
12.   public class MainActivity extends AppCompatActivity {
13.       @Override
14.       public void onCreate(Bundle savedInstanceState) {
15.           super.onCreate(savedInstanceState);
```

```
16.            setContentView(R.layout.activity_main);
17.            final SPUtil spUtil = new SPUtil(getApplicationContext(),"data");
18.            Button button = (Button) findViewById(R.id.sure);
19.            if(button != null)
20.              button.setOnClickListener(new View.OnClickListener() {
21.                @Override
22.                public void onClick(View v) {
23.                    EditText et = (EditText) findViewById(R.id.phoneNum);
24.                    if(et != null){
25.                      System.out.println(et.getText().toString());
26.                      spUtil.putString("number",et.getText().toString());
27.                      Toast.makeText(MainActivity.this, "保存成功", Toast.LENGTH_SHORT).show();
28.                    }
29.                }
30.              });
31.      }
32. }
```

(3) 创建一个 SPUtil.java 文件，该文件使用 SharedPreference 存储用户输入的将要拦截的号码。代码如下：

```
1.  package com.quotes.lanjie;
2.  import android.content.Context;
3.  import android.content.SharedPreferences;
4.  /**
5.   * SharedPreferences 本地缓存类
6.   */
7.  public class SPUtil {
8.      private SharedPreferences preferences;        //存数据
9.      private SharedPreferences.Editor editor;       //读数据
10.
11.     public SPUtil(Context context, String fileName) {
12.         preferences = context.getSharedPreferences(fileName, context.MODE_PRIVATE);
        //获得 SharedPeferences 对象
13.         editor = preferences.edit();
14.     }
15.     public void putString(String key, String value) {
16.         editor.putString(key, value);
17.         editor.commit();
18.     }
19.
```

```
20.        public String getString(String key, String defValue) {
21.              return preferences.getString(key, defValue);
22.        }
23.    }
```

（4）创建一个 SmsReciver.java 文件，该文件主要用于实现短信的拦截。如果发来短信的手机号已经存储在手机中，则会将短信拦截，并使用 Toast 输出"拦截"及短信的内容，否则使用 Toast 输出"收到"及短信的内容。代码如下：

```
1.    package com.quotes.lanjie;
2.    import android.content.BroadcastReceiver;
3.    import android.content.Context;
4.    import android.content.Intent;
5.    import android.os.Build;
6.    import android.os.Bundle;
7.    import android.provider.Telephony;
8.    import android.telephony.SmsMessage;
9.    import android.util.Log;
10.   import android.widget.Toast;
11.   import androidx.annotation.RequiresApi;
12.
13.   public class SmsReciever extends BroadcastReceiver {
14.       //广播消息类型
15.       public static final String SMS_RECEIVED_ACTION = "android.provider.Telephony.SMS_
          RECEIVED";
16.       @Override
17.       public void onReceive(Context context, Intent intent) {
18.           //先判断广播消息
19.           SPUtil spUtil = new SPUtil(context, "data");
20.           String action = intent.getAction();
21.           if (SMS_RECEIVED_ACTION.equals(action)) {
22.               //获取 intent 参数
23.               Bundle bundle = intent.getExtras();
24.               //判断 bundle 内容
25.               if (bundle != null) {
26.                   //取 pdus 内容,转换为 Object[]
27.                   Object[] pdus = (Object[]) bundle.get("pdus");
28.                   //解析短信
29.                   SmsMessage[] messages = new SmsMessage[pdus.length];
30.                   for (int i = 0; i < messages.length; i++) {
31.                       byte[] pdu = (byte[]) pdus[i];
```

```
32.                    messages[i] = SmsMessage.createFromPdu(pdu);//解析短信
33.                }
34.                //解析完内容后分析具体参数
35.                for (SmsMessage msg : messages) {
36.                    //获取短信内容
37.                    String content = msg.getMessageBody();
38.                    String sender = msg.getOriginatingAddress();
39.                    String number = spUtil.getString("number", "10086");
40.                    if (number.equals(sender)) {
41.                        Toast.makeText(context, "拦截" + sender + "的短信" + "内容:" + content, Toast.
    LENGTH_LONG).show();
42.                        this.abortBroadcast();
43.                    } else {
44.                        Toast.makeText(context, "收到:" + sender + "内容:" + content, Toast.LENGTH_LONG).
    show();
45.                    }
46.                }
47.            }
48.        }//if 判断广播消息结束
49.    }
50. }
```

(5) 在 AndroidManifest.xml 文件中对 SmsReceiever 进行注册，并且 Android 系统接收短信时，会发送一个广播 BroadcastReceiver。这个广播是以有序广播的形式发送的，有序广播发出后，接收者是按照设置的优先级顺序接收，在进行短信拦截时需要终止这条广播，因此需要在 AndroidManifest.xml 中添加权限，并设置优先级。代码如下：

```
1.  <?xml version="1.0" encoding="utf-8"?>
2.  <manifest xmlns:android="http://schemas.android.com/apk/res/android"
3.      package="com.quotes.lanjie">
4.      <uses-permission android:name="android.permission.RECEIVE_SMS"></uses-permission>
5.      <application
6.          android:allowBackup="true"
7.          android:icon="@mipmap/ic_launcher"
8.          android:label="@string/app_name"
9.          android:roundIcon="@mipmap/ic_launcher_round"
10.         android:supportsRtl="true"
11.         android:theme="@style/AppTheme">
12.         <activity android:name=".MainActivity">
13.             <intent-filter>
14.                 <action android:name="android.intent.action.MAIN" />
```

15.　　　　　　　　　<category android:name="android.intent.category.LAUNCHER" />

16.　　　　　　　</intent-filter>

17.　　　　　</activity>

18.　　　　　<receiver android:name=".SmsReciever">

19.　　　　　<intent-filter android:priority="1000">

20.　　　　<action android:name="android.provider.Telephony.SMS_RECEIVED"/>

21.　　　　　　</intent-filter>

22.　　　　</receiver>

23.　　　</application>

24.　</manifest>

代码运行结果如图 7-3 所示，使用模拟机向手机发短信，可以在如图 7-4 中看见信息发送成功后收到的短信；如图 7-5 可以在程序中保存成功要拦截号码发的短信，在图 7-6 中可以看见已经将短信拦截，并显示拦截到的短信内容。

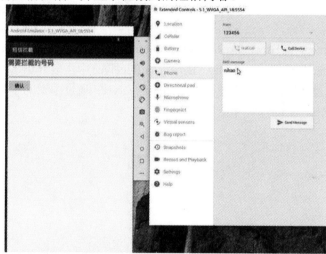

图 7-3　模拟机向手机发送消息

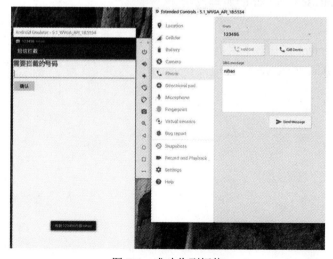

图 7-4　成功收到短信

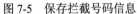

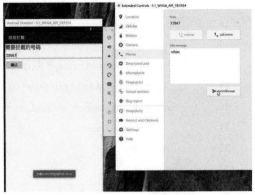

图 7-5　保存拦截号码信息　　　　　图 7-6　显示拦截信息内容

本 章 小 结

本章介绍了 Intent 和 BroadcastReceiver。Intent 中主要介绍了 Intent 的原理、分类、属性以及如何使用 Intent 来启动 Activity。BroadcastReceiver 中主要介绍了广播接收机制、原理、分类、注册以及在应用中如何使用 BroadcastReciver。通过本章的学习，有助于读者对 Intent、BroadcastReciver 的理解和使用。

习 题

一、简述题

1. 简述 Intent 的定义和用途。

2. 简述 Intent 过滤器的定义和功能。

3. 简述 BroadcaseReceiver 的原理及用途。

二、上机题

1. 使用显式 Intent 打开一个网页。

2. 使用 BroadcastReceiver 实现记录登录密码。

第 8 章　ContentProvider 数据共享

　　为了更加安全便捷地在不同应用之间共享数据，Android 提供了 ContentProvider 组件，它是不同应用程序之间进行数据交换的标准 API。应用程序可以利用 ContentProvider 暴露自己的数据，其他应用程序则可以通过 ContentResolver 来操作暴露的数据，具体的操作包括增加数据、删除数据、修改数据和查询数据等。Android 内置的许多数据(如视频、音频、图片、通讯录等)都是通过 ContentProvider 形式供开发者调用的。

8.1　ContentProvider 简介

　　ContentProvider 是 Android 提供的四大组件之一，主要用于在不同应用程序之间实现数据共享，且可以选择对部分数据进行分享，以保证数据安全。ContentProvider 以 Uri 的形式对外提供数据，允许其他应用访问和修改数据；其他应用使用 ContentResolver 访问 Uri 指定的数据。

　　ContentProvider 内部保存数据的方式由其设计者决定。所有的 ContentProvider 都有一组通用的方法用来提供数据的增加、删除、修改、查询功能。客户端通常不会直接使用这些方法，大多数是通过 ContentResolver 对象实现对 ContentProvider 的操作。开发人员可以通过调用 Activity 或者其他应用程序组件的实现类中的 getContentResolver()方法来获得 ContentResolver 对象。例如，ContentResolver cr = getContentResolver()使用 ContentResolver 提供的方法可以获得 ContentProvider 中任何感兴趣的数据。

8.1.1　ContentProvider 的基本概念

1. 组织数据方式

　　ContentProvider 向其他应用提供数据有两种基本形式：文件形式和表格形式。在需要对大量的数据进行修改和查询操作时，将数据以一个表或多个表(与在关系型数据库中的表类似)的形式呈现给外部应用更加便于操作，表中的每一行表示一条记录，而每一列代表特定类型和含义的数据，并且每条数据记录中都包含一个名为“_ID”的字段类以标识每条数据记录。例如，联系人的信息如表 8-1 所示。每条记录包含一个数值型的_ID 字段，用于在表格中唯一标识该记录。ID 能用于匹配相关表格中的记录，例如，在一个表格中查询联系人的电话，在另一表格中查询其照片。

表 8-1　联 系 方 式

_ID	NAME	NUMBER	EMAIL
001	张××	123*****	123**@qq.com
002	王××	134*****	134**@qq.com
003	李××	145*****	145***@qq.com
004	赵××	156*****	156***@qq.com

2. URI

统一资源标识符(Uniform Resource Identifier，URI)是一个用于标识某一互联网资源名称的字符串。该种标识允许用户对任何(包括本地和互联网)的资源通过特定的协议进行交互操作。

1) URI 的组成

ContentProvider 提供公共的 URI 来唯一标识其数据集。管理多个数据集的 ContentProvider 为每个数据集提供了单独的 URI。URI 主要包含两部分信息：需要操作的 ContentProvider 和 ContentProvider 中需要进行操作的数据。

一个 URI 由以下几部分组成：

自定义 URI=content：//com.carson.provider/User/ID

　　主题名　　　　　　授权信息　　表名 记录

(1) 主题名(Schema)：用于标识该数据由 ContentProvider 管理，无须修改。

(2) 授权信息(authority)：URI 的 authority 部分，ContentProvider 的唯一标识符，外部调用者可以根据这个标识来找到它。

(3) 表名(Path)：ContentProvider 的路径部分，用于决定哪类数据被请求。如果 ContentProvider 提供一种数据类型，则可以省略该部分；如果提供多种数据类型，包括子类型，则可用 "/" 连接。

(4) 记录(ID)：被请求记录的 ID 值。若未指定，则返回全部记录。

```
1.    // 设置 URI
2.    Uri uri = Uri.parse("content://com.carson.provider/User/1")
3.    // 上述 URI 指向的资源是：名为 `com.carson.provider`的`ContentProvider` 中表名 为`User` 中
         的 `id`为 1 的数据
4.    // 特别注意：URI 模式存在匹配通配符* & #
5.    // *：匹配任意长度的任何有效字符的字符串
6.    // 以下的 URI 表示 匹配 provider 的任何内容
7.    content://com.example.app.provider/*
8.    // #：匹配任意长度的数字字符的字符串
9.    // 以下的 URI 表示 匹配 provider 中 table 表的所有行
10.   content://com.example.app.provider/table/#
```

2) URI 工具类

通常解析 URI 使用 Android 系统提供的操作 URI 工具类

(1) UriMatcher。UriMatcher 类用来匹配 URI，对匹配结果返回对应的匹配码。

UriMatcher 使用 addURI()方法注册需要匹配的 URI。addURI()方法原型是：

public void addURI(String authority, String path, int code)

注册完成之后可以使用 UriMatcher 类的 match()方法匹配 URI，如果匹配成功就返回相应的匹配码，匹配码是使用 addURI()注册 URI 时传入的第 3 个参数，注册时传入的匹配码需要唯一。

1. public static final int BOOK_DIR = 0;
2. public static final int BOOK_ITEM = 1;
3. //第一步，初始化
4. UriMatcher matcher = new UriMatcher(UriMatcher.NO_MATCH);
5. //第二步，注册待匹配的 Uri
6. matcher.addURI(AUTHORITY,"book",BOOK_DIR);
7. matcher.addURI(AUTHORITY,"book/#",BOOK_ITEM);
8. //第三步，进行匹配
9. Uri uri = Uri.parse("content://" + "com.example.yy" + "/book");
10. int match = matcher.match(uri);
11. switch (match){
12. 　case BOOK_DIR:
13. 　　　return "vnd.android.cursor.dir/book";
14. 　case BOOK_ITEM:
15. 　　　return "vnd.android.cursor.item/book";
16. 　default:
17. 　　　return null;
18. 　} //上面返回的是 Uri 对应的 MIME

(2) ContentUris 类。ContentUris 类用于操作 UriURI 路径中的 ID。ContentUris 处理 URI 有两个作用：一是为路径加上 ID；二是从 URI 路径中获取 ID。具体代码如下：

为 URI 路径加上 ID：withAppendedId(uri, id)；

19. //比如有这样一个 URI
20. Uri uri = Uri.parse("content://com.example.yy/book");
21.
22. //通过 ContentUris 的 withAppendedId()方法，为该 Uri 加上 ID
23. Uri resultUri = ContentUris.withAppendedId(uri, 10);
24. //最后 resultUri 为:
25. //content://com.example.yy/book/10
26. 从 Uri 路径中获取 ID—parseId(uri);
27. Uri uri = Uri.parse("content://com.example.yy/book/10")
28. long bookId= ContentUris.parseId(uri);

3) 几种定义好的 URI

Android 系统提供了一些定义好的 URI。例如，手机短信的信息、图库数据、联系人信息等操作系统均提供相应的 URI。知道对应的 URI 后，就可以通过 ContentResolver 对象，根据 URI 进行数据访问。

(1) Android 系统用于管理联系人的 ContentProvider 的几个 URI 如下：

- ContactsContract.Contacts.CONTENT_URI：管理联系人的 URI。
- ContactsContract.CommonDataKinds.Phone.CONTENT_URI：管理联系人电话的 URI。
- ContactsContract.CommonDataKinds.Email.CONTENT_URI：管理联系人 E-mail 的 URI。

(2) Android 系统用于管理多媒体的 ContentProvider 的几个 URI 如下：

- MediaStore.Audio.Media.EXTERNAL_CONTENT_URI：存储在外部存储器(SD 卡)上的音频文件内容的 ContentProvider 的 URI。
- MediaStore.Audio.Media.INTERNAL_CONTENT_URI：存储在手机内部存储器上的音频文件内容的 ContentProvider 的 URI。
- MediaStore.Images.Media.EXTERNAL_CONTENT_URI：存储在外部存储器(SD 卡)上的图片文件内容的 ContentProvider 的 URI。
- MediaStore.Images.Media.INTERNAL_CONTENT_URI：存储在手机内部存储器上的图片文件内容的 ContentProvider 的 URI。
- MediaStore.Video.Media.EXTERNAL_CONTENT_URI：存储在外部存储器(SD 卡)上的视频文件内容的 ContentProvider 的 URI。
- MediaStore.Video.Media.INTERNAL_CONTENT_URI：存储在手机内部存储器上的视频文件内容的 ContentProvider 的 URI。

3. MIME 数据类型

多功能 Internet 邮件扩充服务(Multipurpose Internet Mail Extensions，MIME)是一种多用途网际邮件扩充协议。该服务于 1992 年最早应用于电子邮件系统，后来也应用到浏览器。MIME 类型就是设定某种扩展名的文件用一种应用程序来打开的方式类型。当该扩展名文件被访问时，浏览器会自动使用指定应用程序打开，多用于指定一些客户端自定义的文件名，以及一些媒体文件打开方式。

在 Android 中 MIME 数据类型的作用是指定应用程序打开特定扩展名的文件。URI 提供给 Provider 所支持的 MIME 数据类型，Provider 根据 Web 中 MIME 标准返回一个由两个字符串组成的 MIME 类型识别。

每种 MIME 数据类型由类型与其子类型两个字符串组成，且两个字符串中间用“ / ”分隔开，不允许有空格。前面字符串表示可以被分成多个子类的独立类别，后面字符串表示细分后的每种类型。常见的 MIME 类型对有 text/html、text/css、text/xml 和 text/vnd.curl。

MIME 类型在 Android 中得到了大规模的应用，特别是在 Intent 里，系统根据 MIME 数据的类型来决定调用哪个 Activity。MIME 类型始终通过 ContentProviders 继承自它们的 URI。在使用 MIME 类型的时候要记住三点：

(1) 基本类型和子类型代表的东西要唯一。

(2) 如果是非标准的、专有的类型和子类型，前面需要加 vnd。

(3) 对于特定的需求，注意名字空间。

在 ContentProvider 中使用 getType()方法返回当前 URI 所代表数据的 MIME 类型。

8.1.2　ContentProvider 的常用操作

ContentProvider 类提供了以下 6 种方法：

(1) onCreate()方法用来执行一些初始化的工作。其函数原型为：

　　　public boolean onCreate()

该方法在 ContentProvider 创建后被调用。onCreate()方法返回一个 Boolean 类型的值，若初始化操作成功，则返回 true，否则返回 false。具体代码如下：

```
1.  @Override
2.  public boolean onCreate() {
3.      //初始化数据库
4.      String sql = "create table if not exists t1(" + "id integer primary key, name text, phone text);";
5.      //在 content.db 数据库中创建 t1 表
6.      SQLiteDatabase db = getContext().openOrCreateDatabase("content.db", 0, null);
7.      db.execSQL(sql);
8.      db.close();
9.      return true;
10. }
```

(2) query()方法用于给调用者返回数据。其函数原型为：

　　　public Cursor query(Uri uri, String[] projection, String selection, String[] selectionArgs, String sortOrder)

该方法用于供外部应用从 ContentProvider 中获取数据。根据 Uri 查询出 selection 条件所匹配的全部记录，其中 projection 表明选择出指定的数据列，最终查询结果保存在 Cursor 对象中并返回。具体代码如下：

```
1.  @Override
2.  public Cursor query(Uri uri, String[] projection, String selection, String[] selectionArgs, String
    sortOrder) {
3.      Cursor result = null;
4.      SQLiteDatabase db = getContext().openOrCreateDatabase("content.db", 0, null);
5.      int matchResult = matcher.match(uri);
6.      if (matchReuslt == T1_DIR) {
7.          result = db.query("t1", projection, selection, selectionArgs, null, null, sortOrder);
8.      }
9.      else if(matchResult == T1_ITEM) {
10.         String id = uri.getPathSegments().get(1) ;
11.         result = db.query("t1", projection, "id = " + id, null, null, null, sortOrder);
12.     }
13.     return result;
14. }
```

(3) Insert()方法用来插入新的数据。其函数原型为：

public Uri insert(Uri uri, ContenrValues values)

该方法用于供外部应用往 ContentProvider 添加数据。该方法需要两个参数，第 1 个参数是使用资源的 Uri 对象，第 2 个参数为需要添加的数据。若添加成功，则返回新数据的 Uri 对象；若操作失败，则返回 null。具体代码如下：

```
1.   @Override
2.   public Uri insert(Uri uri, ContenrValues values) {
3.       int matchResult = matcher.match(uri);
4.       if(matchResult == T1_DIR || matchResult == T1_ITEM) {
5.           //插入数据并返回 Uri
6.           SQLiteDatabase db = getContext().openOrCreateDatabase("content.db", 0, null);
7.           long newId = db.insert("t1", null, values);
8.           db.close();
9.           return Uri.parse("content://com.example.contentproviderdemo.provider/t1/" + newId);
10.      }
11.      else {
12.          return null;
13.      }
14.  }
```

（4）update()方法用于更新已有的数据。其函数原型为：

public int update(Uri uri, ContentValues values, String selection, String[] selectionArgs)

该方法用于供外部应用更新 ContentProvider 中的数据。根据 Uri 修改 selection 条件所匹配的全部记录，最终返回值表示更新操作影响的记录数量。具体代码如下：

```
1.   @Override
2.   public int update(Uri uri, ContentValues values, String selection, String[] selectionArgs) {
3.       SQLiteDatabase db = getContext().openOrCreateDatabase("content.db", 0, null);
4.       int result = 0;
5.       int matchResult = matcher.match(uri);
6.       if (matchResult == T1_DIR) {
7.           result = db.update("t1", values, selection, selectionArgs);
8.       }
9.       else if (matchResult == T1_ITEM) {
10.          String id = uri.getPathSegments().get(1) ;
11.          result = db.update("t1", values, "id = " + id, null);
12.      }
13.      db.close();
14.      return result;
15.  }
```

（5）delete()方法用于删除数据。其函数原型为：

public int delete(Uri uri, String selection, String[] selectionArgs)

　　该方法用于供外部应用从 ContentProvider 删除数据。根据 Uri 删除 selection 条件所匹配的全部记录，返回当前删除数据的记录个数。具体代码如下：

```
1.    @Override
2.    public int delete(Uri uri, String selection, String[] selectionArgs) {
3.        SQLiteDatabase db = getContext().openOrCreateDatabase("content.db", 0, null);
4.        int result = 0;
5.        int matchResult = matcher.match(uri);
6.        if (matchResult == T1_DIR) {
7.            result = db.delete("t1", selection, selectionArgs);
8.        }
9.        else if (matchResult == T1_ITEM) {
10.           String id = uri.getPathSegments().get(1) ;
11.           result = db.delete("t1", "id = " + id, null);
12.       }
13.       db.close();
14.       return result;
15.   }
```

　　(6) getType()方法用于返回数据的 MIME 类型。其函数原型为：
　　　　public String getType(Uri uri)
　　该方法用于返回当前 Uri 所代表数据的 MIME 类型。如果该 Uri 对应的数据包含多条记录，那么 MIME 类型字符串应该以 vnd.android.cursor.dir/开头；如果该 Uri 对应的数据只包含一条记录，那么 MIME 类型字符串应该以 vnd.android.cursor.item/开头。具体代码如下：

```
1.    @Override
2.    public String getType(Uri uri) {
3.        int matchResult = matcher.match(uri);
4.        if (matchResult == T1_DIR) {
5.            return "vnd.android.cursor.dir/vnd.com.example.contentproviderdemo.provider.t1";
6.        }
7.        else if (matchResult == T1_ITEM) {
8.            return "vnd.android.cursor.item/vnd.com.example.contentproviderdemo.provider.t1";
9.        }
10.       else {
11.           return null;
12.       }
13.   }
```

8.1.3　ContentResolver 的常用操作

　　访问 ContentProvider 中的数据，需要使用 ContentResolver 类。ContentResolver 类的功

能就是通过标准接口统一管理不同 ContentProvider 间的操作。

该类实例可以通过 Context 的 getContentResolver()方法获得。ContentResolver 中提供了 insert()、delete()、update()、query()等方法对数据进行 CRUD 操作。

(1) insert()方法用于向 Uri 对应的 ContentProvider 中插入数据。其函数原型为：

　　　public Uri insert(Uri uri, ContentValues values)

具体代码如下：

1.　　//添加一条记录

2.　　ContentValuesvalues = new ContentValues();

3.　　values.put("name","itcast");

4.　　values.put("age",25);

5.　　resolver.insert(uri,values);

(2) delete()方法用于删除 Uri 对应的 ContentProvider 中的数据。其函数原型为：

　　　public int update(Uri uri, ContentValues values, String selection, String[] selectionArgs)

具体代码如下：

6.　　//删除 id 为 2 的记录

7.　　UrideleteIdUri = ContentUris.withAppendedId(uri,2);

8.　　resolver.delete(deleteIdUri,null, null);

(3) update()方法用于更新 Uri 对应的 ContentProvider 中的数据。其函数原型为：

　　　public int update(Uri uri, ContentValues values, String selection, String[] selectionArgs)

具体代码如下：

9.　　//把 id 为 1 的记录的 name 字段值更改新为 liming

10.　ContentValuesupdateValues =new ContentValues();

11.　updateValues.put("name","liming");

12.　UriupdateIdUri = ContentUris.withAppendedId(uri,2);

13.　resolver.update(updateIdUri, updateValues,null, null);

(4) query()方法用于查询 Uri 对应的 ContentProvider 中的数据。其函数原型为：

　　　public Cursor query(Uri uri, String[] projection, String selection, String[] selectionArgs, String sortOrder)

具体代码如下：

14.　//获取 person 表中所有记录

15.　Cursorcursor = resolver.query(uri,null, null, null, "personiddesc");

16.　while(cursor.moveToNext()){

17.　Log.i("ContentTest","personid="+cursor.getInt(0) +",name="+ cursor.getString(1));

18.　}

一般来说，ContentProvider 是单例模式的，当多个应用程序通过 ContentResolver 来操作 ContentProvider 提供的数据时，ContentResolver 调用的数据操作将会委托给同一个 ContentProvider 处理。

8.2　开发 ContentProvider 程序

8.2.1　派生 ContentProvider 子类

定义自己的 ContentProvider 类，该类需要继承 Android 提供的 ContentProvider 基类。该子类需要实现 query()、insert()、update() 和 delete() 等方法。这些方法并不是给该应用本身调用的，而是供其他应用来调用。当其他应用通过 ContentResolver 调用 query()、insert()、update() 和 delete() 方法执行数据访问时，实际上就是调用指定 URI 对应的 ContentProvider 中的这些方法。以例 8-1 共享单词数据存储为例，派生的 ContentProvider 子类代码如下：

```
1.    import android.content.ContentProvider;
2.    import android.content.ContentUris;
3.    import android.content.ContentValues;
4.    import android.content.UriMatcher;
5.    import android.database.Cursor;
6.    import android.database.sqlite.SQLiteDatabase;
7.    import android.net.Uri;
8.    import androidx.annotation.NonNull;
9.    import androidx.annotation.Nullable;
10.
11.   public class DictProvider extends ContentProvider {
12.       private static UriMatcher matcher = new UriMatcher(UriMatcher.NO_MATCH);
13.       private static final int WORDS = 1;
14.       private static final int WORD = 2;
15.       private MyDatabaseHelper dbOpenHelper;
16.
17.       static {
18.           //为 UriMatcher 注册两个 Uri
19.           matcher.addURI(Words.AUTHORITY, "words", WORDS);
20.           matcher.addURI(Words.AUTHORITY, "word/#", WORD);
21.       }
22.
23.       @Override
24.       public boolean onCreate() {
25.           dbOpenHelper = new MyDatabaseHelper(this.getContext(), "myDict.db3", 1);
26.           return true;
27.       }
28.
```

```
29.      //执行查询方法，该方法返回查询得到的 Cursor 的值
30.      @Nullable
31.      @Override
32.      public Cursor query(@NonNull Uri uri, @Nullable String[] projection, @Nullable String selection,
     @Nullable String[] selectionArgs, @Nullable String sortOrder) {
33.          SQLiteDatabase db = dbOpenHelper.getReadableDatabase();
34.          switch (matcher.match(uri)) {
35.              //如果 URI 参数代表操作全部数据项
36.              case WORDS:
37.                  //执行查询
38.                  return db.query("dict", projection, selection, selectionArgs, null, null, sortOrder);
39.              //如果 URI 参数代表操作指定数据项
40.              case WORD:
41.                  //解析出想查询的记录 ID
42.                  long id = ContentUris.parseId(uri);
43.                  String whereClause = Words.Word._ID + "=" + id;
44.                  //如果原来的 where 子句存在，拼接 where 子句
45.                  if (selection != null && !"".equals(selection)) {
46.                      whereClause = whereClause + "and" + selection;
47.                  }
48.                  return db.query("dict", projection, whereClause, selectionArgs, null, null, sortOrder);
49.              default:
50.                  try {
51.                      throw new IllegalAccessException("未知 uri：" + uri);
52.                  } catch (IllegalAccessException e) {
53.                      e.printStackTrace();
54.                  }
55.          }
56.          return null;
57.      }
58.
59.      @Nullable
60.      //该方法的返回值代表了该 ContentProvider 所提供数据的 MIME 类型
61.      @Override
62.      public String getType(@NonNull Uri uri) {
63.          switch (matcher.match(uri)) {
64.              //如果操作的数据为多项记录
65.              case WORDS:
66.                  return "vnd:android.cursor.dir/org.crazyit.dict";
```

```
67.          //如果操作的数据为单项记录
68.          case WORD:
69.              return "vnd:android.cursor.item/org.crazyit.dict";
70.          default:
71.              try {
72.                  throw new IllegalAccessException("未知 URI:" + uri);
73.              } catch (IllegalAccessException e) {
74.                  e.printStackTrace();
75.              }
76.      }
77.      return null;
78.  }
79.
80.  //实现插入的方法，该方法返回新插入的记录的 uri
81.  @Nullable
82.  @Override
83.  public Uri insert(@NonNull Uri uri, @Nullable ContentValues values) {
84.      //获得数据库实例
85.      SQLiteDatabase db = dbOpenHelper.getReadableDatabase();
86.      switch (matcher.match(uri)) {
87.          case WORDS:
88.              long rowId = db.insert("dict", Words.Word._ID, values);
89.              //如果成功插入返回 uri
90.              if (rowId > 0) {
91.                  //在已有的 uri 后面追加 id
92.                  Uri wordUri = ContentUris.withAppendedId(uri, rowId);
93.                  //通知数据已经改变
94.                  getContext().getContentResolver().notifyChange(wordUri, null);
95.                  return wordUri;
96.              }
97.          break;
98.          default:
99.              try {
100.                 throw new IllegalAccessException("未知 URI:" + uri);
101.             } catch (IllegalAccessException e) {
102.                 e.printStackTrace();
103.             }
104.     }
105.     return null;
```

```
106.        }
107.
108.        //实现删除方法，该方法返回被删除的记录条数
109.        @Override
110.        public int delete(@NonNull Uri uri, @Nullable String selection, @Nullable String[] selectionArgs) {
111.            SQLiteDatabase db = dbOpenHelper.getReadableDatabase( );
112.            //记录删除的数据行数
113.            int num = 0;
114.            switch (matcher.match(uri)) {
115.                case WORDS:
116.                    num = db.delete("dict", selection, selectionArgs);
117.                    break;
118.                case WORD:
119.                    long id = ContentUris.parseId(uri);
120.                    String whereClause = Words.Word._ID + "=" + id;
121.                    //如果原来的 where 子句存在，则拼接 where 子句
122.                    if (selection != null && !"".equals(selection)) {
123.                        whereClause = whereClause + "and" + selection;
124.                    }
125.                    num = db.delete("dict", whereClause, selectionArgs);
126.                    break;
127.                default:
128.                    try {
129.                        throw new IllegalAccessException("未知 URI:" + uri);
130.                    } catch (IllegalAccessException e) {
131.                        e.printStackTrace( );
132.                    }
133.            }
134.            getContext( ).getContentResolver( ).notifyChange(uri, null);
135.            return num;
136.        }
137.
138.        //实现更新方法，该方法应该返回被更新的记录条数
139.        @Override
140.        public int update(@NonNull Uri uri, @Nullable ContentValues values, @Nullable String selection,
        @Nullable String[] selectionArgs) {
141.            SQLiteDatabase db = dbOpenHelper.getReadableDatabase( );
142.            //记录修改的数据数
143.            int num = 0;
```

```
144.        switch (matcher.match(uri)) {
145.            case WORDS:
146.                num = db.update("dict", values, selection, selectionArgs);
147.                break;
148.            case WORD:
149.                long id = ContentUris.parseId(uri);
150.                String whereClause = Words.Word._ID + "=" + id;
151.                //如果原来的 where 子句存在，则拼接 where 子句
152.                if (selection != null && !"".equals(selection)) {
153.                    whereClause = whereClause + "and" + selection;
154.                }
155.                num = db.update("dict", values, whereClause, selectionArgs);
156.                break;
157.            default:
158.                try {
159.                    throw new IllegalAccessException("未知 URI:" + uri);
160.                } catch (IllegalAccessException e) {
161.                    e.printStackTrace();
162.                }
163.        }
164.        //通知数据已经改变
165.        getContext().getContentResolver().notifyChange(uri, null);
166.        return num;
167.    }
168. }
```

8.2.2　注册 ContentProvider

AndroidManifest.xml 使用<provider>对该 ContentProvider 进行配置。为便于其他应用查找该 ContentProvider，ContentProvider 采用了 authorities(主机名/域名)对它进行唯一标识。ContentProvider 可以被看作是一个网站，authorities 就是它的域名，配置 ContentProvider 时通常指定如下属性：

- name：指定该 ContentProvider 的实现类的类名。
- authorities：指定该 ContentProvider 对应的 Uri(相当于为该 ContentProvider 分配一个域名)。
- android:exported：指定该 ContentProvider 是否允许其他应用调用。如果将该属性设为 false，那么该 ContentProvider 将不允许其他应用调用。以例 8-1 共享单词数据存储为例，注册 ContentProvider 代码如下：

```
1.    <provider
```

```
2.       android:authorities="com.myapplication.dictprovider"
3.       android:name=".DictProvider"
4.       android:exported="true"/>
```

8.2.3　使用 ContentProvider

当外部应用需要对 ContentProvider 中的数据进行增加、删除、修改和查询操作时，可以使用 ContentResolver 类来完成。要获取 ContentResolver 对象，可以使用 Context 提供的 getContentResolver()方法。ContentResolver 调用方法时参数将会传给该 ContentProvider 的 query()、insert()、update()和 delete()方法，同时 ContentResolver 调用方法的返回值，也就是 ContentProvider 执行这些方法的返回值。

ContentResolver 类提供了与 ContentProvider 类相同的 4 个方法。以例 8-1 共享单词数据存储为例，使用 ContentResolver 的 insert()方法代码如下：

```
1.    import android.app.Activity;
2.    import android.content.ContentResolver;
3.    import android.content.ContentValues;
4.    import android.content.Intent;
5.    import android.database.Cursor;
6.    import android.os.Bundle;
7.    import android.view.View;
8.    import android.widget.Button;
9.    import android.widget.EditText;
10.   import android.widget.Toast;
11.   import androidx.annotation.Nullable;
12.   import java.util.ArrayList;
13.   import java.util.HashMap;
14.   import java.util.Map;
15.
16.   public class DictResolver extends Activity {
17.       ContentResolver contentResolver;
18.       Button insert=null;
19.       Button search=null;
20.
21.       @Override
22.       protected void onCreate(@Nullable Bundle savedInstanceState) {
23.           super.onCreate(savedInstanceState);
24.           setContentView(R.layout.dict);
25.           contentResolver=getContentResolver();
26.           insert=(Button) findViewById(R.id.insert);
```

```
27.         search=(Button) findViewById(R.id.search);
28.         insert.setOnClickListener(new View.OnClickListener( ) {
29.             @Override
30.             public void onClick(View v) {
31.                 String word=((EditText)findViewById(R.id.word)).getText( ).toString( );
32.                 String detail=((EditText)findViewById(R.id.detail)).getText( ).toString( );
33.                 //插入生词记录
34.                 ContentValues values=new ContentValues( );
35.                 values.put(Words.Word.WORD,word);
36.                 values.put(Words.Word.DETAIL,detail);
37.                 contentResolver.insert(Words.Word.DICT_CONTENT_URI,values);
38.             }
39.         });
40.     }
41. }
```

上面代码通过 ContentResolver 调用 insert( )方法，实际上就是调用 Uri 参数对应的 ContentProvider 的 insert( )方法。

8.2.4　使用 ContentProvider 实现共享单词数据存储示例

【例 8-1】 创建 Android 项目，使用 ContentProvider 实现共享单词数据存储。
操作步骤如下：
(1) 在 res/layout 包中创建 dict.xml、result.xml 及 line.xml 文件。
① 创建 dict.xml 文件的代码如下：

```
1.  <?xml version="1.0" encoding="utf-8"?>
2.  <LinearLayout xmlns:android="http://schemas.android.com/apk/res/android"
3.      android:layout_width="match_parent"
4.      android:layout_height="match_parent"
5.      android:orientation="vertical">
6.      <EditText
7.          android:id="@+id/word"
8.          android:layout_width="match_parent"
9.          android:layout_height="wrap_content" />
10.     <EditText
11.         android:id="@+id/detail"
12.         android:layout_width="match_parent"
13.         android:layout_height="wrap_content" />
14.     <Button
15.         android:id="@+id/insert"
```

```
16.            android:layout_width="wrap_content"
17.            android:layout_height="wrap_content"
18.            android:text="插入" />
19.        <EditText
20.            android:id="@+id/key"
21.            android:layout_width="match_parent"
22.            android:layout_height="wrap_content" />
23.        <Button
24.            android:id="@+id/search"
25.            android:layout_width="wrap_content"
26.            android:layout_height="wrap_content"
27.            android:text="查询" />
28.    </LinearLayout>
```

② 创建 result.xml 文件的代码如下：

```
1.    <?xml version="1.0" encoding="utf-8"?>
2.    <LinearLayout xmlns:android="http://schemas.android.com/apk/res/android"
3.        android:orientation="vertical" android:layout_width="match_parent"
4.        android:layout_height="match_parent">
5.        <ListView
6.            android:layout_width="wrap_content"
7.            android:layout_height="wrap_content"
8.            android:id="@+id/show"/>
9.    </LinearLayout>
```

③ 创建 line.xml 文件的代码如下：

```
1.    <?xml version="1.0" encoding="utf-8"?>
2.    <LinearLayout xmlns:android="http://schemas.android.com/apk/res/android"
3.        android:layout_width="match_parent"
4.        android:layout_height="match_parent"
5.        android:orientation="vertical">
6.        <EditText
7.            android:id="@+id/my_title"
8.            android:layout_width="wrap_content"
9.            android:layout_height="wrap_content" />
10.        <EditText
11.            android:id="@+id/my_content"
12.            android:layout_width="wrap_content"
13.            android:layout_height="wrap_content" />
14.    </LinearLayout>
```

(2) 定义 ContentProvider 所需的 Uri 及常量。代码如下：

```
1.    import android.net.Uri;
2.    import android.provider.BaseColumns;
3.
4.    public final class Words {
5.        //定义该 ContentProvider 的 Authorities
6.        public static final String AUTHORITY = "com.myapplication.dictprovider";
7.
8.        //定义一个静态类，定义该 ContentProvider 所包含数据列的列名
9.        public static final class Word implements BaseColumns {
10.           //定义 Content 所允许操作的 3 个数据列
11.           public final static String _ID = "_id";
12.           public final static String WORD = "word";
13.           public final static String DETAILL = "detaill";
14.           //定义该 Content 提供服务的两个 uri
15.           public final static Uri DICT_CONTENT_URI = Uri.parse("content://" + AUTHORITY + "/words");
16.           public final static Uri WORD_CONTENT_URI = Uri.parse("content://" + AUTHORITY + "/word");
17.       }
18.   }
```

（3）继承 ContentProvider 基类 DictProvider 提供的词典，重写其中的增加、删除、修改、查询等方法，代码如下：

```
1.    import android.content.ContentProvider;
2.    import android.content.ContentUris;
3.    import android.content.ContentValues;
4.    import android.content.UriMatcher;
5.    import android.database.Cursor;
6.    import android.database.sqlite.SQLiteDatabase;
7.    import android.net.Uri;
8.    import androidx.annotation.NonNull;
9.    import androidx.annotation.Nullable;
10.
11.   public class DictProvider extends ContentProvider {
12.       private static UriMatcher matcher = new UriMatcher(UriMatcher.NO_MATCH);
13.       private static final int WORDS = 1;
14.       private static final int WORD = 2;
15.       private MyDatabaseHelper dbOpenHelper;
16.
17.       static {
18.           //为 UriMatcher 注册两个 Uri
19.           matcher.addURI(Words.AUTHORITY, "words", WORDS);
```

```
20.            matcher.addURI(Words.AUTHORITY, "word/#", WORD);
21.        }
22.
23.        @Override
24.        public boolean onCreate() {
25.            dbOpenHelper = new MyDatabaseHelper(this.getContext(), "myDict.db3", 1);
26.            return true;
27.        }
28.
29.        //执行查询方法，该方法返回查询得到的 Cursor 的值
30.        @Nullable
31.        @Override
32.        public Cursor query(@NonNull Uri uri, @Nullable String[] projection, @Nullable String
selection, @Nullable String[] selectionArgs, @Nullable String sortOrder) {
33.            SQLiteDatabase db = dbOpenHelper.getReadableDatabase();
34.            switch (matcher.match(uri)) {
35.                //如果 URI 参数代表操作全部数据项
36.                case WORDS:
37.                    //执行查询
38.                    return db.query("dict", projection, selection, selectionArgs, null, null, sortOrder);
39.                //如果 URI 参数代表操作指定数据项
40.                case WORD:
41.                    //解析出想查询的记录 ID
42.                    long id = ContentUris.parseId(uri);
43.                    String whereClause = Words.Word._ID + "=" + id;
44.                    //如果原来的 where 子句存在，则拼接 where 子句
45.                    if (selection != null && !"".equals(selection)) {
46.                        whereClause = whereClause + "and" + selection;
47.                    }
48.                    return db.query("dict", projection, whereClause, selectionArgs, null, null, sortOrder);
49.                default:
50.                    try {
51.                        throw new IllegalAccessException("未知 uri: " + uri);
52.                    } catch (IllegalAccessException e) {
53.                        e.printStackTrace();
54.                    }
55.            }
56.            return null;
57.        }
```

```
58.
59.        @Nullable
60.        //该方法的返回值代表了该 ContentProvider 所提供数据的 MIME 类型
61.        @Override
62.        public String getType(@NonNull Uri uri) {
63.            switch (matcher.match(uri)) {
64.                //如果操作的数据为多项记录
65.                case WORDS:
66.                    return "vnd:android.cursor.dir/org.crazyit.dict";
67.                    //如果操作的数据为单项记录
68.                case WORD:
69.                    return "vnd:android.cursor.item/org.crazyit.dict";
70.                default:
71.                    try {
72.                        throw new IllegalAccessException("未知 URI:" + uri);
73.                    } catch (IllegalAccessException e) {
74.                        e.printStackTrace();
75.                    }
76.            }
77.            return null;
78.        }
79.
80.        //实现插入的方法，该方法返回新插入的记录的 uri
81.        @Nullable
82.        @Override
83.        public Uri insert(@NonNull Uri uri, @Nullable ContentValues values) {
84.            //获得数据库实例
85.            SQLiteDatabase db = dbOpenHelper.getReadableDatabase();
86.            switch (matcher.match(uri)) {
87.                case WORDS:
88.                    long rowId = db.insert("dict", Words.Word._ID, values);
89.                    //如果成功插入返回 uri
90.                    if (rowId > 0) {
91.                        //在已有的 uri 后面追加 id
92.                        Uri wordUri = ContentUris.withAppendedId(uri, rowId);
93.                        //通知数据已经改变
94.                        getContext().getContentResolver().notifyChange(wordUri, null);
95.                        return wordUri;
96.                    }
```

```
97.            break;
98.        default:
99.            try {
100.               throw new IllegalAccessException("未知 URI:" + uri);
101.           } catch (IllegalAccessException e) {
102.               e.printStackTrace( );
103.           }
104.       }
105.   return null;
106.   }
107.
108.   //实现删除方法，该方法返回被删除的记录条数
109.   @Override
110.   public int delete(@NonNull Uri uri, @Nullable String selection, @Nullable String[] selectionArgs) {
111.       SQLiteDatabase db = dbOpenHelper.getReadableDatabase( );
112.       //记录删除的数据行数
113.       int num = 0;
114.       switch (matcher.match(uri)) {
115.          case WORDS:
116.              num = db.delete("dict", selection, selectionArgs);
117.              break;
118.          case WORD:
119.              long id = ContentUris.parseId(uri);
120.              String whereClause = Words.Word._ID + "=" + id;
121.              //如果原来的 where 子句存在，则拼接 where 子句
122.              if (selection != null && !"".equals(selection)) {
123.                  whereClause = whereClause + "and" + selection;
124.              }
125.              num = db.delete("dict", whereClause, selectionArgs);
126.              break;
127.          default:
128.              try {
129.                  throw new IllegalAccessException("未知 URI:" + uri);
130.              } catch (IllegalAccessException e) {
131.                  e.printStackTrace( );
132.              }
133.       }
134.       getContext( ).getContentResolver( ).notifyChange(uri, null);
135.       return num;
```

```
136.        }
137.
138.        //实现更新方法，该方法应该返回被更新的记录条数
139.        @Override
140.        public int update(@NonNull Uri uri, @Nullable ContentValues values, @Nullable String selection,
               @Nullable String[] selectionArgs) {
141.            SQLiteDatabase db = dbOpenHelper.getReadableDatabase();
142.            //记录修改的数据数
143.            int num = 0;
144.            switch (matcher.match(uri)) {
145.                case WORDS:
146.                    num = db.update("dict", values, selection, selectionArgs);
147.                    break;
148.                case WORD:
149.                    long id = ContentUris.parseId(uri);
150.                    String whereClause = Words.Word._ID + "=" + id;
151.                    //如果原来的 where 子句存在，则拼接 where 子句
152.                    if (selection != null && !"".equals(selection)) {
153.                        whereClause = whereClause + "and" + selection;
154.                    }
155.                    num = db.update("dict", values, whereClause, selectionArgs);
156.                    break;
157.                default:
158.                    try {
159.                        throw new IllegalAccessException("未知 URI:" + uri);
160.                    } catch (IllegalAccessException e) {
161.                        e.printStackTrace();
162.                    }
163.            }
164.            //通知数据已经改变
165.            getContext().getContentResolver().notifyChange(uri, null);
166.            return num;
167.        }
168. }
```

(4) 注册 ContentProvider，只要为<application.../>元素添加<provider.../>子元素即可。
代码如下：

```
1.    <provider
2.        android:authorities="com.myapplication.dictprovider"
3.        android:name=".DictProvider"
```

```
4.        android:exported="true"/>
```

（5）创建 DictResolver 类，通过 ContentResolver 来实现操作单词本的功能。代码如下：

```
1.    import android.app.Activity;
2.    import android.content.ContentResolver;
3.    import android.content.ContentValues;
4.    import android.content.Intent;
5.    import android.database.Cursor;
6.    import android.os.Bundle;
7.    import android.view.View;
8.    import android.widget.Button;
9.    import android.widget.EditText;
10.   import android.widget.Toast;
11.   import androidx.annotation.Nullable;
12.   import java.util.ArrayList;
13.   import java.util.HashMap;
14.   import java.util.Map;
15.
16.   public class DictResolver extends Activity {
17.       ContentResolver contentResolver;
18.       Button insert=null;
19.       Button search=null;
20.
21.       @Override
22.       protected void onCreate(@Nullable Bundle savedInstanceState) {
23.           super.onCreate(savedInstanceState);
24.           setContentView(R.layout.dict);
25.           contentResolver=getContentResolver();
26.           insert=(Button) findViewById(R.id.insert);
27.           search=(Button) findViewById(R.id.search);
28.           insert.setOnClickListener(new View.OnClickListener() {
29.               @Override
30.               public void onClick(View v) {
31.                   String word=((EditText)findViewById(R.id.word)).getText().toString();
32.                   String detail=((EditText)findViewById(R.id.detail)).getText().toString();
33.                   //插入生词记录
34.                   ContentValues values=new ContentValues();
35.                   values.put(Words.Word.WORD,word);
36.                   values.put(Words.Word.DETAIL,detail);
37.                   contentResolver.insert(Words.Word.DICT_CONTENT_URI,values);
```

```
38.                //显示提示信息
39.                Toast.makeText(DictResolver.this,"success ", Toast.LENGTH_SHORT).show();
40.            }
41.        });
42.        search.setOnClickListener(new View.OnClickListener() {
43.            @Override
44.            public void onClick(View v) {
45.                String key=((EditText)findViewById(R.id.key)).getText().toString();
46.                //执行查询
47.                Cursor cursor=contentResolver.query(Words.Word.DICT_CONTENT_URI,null,"word
    like ? or detail like ?",new String[]{"%"+key+"%","%"+key+"%"},null);
48.                Bundle bundle=new Bundle();
49.                bundle.putSerializable("data",convertCursorToList(cursor));
50.                //创建一个 Intent
51.                Intent intent=new Intent(DictResolver.this,ResultActivity.class);
52.                intent.putExtras(bundle);
53.                startActivity(intent);
54.            }
55.        });
56.    }
57.    private ArrayList<Map<String,String>> convertCursorToList(Cursor cursor){
58.        ArrayList<Map<String,String>> result=new ArrayList<>();
59.        while (cursor.moveToNext()){
60.            //将结果集中的数据存入 ArrayList 中
61.            Map<String,String> map=new HashMap<>();
62.            map.put(Words.Word.WORD,cursor.getString(1) );
63.            map.put(Words.Word.DETAIL,cursor.getString(2) );
64.            result.add(map);
65.        }
66.        return result;
67.    }
68. }
```

本 章 小 结

　　本章介绍了 ContentProvider 数据共享的基本知识，包括其基本概念、ContentProvider
常用操作、ContentResolver 常用操作及开发 ContentProvider 程序的步骤并举例说明。通过
本章的学习，有助于读者理解和掌握 ContentProvider 数据共享的使用。

习　　题

一、简述题

1. Android 为什么要设计 ContentProvider 这个组件？

2. 如何访问自定义 ContentProvider？

3. 简述 ContentProvider 与 ContentResolver 之间的关系。

4. 简单介绍 ContentProvider 是如何实现数据共享的。

5. 简述通过 ContentResolver 获取 ContentProvider 内容的基本步骤。

6. 如果程序通过 ContentProvider 提供了自己的数据操作接口，那么不运行其程序可以访问其数据吗？

7. 使用 ContentProvider 提供的数据接口，在何种情况下其他程序无法访问该数据？

二、上机题

1. 编写 Android 程序，实现添加和查询联系人的功能。

2. 创建员工数据库(员工信息包括姓名、性别、年龄)，使用 ContentProvider 对数据进行基本的增加、删除、查询、修改操作。

第9章　Service

Service(服务)是一个后台运行的组件，执行长时间运行且不需要用户交互的任务，即使应用被销毁也依然可以工作。

9.1　Service 简　介

9.1.1　Service 的基本概念

Service 是 Android 中实现程序后台运行的解决方案，也是 Android 应用四大组件之一。它非常适合去执行那些不需要和用户交互而且还要求长期运行的任务。Service 的运行不依赖于任何用户界面，即使程序被切换到后台，或者用户打开了另外一个应用程序，它仍然能够保持正常运行。类似于 Activity 和其他应用组件，开发人员需要在应用程序配置文件中使用\<service\>\</service\>标签声明全部的 Service。

9.1.2　Service 的状态

Service 从本质上可分为两种状态。

1. Started

当应用程序组件(如 Activity)通过 startService()方法启动 Service 时，服务器处于 Started (启动)状态。一旦启动，Service 能在后台无限期运行(即使启动它的组件已经销毁)。通常，启动 Service 执行单个操作并不会向调用者返回结果。例如，它可能通过网络下载或者上传文件。如果操作完成，Service 需要停止自身的运行。

2. Bound

当应用程序组件通过 bindService()方法绑定到 Service 时，Service 处于 Bound(绑定)状态。绑定 Service 提供客户端-服务器接口，允许组件与 Service 交互、发送请求、获得结果，甚至使用进程间通信(Interprocess Communication，IPC)跨进程完成这些操作。仅当其他应用程序与之绑定时，绑定 Service 才运行。多个组件可以一次绑定到一个 Service 上，当它们都解除绑定时，Service 被销毁。

9.1.3 Service 的生命周期

根据使用方式的不同，Service 的生命周期可以分成两条路径，如图 9-1 所示。图 9-1(a) 为 startService 的生命周期，图 9-1(b) 为 bindService 的生命周期。

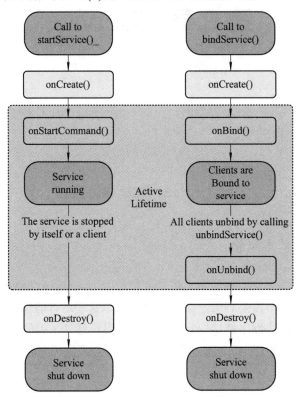

(a) startService 的生命周期   (b) bindService 的生命周期

图 9-1　Service 的生命周期

1. 回调方法

下面详细分析这些回调方法。

(1) onCreate()方法：当 Service 被创建时回调。如果 Service 已经在运行，那么不会回调 onCreate()方法。在 onCreate()方法中，可以做一些初始化操作。

(2) onStartCommand()方法：当有组件调用 startService()方法启动 Service 时回调。在 onStartCommand()方法中，可以执行后台任务。由于 Service 是运行在主线程之中的，所以如果是耗时的任务则需要使用子线程来执行任务。在 Service 完成任务之后，需要有组件调用 stopService()方法来停止 Service，或者由 Service 调用 stopSelf()方法来自行停止。

(3) onBind()方法：当有组件调用 bindService()方法与 Service 绑定时回调。在 onBind() 方法中，可以通过返回一个 IBinder 对象来提供一个接口供客户端与 Service 进行通信。

(4) onUnbind()方法：当客户端调用 unbindService()方法与 Service 解除绑定时回调。

(5) onDestroy()方法：当 Service 停止运行将被销毁时回调。当有组件调用 startService() 方法来启动 Service 时，Service 开始运行，直到有组件调用 stopService()方法来停止

Service，或者由 Service 调用 stopSelf()方法来自行停止。当有组件调用 bindService()方法与 Service 绑定时，Service 开始运行，直到所有的客户端与 Service 解绑时，Service 停止运行。在 onDestroy()方法中，应该释放所有的资源，比如子线程、注册的监听器和广播接收器等。

2. Service 生命周期测试

可以用以下代码来测试 Service 的生命周期。

(1) 修改布局文件代码。

```
1.   <?xml version="1.0" encoding="utf-8"?>
2.   <LinearLayout xmlns:android="http://schemas.android.com/apk/res/android"
3.       android:layout_width="fill_parent"
4.       android:layout_height="fill_parent"
5.       android:orientation="vertical">
6.
7.       <TextView                      //设置启动服务标题格式
8.           android:layout_width="wrap_content"
9.           android:layout_height="wrap_content"
10.          android:text="测试启动服务"
11.          android:textSize="25sp"/>
12.
13.      <LinearLayout
14.          android:layout_width="match_parent"
15.          android:layout_height="wrap_content">
16.
17.          <Button                    //设置启动服务按钮
18.              android:id="@+id/btn_start"
19.              android:layout_width="0dp"
20.              android:layout_height="wrap_content"
21.              android:layout_weight="1"
22.              android:onClick="startMyService"
23.              android:text="启动服务" />
24.
25.          <Button                    //设置停止服务按钮
26.              android:id="@+id/btn_stop"
27.              android:layout_width="0dp"
28.              android:layout_height="wrap_content"
29.              android:layout_weight="1"
30.              android:onClick="stopMyService"
31.              android:text="停止服务" />
```

```
32.        </LinearLayout>

33.

34.        <TextView                     //设置测试绑定服务标题格式
35.            android:layout_width="wrap_content"
36.            android:layout_height="wrap_content"
37.            android:text="测试绑定服务"
38.            android:textSize="25sp"
39.            android:layout_marginTop="10dp"/>

40.

41.        <LinearLayout
42.            android:layout_width="match_parent"
43.            android:layout_height="wrap_content">

44.

45.            <Button                     //设置绑定服务按钮格式
46.                android:id="@+id/btn_bind"
47.                android:layout_width="0dp"
48.                android:layout_height="wrap_content"
49.                android:layout_weight="1"
50.                android:onClick="bindMyService"
51.                android:text="绑定服务" />

52.

53.            <Button                     //设置解绑服务按钮格式
54.                android:id="@+id/btn_unbind"
55.                android:layout_width="0dp"
56.                android:layout_height="wrap_content"
57.                android:layout_weight="1"
58.                android:onClick="unbindMyService"
59.                android:text="解绑服务" />

60.        </LinearLayout>
61.    </LinearLayout>
```

(2) 创建 MainActivity 代码。

```
1.    public class MainActivity extends AppCompatActivity{
2.        @Override
3.        protected void onCreate(Bundle savedInstanceState){
4.            super.onCreate(savedInstanceState);
5.            setContentView(R.layout.activity_main);
6.        }

7.

8.        //启动服务
```

```
9.      public void startMyservice(View v){
10.         Intent intent = new intent(this,MyService.class);
11.         startService(intent);
12.     }
13.     //停止服务
14.     public void stopMyservice(View v){
15.         Intent intent= new intent(this,MyService.class);
16.         stopService(intent);
17.     }
18.
19.     private ServiceConnection conn;
20.     //绑定服务
21.     public void bindMyservice(View v){
22.         Intent intent= new intent(this,MyService.class);
23.         //创建连接对象
24.         if(conn==null){//当连接为空时，表示没有建立连接对象，此时再进行绑定服务
25.             conn = new ServiceConnection( ) {
26.                 @Override
27.                 public void onServiceConnected(ComponentName name, IBinder service){
28.                     log.i("TAG","服务已连接，调用 onServiceConnected()方法");
29.                 }
30.
31.                 @Override
32.                 public void onServiceDisconnected(ComponentName name) {
33.                     log.i("TAG","服务断开连接，调用 onServiceDisconnected()方法");
34.                 }
35.             };
36.             bindMyservice(intent,conn,Service.BIND_AUTO_CREATE);
37.         }else{
38.             log.i("TAG","已经绑定了服务");
39.         }
40.     }
41.     //解绑服务
42.     public void unbindMyservice(View v){
43.         if(conn!=null){
44.             unbindMyservice(conn);
45.             conn=null;
46.         }else{
47.             log.i("TAG","还没绑定服务");
```

```
48.            }
49.        }
50.    }
```

(3) 创建 Service 代码。

```
1.    public class MyService extends Service {
2.        public MyService(){//创建对象，测试再次运行 startService 时还会不会再次创建对象
3.            log.i("TAG","调用了 MyService()方法");
4.        }
5.
6.        @Override
7.        public void onCreate() {
8.            super.onCreate();
9.            log.i("TAG","调用了 onCreate()方法");
10.        }
11.
12.        @Override
13.        public int onStartCommand(Intent intent, int flags, int startId) {
14.            log.i("TAG","调用了 onStartCommand()方法");
15.            return super.onStartCommand(intent, flags, startId);
16.        }
17.
18.        @Override
19.        public void onDestroy() {
20.            super.onDestroy();
21.            log.i("TAG","调用了 onDestroy()方法");
22.        }
23.
24.        @Override
25.        public IBinder onBind(Intent intent) {
26.            log.i("TAG","调用了 onbind()方法");
27.            return new Binder();
28.        }
29.
30.        @Override
31.        public boolean onUnbind(Intent intent){
32.            log.i("TAG","调用了 onUnbind()方法");
33.            return true;
34.        }
35.    }
```

9.2　系统自带 Service

Android 中自带的 Service 有很多种，下面着重介绍系统自带的 NotificationManager 服务和 DownloadManager 服务。

9.2.1　NotificationManager

状态栏通知必须用到两个类，即 NotificationManager 和 Notification。

(1) NotificationManager 是系统 Service，通过 getSystemService()方法来获取，负责发通知、清除通知等，是状态栏通知的管理类。

(2) Notification 是具体的状态栏通知对象，可以设置 icon、文字、提示声音、振动等参数。

① 创建 Notification：通过 NotificationManager 的 notify()方法来启动 Notification。notify()的函数声明如下：

　　　　void notify(int,Notification)

其中：第 1 个参数唯一地标识该 Notification；第 2 个参数就是 Notification 对象。

② 更新 Notification：调用 Notification 的 setLatestEventInfo()方法来更新内容，然后再调用 NotificationManager 的 notify()方法即可。setLatestEventInfo()的函数声明如下：

　　　　void setLatestEventInfo(Context, CharSequence, CharSequence, PendingIntent);

其中：第 1 个参数是上下文；第 2 个参数是标题；第 3 个参数是内容；第 4 个参数为延时意图。

③ 删除 Notification：通过 NotificationManager 的 cancel(int)方法来清除某个通知。其中参数就是 Notification 的唯一标识 id。也可以通过 cancelAll()来清除状态栏所有的通知。cancel()的函数声明如下：

　　　　void cancel(int id)

其中：参数为移除 id。

9.2.2　DownloadManager

DownloadManager 是一种处理长时间运行的 HTTP 下载的系统服务。客户端可以请求将 Uri 下载到特定目标文件。DownloadManager 将在后台进行下载，负责 HTTP 交互并在发生故障或连接更改和系统重新启动后重试下载。

使用 DownloadManager 时，必须申请 Manifest.permission.INTERNET 权限。获取此类实例的方式有两种：一是 Context.getSystemService(Class)，参数为 DownloadManager.class；二是 Context.getSystemService(String)，参数为 Context.DOWNLOAD_SERVICE。

DownloadManager 的类分两种：

(1) 内部类 DownloadManager.Query：这个类可以用于过滤 DownloadManager 的请求。

(2) 内部类 DownloadManager.Request：这个类包含请求一个新下载连接的必要信息。

DownloadManager 提供的主要接口有：

(1) 公共方法 enqueue()：用于在队列中插入一个新的下载。当连接正常并 DownloadManager 准备执行这个请求时，开始自动下载。返回结果是系统提供的唯一下载 id，这个 id 可以用于与下载相关的回调。

(2) 公共方法 query()：用于查询下载信息。

(3) 公共方法 remove()：用于删除下载。如果正在下载，则取消下载并删除下载文件和记录。

9.3　Service 实现过程

9.3.1　创建 Service

鼠标右击应用程序包名，在弹出的目录中依次选择 New→Service→Service 选项来创建 Service 类，在弹出的对话框中写入 Service 名称，单击 Finish 按钮创建出一个 Service。

通过这种方式创建的 Service 会在 AndroidManifest.xml 文件中进行注册，若手动创建 Service 类，则需要注册如下代码：

```
1.    <service
2.        android:name=".MyService"
3.        android:enabled="ture"
4.        android:exported="ture"
5.    </service>
```

9.3.2　启动和绑定 Service

1. 启动 Service

开发人员可以通过 Activity 或者其他应用程序组件把 Intent 对象传递到 startService() 方法中启动 Service。系统将调用 onstartCommand()方法将 Intent 传递给 Service。例如在 Activity 内写入：

```
Intent intent= new intent(this,MyService.class);
startService(intent);
```

由于 Service 没有提供绑定，所以 startService()方法发送的 Intent 是应用程序和 Service 之间唯一的通信模式。因此当需要 Service 返回结果时，启动该 Service 的客户端广播创建 PendingIntent 并通过启动 Service 的 Intent 发送它，Service 就可以使用广播发送结果。

每一次 Service 请求都将调用一次 onstartCommand()方法，还可以接收 Intent 信息，因此开发人员大多情况下将 Service 的主要运行代码重写在 onstartCommand()方法中，而不是 onCreate()方法中。

```
1.    @Override
2.    public int onStartCommand(Intent intent, int flags, int startId) {
3.        log.i("TAG","调用了 onStartCommand()方法");
4.        return super.onStartCommand(intent, flags, startId);
5.    }
```

2. 绑定 Service

应用程序组件(客户端)能调用 bindService()方法绑定到 Service。Android 系统接下来调用 Service 的 onBind()方法，它返回 IBinder 来与 Service 通信。为了接收 IBinder，客户端必须建立 ServiceConnection 实例，然后将其传递给 bindService()方法。ServiceConnection 包含系统调用发送 IBinder 的回调方法。

从客户端绑定 Service 需要完成以下操作：

(1) 实现 ServiceConnection()，这需要重写 onServiceConnection()和 onServiceDisconnection() 两个回调方法；

(2) 调用 bindService()方法，传递 ServiceConnection 实现；

(3) 当系统调用 onServiceConnection()回调方法时，就可以将接口定义的方法调用到 Service；

(4) 调用 unbindService()方法解除绑定。当客户端销毁时，会将其从 Service 上解除绑定。但是当与 Service 完成交互或者 Activity 暂停时，需解除绑定以便系统能及时停止不用的 Service。

9.3.3　使用 Service 实现音乐播放器示例

【例 9-1】　创建 Android 项目，使用 Service 实现音乐播放器。

(1) 修改 res/layout 包中的 main.xml 文件，定义应用程序的背景图片和框架，代码如下：

```
1.    <?xml version="1.0" encoding="utf-8"?>
2.    <LinearLayout xmlns:android="http://schemas.android.com/apk/res/android"
3.        android:layout_width="match_parent"
4.        android:layout_height="match_parent"
5.        android:background="@mipmap/bg"
6.        android:gravity="center"
7.        android:orientation="vertical">
8.
9.        <ImageView                      //设置音乐转盘图片格式
10.           android:id="@+id/disk"
11.           android:layout_width="240dp"
12.           onLayout_height="240dp"
13.           android:layout_gravity="center_horizontal"
14.           android:layout_margin="15dp"
15.           android:src="@drawable/disk" />
```

```
16.
17.     <RelativeLayout                //图片与操作的分割线
18.         android:layout_width="match_parent"
19.         android:layout_height="wrap_content"
20.         android:paddingLeft="8dp"
21.         android:paddingRight="8dp">
22.     </RelativeLayout>
23.
24.     <LinearLayout
25.         android:layout_width="match_parent"
26.         android:layout_height="wrap_content"
27.         android:orientation="horizontal">
28.
29.         <Button                    //播放按钮格式
30.             android:id="@+id/btn_play"
31.             android:layout_width="0dp"
32.             android:layout_height="40dp"
33.             android:layout_weight="1"
34.             android:text="播放音乐" />
35.
36.         <Button                    //暂停按钮格式
37.             android:id="@+id/btn_pause"
38.             android:layout_width="0dp"
39.             android:layout_height="40dp"
40.             android:layout_weight="1"
41.             android:text="暂停播放" />
42.
43.         <Button                    //继续按钮格式
44.             android:id="@+id/btn_continue"
45.             android:layout_width="0dp"
46.             android:layout_height="40dp"
47.             android:layout_weight="1"
48.             android:text="继续播放" />
49.
50.         <Button                    //退出按钮格式
51.             android:id="@+id/btn_exit"
52.             android:layout_width="0dp"
53.             android:layout_height="40dp"
54.             android:layout_weight="1"
```

```
55.              android:text="退出" />
56.      </LinearLayout>
57.  </LinearLayout>
```

(2) 创建一个 PlayerService 类继承 Service 类重写 Service 的生命周期中需要的方法，代码如下：

```
1.   import android.app.Service;
2.   import android.content.Intent;
3.   import android.media.MediaPlayer;
4.   import android.os.Binder;
5.   import android.os.IBinder;
6.
7.   public class PlayerService extends Service {        //创建 PlayerService 类
8.       private MediaPlayer player;                     //多媒体对象
9.       private MusicControl control;                   //音乐控制器
10.      public PlayerService() {
11.      }
12.
13.      @Override
14.      public IBinder onBind(Intent intent) {
15.          return new MusicControl();                  //绑定服务，将控制类实例化
16.      }
17.
18.      @Override
19.      public void onCreate() {                        //设置服务开始时需要创建的对象
20.          super.onCreate();
21.          player = new MediaPlayer();
22.          control = new MusicControl();
23.      }
24.
25.      @Override
26.      public int onStartCommand(Intent intent, int flags, int startId) {
27.          String action = intent.getStringExtra("action");
28.          if("play".equals(action)){
29.              control.play();                         //播放音乐
30.          }else if("pause".equals(action)){
31.              control.pause();                        //暂停音乐
32.          }else if("continue".equals(action)){
33.              control.proceed();                      //继续音乐
34.          }
```

```
35.            return super.onStartCommand(intent, flags, startId);
36.        }
37.
38.        @Override
39.        public void onDestroy() {
40.            super.onDestroy();
41.        }
42.
43.        class MusicControl extends Binder{
44.            //播放音乐
45.            public void play(){
46.                player.reset();
47.                player = MediaPlayer.create(getApplicationContext(),R.raw.skyhigh);
48.                player.start();
49.            }
50.            //暂停音乐
51.            public void pause(){
52.                player.pause();
53.            }
54.            //继续音乐
55.            public void proceed(){
56.                player.start();
57.            }
58.            //停止音乐
59.            public void stop(){
60.                player.stop();
61.                player.release();
62.            }
63.        }
64.    }
```

(3) 在 MainActivity 类中完成客户端需要的内容，代码如下：

```
1.    import androidx.appcompat.app.AppCompatActivity;
2.    import android.animation.ObjectAnimator;
3.    import android.content.ComponentName;
4.    import android.content.Intent;
5.    import android.content.ServiceConnection;
6.    import android.os.Bundle;
7.    import android.os.IBinder;
8.    import android.view.View;
```

```
9.    import android.view.animation.LinearInterpolator;
10.   import android.widget.Button;
11.   import android.widget.ImageView;
12.
13.   public class MainActivity extends AppCompatActivity implements View.OnClickListener{
14.       private Button btn_play,btn_pause,btn_continue,btn_exit;        // 4 个功能控件
15.       private PlayerService.MusicControl control;                     //定义一个音乐控制器
16.       private ObjectAnimator animator;                               //定义转盘的控制器
17.       private ImageView disk;                                         //定义转盘
18.
19.       private ServiceConnection conn =new ServiceConnection( ) {      //建立服务的链接
20.           @Override
21.           public void onServiceConnected(ComponentName name, IBinder service) {
22.               control = (PlayerService.MusicControl)service;          //接收 IBinder 类
23.           }
24.
25.           @Override
26.           public void onServiceDisconnected(ComponentName name) {
27.
28.           }
29.       };
30.       @Override
31.       protected void onCreate(Bundle savedInstanceState) {
32.           super.onCreate(savedInstanceState);
33.           setContentView(R.layout.activity_main);
34.
35.           init( );//activity 开始时设置的一些初始化
36.       }
37.
38.       public void init( ){
39.           //设置单击事件
40.           btn_play = (Button) findViewById(R.id.btn_play);
41.           btn_pause = (Button)findViewById(R.id.btn_pause);
42.           btn_continue = (Button)findViewById(R.id.btn_continue);
43.           btn_exit = (Button)findViewById(R.id.btn_exit);
44.
45.           btn_play.setOnClickListener(this);
46.           btn_pause.setOnClickListener(this);
47.           btn_continue.setOnClickListener(this);
```

```
48.        btn_exit.setOnClickListener(this);
49.        //设置转盘
50.        disk = findViewById(R.id.disk);
51.        animator = ObjectAnimator.ofFloat(disk,"rotation",0,360.0F);//disk 旋转从 0°到 360°
52.        animator.setDuration(10000);          //设置动画时长，设置 10 秒一圈
53.        animator.setInterpolator(new LinearInterpolator());//线性匀速
54.        animator.setRepeatCount(-1);          //设置圈数，-1 表示一直旋转
55.
56.    }
57.
58.
59.    @Override
60.    public void onClick(View v) {            //设置单击功能
61.        Intent intent = new Intent(this,PlayerService.class);
62.        if(btn_play==v){                     //播放
63.            intent.putExtra("action","play");
64.            startService(intent);
65.            animator.start();                //转盘转动
66.
67.        } else if(btn_pause==v){
68.            intent.putExtra("action","pause");
69.            startService(intent);
70.            animator.pause();                //转盘暂停
71.        } else if(btn_continue==v){
72.            intent.putExtra("action","continue");
73.            startService(intent);
74.            animator.resume();               //转盘继续
75.        } else if(btn_exit==v){
76.            stopService(intent);
77.            finish();
78.        }
79.    }
80. }
```

(4) 若是手动创建 Service 类，则需要在 AndroidManifest.xml 文件中进行注册，其代码如下：

```
1.    <?xml version="1.0" encoding="utf-8"?>
2.    <manifest xmlns:android="http://schemas.android.com/apk/res/android"
3.        package="com.example.playerservice">
4.
```

5.　　　　`<application`

6.　　　　　　`android:allowBackup="true"`

7.　　　　　　`android:icon="@mipmap/ic_launcher"`

8.　　　　　　`android:label="@string/app_name"`

9.　　　　　　`android:roundIcon="@mipmap/ic_launcher_round"`

10.　　　　　　`android:supportsRtl="true"`

11.　　　　　　`android:theme="@style/Theme.Playerservice">`

12.　　　　　`<service//注册 PlayerService 服务`

13.　　　　　　　`android:name=".PlayerService"`

14.　　　　　　　`android:enabled="true"`

15.　　　　　　　`android:exported="true"></service>`

16.

17.　　　　　`<activity android:name=".MainActivity">`

18.　　　　　　　`<intent-filter>`

19.　　　　　　　　`<action android:name="android.intent.action.MAIN" />`

20.

21.　　　　　　　　`<category android:name="android.intent.category.LAUNCHER" />`

22.　　　　　　　`</intent-filter>`

23.　　　　　`</activity>`

24.　　　　`</application>`

25.

26.　　`</manifest>`

本 章 小 结

　　本章介绍了 Service 服务的基本知识、系统自带 Service 和 Service 的实现过程。Service 基本知识包括 Service 的用途、启动和绑定两种状态及生命周期。系统自带 Service 包括 NotificationManager 服务和 DownloadManager 服务。Service 的实现过程包括创建 Service、启动和绑定 Service 并举例说明。通过本章的学习，有助于读者在 Android 应用程序开发中使用 Service 服务。

习 题

一、简述题

1. 简述 Android 的 Service 作用。

2. Service 一般分为哪两种状态？试对其进行简单阐述。

3. Sevice 的生命周期方法有哪些？各自的作用是什么？

4. 简述两类 Service 的实现过程。

5. 在什么情况下使用 startService 或 bindService 或同时使用 startService 和 bindService？

二、上机题

1. 编写 Android 程序，实现音乐播放器的进度条功能。

2. 编写 Android 程序，展示 Service 的生命周期。

3. 编写 Android 程序，使用 NotificationManager 让音乐播放器播放完一首歌曲时发送通知。

参 考 文 献

[1] 徐金，李萍，张太红．"Android 应用开发"课程混合式教学研究[J]．无线互联科技，2022，19(12)：162-164.

[2] 尹凤祥．利用网络调试助手分析 HTTP 交互过程：以 Android 应用程序开发为例[J]．大众标准化，2021(19)：34-36.

[3] 章永龙，徐向英．论"Android 应用开发"课程教学中的代码重用性[J]．电脑知识与技术，2021，17(24)：245-247．DOI:10. 14004/j. cnki. ckt. 2021. 2359.

[4] 袁伟鑫．Android 系统演化分析及版本变更预测[D]．天津：天津大学，2018.

[5] 俞蝶琼．项目教学法在 Android 应用软件开发课程中的应用[J]．电脑知识与技术，2021，17(20)：86-87+100．DOI:10.14004/j.cnki.ckt.2021.1979.

[6] 宁建飞．基于成果导向的"Android 应用开发"课程教学改革探索[J]．现代计算机，2020(22)：68-70.

[7] 唐广花．案例驱动教学法在"Android 移动开发技术"课程的应用[J]．计算机工程与科学，2019，41(S1)：196-199.

[8] 陈三清，张靖．基于 Android 智能手机的方向传感器应用开发[J]．无线互联科技，2017(18)：58-60.

[9] 韩晓艳．基于 Android 平台的移动 APP 开发方法与应用研究[J]．电脑知识与技术，2017，13(18)：71-72．DOI:10. 14004/j. cnki. ckt. 2017. 1742.

[10] 刘姝君．浅谈 Android 应用开发中的 UI 设计[J]．数字通信世界，2017(05)：229-230.

[11] 陈昊．基于组件关系分析的 Android 应用安全性研究[D]．上海：上海交通大学，2016．DOI:10. 27307/d. cnki. gsjtu. 2016. 001076.

[12] 尹华敏．基于静态代码分析的 Android 应用程序检测技术研究[D]．北京：北京邮电大学，2019.

[13] 束骏亮．Android 应用程序加固与隐私保护技术研究[D]．上海：上海交通大学，2019．DOI:10. 27307/d. cnki. gsjtu. 2019. 000278.

[14] 段海霞．基于 Android 平台的软件开发关键技术的应用[J]．电子技术与软件工程，2017(21)：46.

[15] 于智，曲伟峰，马春艳．安装 Android Studio 开发环境常见问题解决方法[J]．科技风，2018(18)：55．DOI:10. 19392/j. cnki. 1671-7341. 201818045.

[16] 潘婷婷，朱鑫龙．基于 Android Studio 的智能导航系统的实现[J]．江苏通信，2021，37(05)：51-53.

[17] 楚孟慧，吴姝瑶．基于 Android Studio 的 APP 页面布局研究[J]．电脑编程技巧与维护，2021(07)：72-73，76．DOI:10. 16184/j. cnki. comprg. 2021. 07. 028.

[18] 余亮，王红，王元航．基于 Android Studio 的智慧校园多媒体管理 App 设计[J]．电子世界，2020(12)：114-115．DOI:10. 19353/j. cnki. dzsj. 2020. 12. 066.

[19]　雷学锋. 基于 Android Studio 环境下 Button 点击事件的实现[J]. 信息与电脑(理论版), 2020，32(01)：70-71.

[20]　马自辉. Android UI 用户界面开发简析[J]. 黑龙江科技信息，2017(13)：152.

[21]　王红伟，吴坤芳. Android 手机 App 程序中 SQLite 数据存储应用[J]. 漯河职业技术学院学报，2018，17(05)：30-32.

[22]　尹京花，王华军. 基于 Android 开发的数据存储[J]. 数字通信，2012，39(06)：79-81.

[23]　姚培娟，田建立，张志利. Android 应用程序中消息传递方法 Intent 机制研究[J]. 软件导刊，2016，15(02)：118-120.

[24]　刘环. 基于 Android Broadcast 的短信安全监听系统的设计和实现[J]. 智能计算机与应用，2016，6(06)：59-61.

[25]　鲁晓天，李永全. Android 中的 BroadcastReceiver 注册方式研究[J]. 电脑知识与技术，2015，11(10)：41-42+46. DOI:10. 14004/j. cnki. ckt. 2015. 0387.

[26]　瞿苏. 基于 Android 的 ContentProvider 实现数据共享的研究与探讨[J]. 安徽电子信息职业技术学院学报，2016，15(06)：11-15.

[27]　刘娜. 面向 Android 的跨进程数据共享框架的设计和实现[D]. 郑州：郑州大学，2020. DOI:10. 27466/d. cnki. gzzdu. 2020. 004692.

[28]　申鸿烨. Android 学习平台中 Web Service 架构的实现与研究[J]. 智能计算机与应用，2017，7(03)：159-161.

[29]　张睿敏，杜叔强，朱亚玲. Android 平台上 RESTful Web Services 技术研究[J]. 自动化与仪器仪表，2016(02)：190-192. DOI:10. 14016/j. cnki. 1001-9227. 2016. 02. 190.

[30]　龚瑞琴，毕利. 基于 Web Service 的 Android 技术应用研究[J]. 电子技术应用，2014，40(01)：134-136. DOI:10. 16157/j. issn. 0258-7998. 2014. 01. 044.